Horst W. Hamacher
Kathrin Klamroth

Lineare Optimierung und Netzwerkoptimierung

Horst W. Hamacher
Kathrin Klamroth

Lineare Optimierung und Netzwerkoptimierung

Zweisprachige Ausgabe
Deutsch Englisch

2., verbesserte Auflage

vieweg

Bibliografische Information Der Deutschen Bibliothek
Die Deutsche Bibliothek verzeichnet diese Publikation in der Deutschen Nationalbibliografie;
detaillierte bibliografische Daten sind im Internet über <http://dnb.ddb.de> abrufbar.

Prof. Dr. Horst W. Hamacher
Universität Kaiserslautern
Fachbereich Mathematik
67653 Kaiserslautern
E-Mail: hamacher@mathematik.uni-kl.de

Prof. Dr. Kathrin Klamroth
Universität Erlangen-Nürnberg
Institut für Angewandte Mathematik
Martensstraße 3
91058 Erlangen
E-Mail: klamroth@am.uni-erlangen.de

1. Auflage September 2000
2., verbesserte Auflage April 2006

Alle Rechte vorbehalten
© Friedr. Vieweg & Sohn Verlag | GWV Fachverlage GmbH, Wiesbaden 2006

Lektorat: Ulrike Schmickler-Hirzebruch | Petra Rußkamp

Der Vieweg Verlag ist ein Unternehmen von Springer Science+Business Media.
www.vieweg.de

Umschlaggestaltung: Ulrike Weigel, www.CorporateDesignGroup.de

Gedruckt auf säurefreiem und chlorfrei gebleichtem Papier.

ISBN-10 3-8348-0185-2
ISBN-13 978-3-8348-0185-2

Vorwort zur 2. Auflage
Preface to the 2nd Edition

Seit der Erstauflage dieses Buchs hat sich die Situation an vielen deutschen Universitäten und Fachhochschulen entscheidend geändert.

Zum einen wird durch die intensivere europäische und außeuropäische Vernetzung vieler Hochschulen eine zunehmende Anzahl von Lehrveranstaltungen in Englisch gehalten. Erfahrungsgemäß bereitet dieser Übergang vom Deutschen zum Englischen als Unterrichtssprache einem recht großen Teil der Studierenden einige Probleme. Nach den Erfahrungen mit der 1. Auflage unseres Buchs können wir feststellen, dass die Bilingualität bei diesem Übergang sehr hilfreich ist und auftretende Schwierigkeiten sehr mildert.

Außerdem verlangen die an allen Universitäten installierten oder in Kürze einzuführenden Bachelor- und Masterprogramme eine Modularisierung aller Studiengänge. Das Buch deckt in diesem Sinne zwei Module, nämlich Lineare Optimierung und Netzwerkoptimierung ab, die gemeinsam zu einem größeren Modul zusammengefasst werden oder unabhängig voneinander gelehrt werden können.

Verglichen mit der ersten Auflage haben wir Fehler und Unklarheiten, die uns bei unseren Lehrveranstaltungen auffielen beseitigt. Wir danken hier unseren Studierenden, die mit ihren Fehler- und Fragenlisten sehr viel dazu beigetragen haben, das Buch zu verbessern.

Since the first edition of this book the situation in many German universities and universities of applied sciences has changed decisively.

On the one hand the intensified networking of many universities with European and non-European institutions has lead to an increased number of courses which are taught in English. It is known that the transition from German as lecture language to English causes problems for a considerable part of the students. Based on the experience of the first edition of our book we can conclude that the bilingual form is very helpful in this transition and mitigates possible problems considerably.

Moreover, the bachelor and master programs which in all German universities have been installed or will be introduced shortly require a modularization of all courses. In this sense, the book covers two modules, linear optimization and network optimization which can be either combined to a larger module or taught independently.

Compared with the first edition, we have corrected mistakes and obscurities which came to our attention during our lectures. We take the opportunity to thank our students, who contributed considerably to improve the book with their error and question lists.

Außerdem gilt unser Dank unserer Lektorin beim Vieweg Verlag, Frau Ulrike Schmickler-Hirzebruch, die uns ermutigt hat, eine zweite Ausgabe unseres Buchs zu schreiben.

We also like to thank Mrs. Ulrike Schmickler-Hirzebruch, our editor at Vieweg Publishers, who encouraged us to write the second edition of our book.

Kaiserslautern / Erlangen, March 2006

Horst W. Hamacher
Kathrin Klamroth

Vorwort / Preface

Das vorliegende Buch beruht auf Notizen unserer Vorlesungen über Mathematische Optimierung, die wir seit Ende der achtziger Jahre für Studierende der Fachbereiche Mathematik und Informatik der Universität Kaiserslautern gehalten haben. Ziel der Vorlesungen ist es, Grundlagen der Linearen Optimierung einzuführen und einige der klassischen polynomial lösbaren Netzwerkoptimierungsprobleme vorzustellen. Zielgruppe sind Studierende der Mathematik oder Informatik, die bereits Grundkenntnisse im Umfang einer Einführung in die Lineare Algebra haben. Das Besondere am vorliegenden Manuskript ist die Tatsache, dass die Textteile parallel in Deutsch und Englisch formuliert wurden, so dass neben der Vermittlung des Grundwissens in mathematischer Optimierung auch eine Einführung ins Fachenglisch (für deutsche Studierende) bzw. in die deutsche Sprache (für ausländische Studierende) stattfindet. Dies ist im Rahmen der Internationalisierung vieler Studiengänge natürlich besonders wichtig. Bei der Übertragung von einer Sprache in die andere wurde Wert auf eine möglichst wörtliche Übersetzung gelegt, um den Studierenden den Übergang zwischen den zwei Sprachen zu erleichtern. Wir hoffen, dass wir dadurch keiner der beiden Sprachen allzu viel Schaden zugefügt haben. Das Buch kann auf verschiedene Weise in der Lehre benutzt werden: Der vollständige Text gibt einen Überblick über die Lineare und Netzwerkoptimie-

This book is based on notes of lectures in Mathematical Optimization, which were given by us for students of the Departments of Mathematical Sciences and Computer Science at the University of Kaiserslautern since the end of the eighties. The lectures are geared towards a basic understanding of the concepts of linear optimization and of some classic, polynomially solvable network optimization problems. The main audience are students with a major or minor in mathematics, who have an introduction to linear algebra as prerequisite. The unique feature of this book is that the verbal parts have been formulated both in German and English. In this way teaching of basic knowledge in mathematical optimization can be combined with an introduction into English as technical language (for german students) and into the German language (for foreign students). Obviously, this is of particular importance considering the internationalization of university programs. In the translation from one language to the other, emphasis was on literal translation, to provide help for students in dealing with two different languages. We hope that we did not too much damage to either language during this process.

The book can be used in various ways to teach optimization courses: The complete text will provide an overview of linear and network optimization and can be taught

rung und kann in ca. 50 Vorlesungsstunden angeboten werden. Alternativ kann das Buch als Gundlage für kürzere Vorlesungen in diesen beiden Gebieten dienen. In der Linearen Optimierung können die Kapitel 1-4 in 25 Vorlesungsstunden abgedeckt werden. Mit derselben Anzahl von Stunden kann eine Vorlesung in Netzwerkoptimierung angeboten werden, die den Stoff aus den Kapiteln 5-8 beinhaltet. Falls in dieser Vorlesung noch keine Kenntnisse in Linearer Optimierung vorliegen, können die Abschnitte 6.5, 7.4, 8.2.2 und 8.3.2 weggelassen werden.

Das Buch erhebt nicht den Anspruch, augenblicklich auf dem Markt erhältliche Lehrbücher zu ersetzen - oder gar verbessern - zu wollen, sondern stellt eine persönlich gewichtete Auswahl von Themen dar. Weitere Lehrbücher, die den hier dargestellten Stoff mit teilweise anderen Gewichtungen darstellen, sind in einer kurzen Literaturliste am Ende des Buchs erwähnt.

Wir danken Stefan Zimmermann und Renate Feth für die Erstellung des Texts in LaTeX 2ε. Frau Ulrike Schmickler-Hirzebruch hat das Lektorat unseres Buches beim Vieweg Verlag übernommen. Wir danken ihr für die gute Zusammenarbeit. Birgit Grohe, die als Studentin Übungsgruppen zur Vorlesung betreute, hat durch ihre gründliche Durchsicht des Manuskripts dafür gesorgt, dass etliche Fehler ausgemerzt wurden. Außerdem danken wir unseren Studierenden, die durch Fragen und Anregungen für eine kontinuierliche Modifikation und - wie wir glauben - Verbesserung des ursprünglichen Manuskripts gesorgt haben.

within appr. 50 semester hours. Alternatively, the book may serve as a basis for shorter courses in these two areas. In linear optimization, Chapters 1-4 may be covered in 25 semester hours. The same number of semester hours is sufficient for a course on Network Optimization using the material of Chapters 5-8. Here Sections 6.5, 7.4, 8.2.2 and 8.3.2 use Linear Optimization as prerequisite and can be omitted if necessary.

The book does not claim to replace any of the well-known textbooks - or even to improve upon them. Instead, it is intended to introduce a selected choice of topics. Other textbooks which consider similar topics as the ones presented in our book, but with a different emphasis on various issues are listed in a short reference section at the end of the book.

We thank Stefan Zimmermann and Renate Feth for typing the text in LaTeX 2ε. Mrs. Ulrike Schmickler-Hirzebruch has been the editor of our book with Vieweg Publishers. We thank her for the good cooperation. Birgit Grohe, who was tutor for one of our optimization classes, has read earlier drafts of the text and we thank her for sorting out several mistakes. Last, not least, we would like to thank our students who helped us to continually update and - so we hope - improve the original manuscript.

Kaiserslautern / Dresden, August 2000

Horst W. Hamacher
Kathrin Klamroth

Contents

Chapter 1

Introduction and Applications

In diesem Kapitel werden Beispiele vorgestellt, die auf Optimierungsprobleme führen.

In this chapter we consider some examples which lead to optimization problems.

1.1 Linear Programs

Lineare Programme spielen eine zentrale Rolle bei der Modellierung von Optimierungsproblemen. Das folgende Beispiel beschreibt ein Problem aus dem Bereich der **Produktionsplanung**, einer Problemklasse mit zahlreichen praktischen Anwendungen.

Linear Programs play a central role in the modeling of optimization problems. The following example describes a problem from **production planning**, a problem class frequently encountered in practical applications.

Beispiel 1.1.1. *Das Unternehmen "Schokolade & Co." ist dabei, seine Produktpalette umzustellen. Mehrere bisher produzierte Schokoladenprodukte werden aus dem Angebot gestrichen und sollen durch zwei neue Produkte ersetzt werden. Das erste Produkt P1 ist ein feines Kakaopulver, und das zweite Produkt P2 ist eine herbe Zartbitterschokolade. Die Firma benutzt drei Produktionsanlagen F1, F2 und F3 zur Herstellung dieser beiden Produkte. In der zentralen Anlage F1 werden die Kakaobohnen gereinigt, geröstet und gebrochen. In F2 und F3 wird anschließend aus den vorbereiteten Kakaobohnen das Kakaopulver bzw. die Schokolade produziert. Da die hergestellten Schokoladenprodukte von sehr hoher Qualität sind kann davon ausgegangen werden, dass die gesamte Produktionsmenge auch abgesetzt wird.*

Example 1.1.1. *The manufacturer "Chocolate & Co." is in the process of reorganizing its production. Several chocolate products which have been produced up to now are taken out of production and are replaced by two new products. The first product P1 is fine cocoa, and the second one P2 is dark chocolate. The company uses three production facilities F1, F2 and F3 for the production of the two products. In the central facility F1 the cocoa beans are cleaned, roasted and cracked. In F2 the fine cocoa and in F3 the dark chocolate are produced from the preprocessed cocoa beans. Since the chocolate products of the company are known for their high quality it can be assumed that the complete output of the company can be sold on the market. The profit per sold production unit of P1 (50 kg of cocoa) is 3 (€ 30,00) whereas*

Dabei ist der Profit pro verkaufter Produktionseinheit (50 kg Kakaopulver) von P1 = 3 (30,00 €) und pro verkaufter Produktionseinheit (100 kg Schokolade) von P2 = 5 (50,00 €). Die Kapazitäten der Produktionsanlagen F1, F2 und F3 sind jedoch beschränkt. Die Zahlenwerte ergeben sich aus der folgenden Tabelle:

it is 5 (€ 50,00) per sold production unit of P2 (100 kg of chocolate). However, the capacities of the production facilities F1, F2 and F3 are limited as specified in the following table:

	P1	P2	available capacity (in % of the daily capacity)
F1	3	2	18
F2	1	0	4
F3	0	2	12

(Die F1 entsprechende Zeile besagt z.B., dass pro Einheit P1 bzw. P2 3% bzw. 2% der täglichen Kapazität der Produktionsanlage F1 benötigt werden und insgesamt 18% der Gesamtkapazität von F1 täglich für die Produkte P1 und P2 zur Verfügung stehen.)

(For example, the row corresponding to F1 implies that per unit P1 and P2 3% and 2%, respectively, of the daily capacity of production facility F1 are needed and that 18% of the daily capacity of F1 is available for the production of P1 and P2.)

Es gilt nun, herauszufinden, wieviele Einheiten x_1 von Produkt P1 und x_2 von Produkt P2 man täglich herstellen soll, um den Profit zu maximieren (unter Berücksichtigung der Kapazitätsgrenzen). Mathematisch lässt sich dieses Problem als lineares Programm (LP) formulieren:

The problem to be solved is to find out how many units x_1 of product P1 and x_2 of product P2 should be produced per day in order to maximize the profit (while satisfying the capacity constraints). This problem can be formulated as a linear program (LP):

$$\text{maximize} \quad 3x_1 + 5x_2 =: \underline{c}\,\underline{x}$$

subject to (s.t.) the constraints

$$
\begin{aligned}
3x_1 &+ 2x_2 &\leq\ & 18 \\
x_1 & &\leq\ & 4 \\
& 2x_2 &\leq\ & 12 \\
x_1, x_2 & &\geq\ & 0.
\end{aligned}
$$

Die Funktion $\underline{c}\,\underline{x}$ ist die (lineare) **Zielfunktion** des LP. Die Nebenbedingungen unterteilt man oft in **funktionelle Nebenbedingungen** ($3x_1 + 2x_2 \leq 18$, $x_1 \leq 4$, $2x_2 \leq 12$) und **Vorzeichenbedingungen** ($x_1, x_2 \geq 0$). Jedes $\underline{x}$, das alle Nebenbedingungen erfüllt, heißt **zulässige**

The function $\underline{c}\,\underline{x}$ is the (linear) **objective function** of the LP. The constraints are partitioned into **functional constraints** ($3x_1 + 2x_2 \leq 18$, $x_1 \leq 4$, $2x_2 \leq 12$) and **nonnegativity constraints** ($x_1, x_2 \geq 0$). Each $\underline{x}$ which satisfies all the constraints is called a **feasible solution of the LP** and

Lösung des LP und $\underline{c}\,\underline{x}$ ist der **Zielfunktionswert** von $\underline{x}$. Statt die Zielfunktion zu maximieren, kann man sie auch minimieren. In diesem Fall kann man die Koeffizienten c_i der Zielfunktion z.B. als Einheitskosten interpretieren. Die funktionellen Nebenbedingungen können auch als Gleichungen oder als Ungleichungen mit $\geq$ auftreten.

Der erste Teil dieses Buches beschäftigt sich mit LPs und ihrer allgemeinen Lösung. In diesem Abschnitt führen wir zunächst anhand von Beispiel 1.1.1 ein graphisches Lösungsverfahren für LPs mit zwei Variablen x_1 und x_2 ein.

In einem ersten Schritt zeichnen wir die **Menge der zulässigen Lösungen** (den **zulässigen Bereich P**) des in Beispiel 1.1.1 gegebenen LPs, d.h. die Menge der Punkte $\underline{x} = \begin{pmatrix} x_1 \\ x_2 \end{pmatrix}$, die alle Nebenbedingungen erfüllen.

$\underline{c}\,\underline{x}$ is its **objective (function) value**. Instead of maximizing the objective function it is often minimized. In this case the coefficients c_i of the objective function can be interpreted as unit costs. The functional constraints can also be equations or inequalities with $\geq$.

The first part of this book describes LPs and their general solution. In this section we will start with introducing a graphical procedure for the solution of LPs with two variables x_1 and x_2 and illustrate it by Example 1.1.1.

In a first step we draw the **set of feasible solutions** (the **feasible region P**) of the LP introduced in Example 1.1.1, that is the set of all points $\underline{x} = \begin{pmatrix} x_1 \\ x_2 \end{pmatrix}$ satisfying all the constraints.

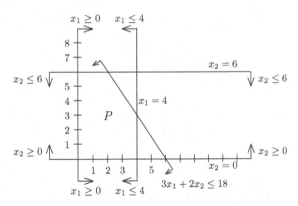

Abbildung 1.1.1. *Zulässige Menge P für Beispiel 1.1.1.*

Figure 1.1.1. *Feasible set P for Example 1.1.1.*

Ist $A^i\underline{x} \leq b_i$ eine der Nebenbedingungen (z.B. $A^1 = (3,2)$, $b_1 = 18$), so zeichnen wir die Gerade, die der Gleichung $A^i\underline{x} = b_i$ entspricht. Diese Gerade unterteilt den $\mathbb{R}^2$ in die zwei **Halbräume** $A^i\underline{x} \leq b_i$ und $A^i\underline{x} \geq b_i$. Die Menge P

If $A^i\underline{x} \leq b_i$ is one of the constraints (e.g., $A^1 = (3,2)$, $b_1 = 18$) we draw the line corresponding to the equation $A^i\underline{x} = b_i$. This line separates the space $\mathbb{R}^2$ into two **half-spaces** $A^i\underline{x} \leq b_i$ and $A^i\underline{x} \geq b_i$. The set P of feasible solutions is a subset of the half-

der zulässigen Lösungen ist eine Teilmenge des Halbraums $A^i \underline{x} \leq b_i$. Wir erhalten P, indem wir den Durchschnitt aller dieser Halbräume bilden, einschließlich $x_1 \geq 0$ und $x_2 \geq 0$. Eine Menge von Punkten in $\mathbb{R}^2$, die man auf diese Weise erhält, nennt man ein **konvexes Polyeder**.

Als nächstes zeichnen wir die Zielfunktion $z = \underline{c}\,\underline{x} = 3x_1 + 5x_2$. Für beliebige Werte von z erhalten wir jeweils eine Gerade, und für je zwei verschiedene Werte von z erhalten wir zwei parallele Geraden. Wir suchen somit eine Gerade aus dieser parallelen Geradenschar, für die z möglichst groß ist. In der folgenden Zeichnung ist noch einmal die zulässige Lösungsmenge P und die Zielfunktionsgerade $3x_1 + 5x_2 = 15$ gezeichnet. Der Pfeil an dieser Geraden deutet an, in welcher Richtung diese Gerade parallel verschoben wird, um z zu vergrößern.

space $A^i \underline{x} \leq b_i$. We obtain P by taking the intersection of all these half-spaces including the half-spaces $x_1 \geq 0$ and $x_2 \geq 0$. A set of points in $\mathbb{R}^2$ which is obtained in such a way is called a **convex polyhedron**.

In a second step we draw the objective function $z = \underline{c}\,\underline{x} = 3x_1 + 5x_2$. For any given value of z we obtain a line, and for any two different values of z we obtain two parallel lines. We are thus looking for a line taken from this set of parallel lines for which z is as large as possible. The following figure shows the feasible region P and additionally the line corresponding to the objective function $3x_1 + 5x_2 = 15$, that is the line corresponding to the objective value 15. The arrow perpendicular to this line indicates in which direction the line should be shifted in order to increase z.

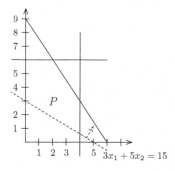

Der Schnittpunkt einer jeden Geraden $\underline{c}\,\underline{x} = z$ mit P in einem Punkt $\underline{x} \in P$ entspricht einer zulässigen Lösung $\underline{x} = \binom{x_1}{x_2}$, die den **Zielfunktionswert** z hat. Wir werden also zur Maximierung der Zielfunktion die Gerade so weit (in Pfeilrichtung) parallel verschieben wie es geht, ohne dass

The intersection of any line $\underline{c}\,\underline{x} = z$ with P in some $\underline{x} \in P$ corresponds to a feasible solution $\underline{x} = \binom{x_1}{x_2}$ with **objective value** z. Hence, in order to maximize the objective function, the line is shifted parallel as far as possible (in the direction indicated by the arrow) without violating the condition

$$\{\underline{x} : \underline{c}\,\underline{x} = z\} \cap P = \emptyset.$$

In diesem Beispiel ist dies die Gerade, die durch den Punkt $\underline{x} = \binom{2}{6}$ geht, woraus wir

In the preceding example this is the line which passes through the point $\underline{x} = \binom{2}{6}$.

$z = \underline{c}\,\underline{x} = 3 \cdot 2 + 5 \cdot 6 = 36$ als maximal möglichen Profit berechnen.

Hence $z = \underline{c}\,\underline{x} = 3 \cdot 2 + 5 \cdot 6 = 36$ is the maximum possible profit.

In der Firma "Schokolade & Co." werden also pro Tag 2 Produktionseinheiten Kakaopulver und 6 Produktionseinheiten Zartbitterschokolade produziert.

As a consequence the company "Chocolate & Co." will produce 2 production units of cocoa and 6 production units of the dark chocolate per day.

Wir beobachten an diesem Beispiel eine wesentliche Eigenschaft von LPs: Es gibt immer eine **optimale Lösung** (d.h. eine zulässige Lösung, für die $\underline{c}\,\underline{x}$ maximal ist), die ein Eckpunkt von P ist. Diese Eigenschaft, die wir für allgemeine LPs noch zu beweisen haben, ist grundlegend für das in Kapitel 2 einzuführende allgemeine Lösungsverfahren für LPs – das Simplexverfahren.

In this example we observe an important property of linear programs: There is always an **optimal solution** (i.e., a feasible solution for which $\underline{c}\,\underline{x}$ is maximal) which is a corner point of P. This property which we are going to prove for general LPs, is fundamental for the method which will be introduced as a general solution for linear programs in Chapter 2 – the Simplex Method.

Wir fassen zunächst das am obigen Beispiel besprochene Verfahren zusammen:

First we summarize the above explained procedure for two variables:

ALGORITHM

Graphical Procedure for the Solution of LPs with Two Variables

(Input) LP $\max\{\underline{c}\,\underline{x} : A^i\underline{x} \le b_i,\ i = 1,\ldots,m,\ x_j \ge 0,\ j = 1,2\}$

(1)   Draw P, the set of feasible solutions of the LP, as the intersection set of the half-spaces $A^i\underline{x} \le b_i,\ i = 1,\ldots,m$ and $x_j \ge 0,\ j = 1,2$.

(2)   Choose any z, draw the line $\underline{c}\,\underline{x} = z$ and determine the direction in which a parallel movement of the line leads to an increasing value of z.

(3)   Determine the unique line $\underline{c}\,\underline{x} = z^*$ which is parallel to $\underline{c}\,\underline{x} = z$ such that
*   i) $\exists\ \underline{x}^* \in P :\ \underline{c}\,\underline{x}^* = z^*$*
*   ii) z^* is maximal with this property.*

(4)   Every $\underline{x}^* \in P$ with $\underline{c}\,\underline{x}^* = z^*$ is an optimal solution of LP with objective value z^* (STOP)

Übung: *Übertrage das graphische Verfahren auf LPs der Form*

Exercise: *Transfer the graphical procedure to LPs of the form*

$$\min \{\underline{c}\,\underline{x} : A^i\underline{x} \ge b_i\ ,\ i = 1,\ldots,m,\ x_j \ge 0\ ,\ j = 1,2\}$$

und löse die beiden LPs mit zulässigem Bereich

and solve the two LPs with the feasible set

$$P = \left\{ \underline{x} = \begin{pmatrix} x_1 \\ x_2 \end{pmatrix} : \begin{array}{rcr} x_1 + x_2 & \geq & 1 \\ x_1 - x_2 & \geq & -1 \\ -x_1 + x_2 & \geq & -1 \\ -2x_1 + x_2 & \geq & -4 \end{array} , \quad x_1, x_2 \geq 0 \right\}$$

und den Zielfunktionen $\underline{c}\,\underline{x} = 2x_1$ und $\underline{c}\,\underline{x} = x_1 - x_2$.

and the objective functions $\underline{c}\,\underline{x} = 2x_1$ and $\underline{c}\,\underline{x} = x_1 - x_2$, respectively.

1.2   Shortest Path and Network Flow Problems

Wir führen Wege- und Flussprobleme anhand eines Evakuierungsmodells ein. Gegeben sei etwa der folgende Gebäudegrundriss:

We introduce shortest path and network flow problems using the example of an evacuation model. Assume that a building has the following floor plan:

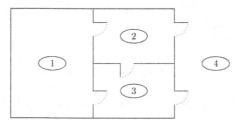

Abbildung 1.2.1. *Grundriss eines zu evakuierenden Gebäudes.*

Figure 1.2.1. *Floorplan of a building to be evacuated.*

Die Räume 1,2,3 sind wie in Abbildung 1.2.1 dargestellt durch Türen miteinander verbunden. Der "Raum" 4 repräsentiert den Bereich außerhalb des Gebäudes. Die Türen sind normalerweise verschlossen. Um von Raum i nach Raum j zu gelangen, benötigt man c_{ij} Zeiteinheiten. In diesem Beispiel nehmen wir an, dass

The rooms 1,2,3 are connected by doors as shown in Figure 1.2.1. The "room" 4 represents the area outside the building. The doors are usually kept closed. To get from room i to room j, c_{ij} units of time are needed. In this example we assume that

$$c_{12} = c_{23} = c_{34} = 1, \quad c_{13} = 3, \quad c_{24} = 4.$$

Um dieses Beispiel zu vereinfachen, nehmen wir an, dass man nur in einer Richtung durch die Türen gehen kann. (Eine übrigens nicht abwegige Modellierung, da es sonst, wenn man etwa von 3 nach

For simplification we also assume that trespassing through the doors is only possible in one direction. (This is a realistic assumption since, if we move e.g. from room 3 to room 2, we may encounter an

2 geht, im Evakuierungsfall zu einem Stauphänomen an der Tür kommen kann: Da sich die Tür in den Raum 3 öffnet, könnten in einer Paniksituation Menschen in der Tür eingeklemmt werden.) Wir stellen uns folgende Fragen:

accumulation of people at the door: Since the door opens into room 3 people may get stuck in the door in case of panic.) The following questions arise:

1. Auf welche Art kommt eine einzelne Person, die sich in Raum 1 aufhält, am schnellsten aus dem Gebäude heraus?

1. What is the fastest way to leave the building for a single person located in room 1?

2. Angenommen in jedem Raum i ($i = 1, 2, 3$) halten sich b_i Personen auf, und pro Zeiteinheit können u_{ij} Personen durch die Tür von i nach j gehen. Wie kann man einen Evakuierungsplan entwerfen, der

2. Assume that there are b_i persons in room i ($i = 1, 2, 3$) and that u_{ij} persons can move through the door from i to j per unit of time. How can we design an evacuation plan that

a) das Gebäude möglichst schnell evakuiert (d.h. die Zeit minimiert, zu der der letzte Bewohner das Gebäude verlässt)

a) evacuates the building as fast as possible (i.e., that minimizes the time until the last person leaves the building)

b) die durchschnittliche Verweildauer der Bewohner während der Evakuierung minimiert?

b) minimizes the average time a person stays in the building during the process of evacuation?

Um diese Fragen zu beantworten, überführen wir zunächst den Gebäudegrundriss in ein **Netzwerk** $G = (V, E; \underline{b}; \underline{u}, \underline{c})$. Die **Knoten** $i \in V$ dieses Netzwerkes entsprechen den Räumen (einschließlich des Außen-"Raumes"), und die **Kanten** $(i, j) \in E$ entsprechen der Möglichkeit, während einer Evakuierung von i nach j zu gehen. Die Werte c_{ij}, u_{ij} und b_i sind wie oben definiert, wobei wir $b_j = -\sum_{i \neq j} b_i$ für den Knoten j setzen, der dem Außen-"Raum" entspricht. Das Netzwerk für das obige Beispiel (um Raumbelegungszahlen b_i und Kapazitäten u_{ij} ergänzt) ist:

To answer these questions we first transform the floor plan into a **network** $G = (V, E; \underline{b}; \underline{u}, \underline{c})$. The **nodes (vertices)** $i \in V$ of this network correspond to the respective rooms (including the outside "room") and the **edges** $(i, j) \in E$ represent the possibility of moving from room i to room j during the evacuation procedure. The values of c_{ij}, u_{ij} and b_i are defined as above, where we set $b_j = -\sum_{i \neq j} b_i$ for the node j that represents the outside "room". We obtain the following network for our example problem (extended by the numbers of persons per room b_i and the capacities u_{ij})

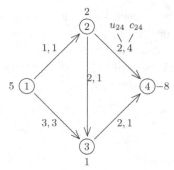

Abbildung 1.2.2. *Evakuierungsnetzwerk zu Abbildung 1.2.1.*

Figure 1.2.2. *Evacuation network corresponding to Figure 1.2.1.*

Ein (i,j)-**Diweg** in G ist eine alternierende Folge von Knoten und Kanten

An (i,j)-**dipath** in G is an alternating sequence of nodes and arcs

$$P = i_1, (i_1, i_2), i_2, \ldots, i_j, (i_j, i_{j+1}), \ldots, i_w$$

so dass $i_1 = i$ und $i_w = j$. Die Länge eines (i,j)-Weges P (bzgl. der Kantenbewertung $\underline{c}$) ist

such that $i_1 = i$ and $i_w = j$. The length of an (i,j)-path P (with respect to the edge weights $\underline{c}$) is given by

$$c(P) = \sum_{(i,j)\ \text{edge in } P} c_{ij}.$$

Mit diesen Definitionen lässt sich das in Frage 1 gegebene Problem als ein **kürzestes Wegeproblem** formulieren:

Using this definition we can formulate the problem posed by question 1 as a **shortest path problem**:

Finde einen kürzesten $(1,4)$-Diweg, d.h.

Find a shortest $(1,4)$-dipath, i.e.,

$$\text{minimize } \{c(P) : P \text{ is a } (1,4) - \text{path}\}.$$

Zur Lösung des in Frage 2 gegebenen Problems führen wir den Begriff eines Flusses in einem Netzwerk ein. Eine Kantenbewertung x_{ij} ($\forall\ (i,j) \in E$) heißt **Fluss** von der **Quelle** $s \in V$ zur **Senke** $t \in V$ mit Flusswert $v = v(\underline{x})$, falls die folgenden Bedingungen gelten:

To solve the problem posed by question 2 we introduce the concept of network flows. The assignment of values x_{ij} ($\forall\ (i,j) \in E$) to the edges of G is called a **flow** from the **source** $s \in V$ to the **sink** $t \in V$ with the **flow value** $v = v(\underline{x})$, if the following conditions are satisfied:

Flow conservation constraints:
$$\sum_{(i,j)\in E} x_{ij} - \sum_{(j,i)\in E} x_{ji} = \begin{cases} v & i = s \\ 0 & \text{if } i \neq s,t \\ -v & i = t \end{cases} \quad (\forall\ i \in V)$$

Capacity constraints:
$$0 \leq x_{ij} \leq u_{ij} \quad \forall\ (i,j) \in E.$$

Auf unser Evakuierungsproblem bezogen könnte man sich Flüsse als Modelle zur Lösung von Problem 2 vorstellen, falls nur ein Raum mit Personen belegt ist (das ist dann die Quelle s im Netzwerk) und der Außen-"Raum" die Senke t ist. Die Erhaltungsbedingung besagt dann, dass alle Personen evakuiert werden (Bedingungen für s und t) und niemand während der Evakuierung in einem Raum bleibt (Bedingungen für alle Knoten $i \neq s, t$). Die Kapazitätsbedingung besagt, dass nicht mehr als u_{ij} Personen von i nach j gehen können.

Um das zweite Problem tatsächlich als Flussproblem zu modellieren, benötigen wir noch die Wahl einer geeigneten Zielfunktion und eine Dynamisierung der Flüsse. Ersteres benötigt man zur Optimierung der Evakuierung gemäß den in den Problemen (2a) bzw. (2b) geforderten Zielen. Letzteres ist nötig, um den Verlauf der Evakuierung über mehrere Zeiteinheiten zu verfolgen, wobei in jeder Zeiteinheit die Erhaltungs- und Kapazitätsbedingungen gelten.

With respect to our evacuation problem we can use flows as models for the solution of problem 2 if all persons in the building are located in the same room (this room is then interpreted as the source s of the network). In this case the outside "room" is interpreted as the sink t. The flow conservation constraints imply that all persons have to be evacuated (flow conservation constraints for s and t) and that nobody stays in a room of the building during the evacuation procedure (flow conservation constraints for all other nodes $i \neq s, t$). The capacity constraints imply that not more than u_{ij} persons can move from i to j.

In order to model the second problem as a network flow problem we additionally have to choose an appropriate objective function and introduce dynamic flows. The objective function is needed for the optimization of the evacuation procedure with respect to the above mentioned goals. Moreover, we have to define dynamic flows on the network to model the time dependency of an evacuation procedure. Introducing several time periods, the flow conservation constraints and the capacity constraints have to be satisfied in each of these time periods.

Chapter 2

The Simplex Method

Die Idee zur Lösung allgemeiner LPs mit der Simplexmethode lässt sich aufbauend auf dem im Abschnitt 1.1 gegebenen Beispiel wie folgt motivieren:

Stellen wir uns vor, wir würden von Ecke zu Ecke des zulässigen Bereichs P gehen (eine Ecke ist ein Punkt in P, der eindeutiger Schnittpunkt von zwei Begrenzungsflächen von P ist), und wir hätten ein Verfahren, das uns garantiert, dass der Zielfunktionswert dabei jeweils verbessert wird. Sobald wir in einer Ecke sind, in der keine Zielfunktionswertverbesserung mehr möglich ist, stoppt der Algorithmus und die Ecke entspricht einer Optimallösung des LP. In Beispiel 1.1.1 aus Abschnitt 1.1 wäre eine solche Folge von Ecken etwa:

Based on the example described in Section 1.1, the idea for solving general linear programs with the Simplex Method can be motivated as follows:

Imagine we move from corner point to corner point of the feasible region P (a corner point is a point in P which is a unique intersection point of two of its facets) using a procedure which guarantees that the objective value is improved in every step. As soon as we have reached a corner point in which no further improvement of the objective value is possible, the algorithm stops and the corner point corresponds to an optimal solution of the LP. In Example 1.1.1 of Section 1.1 such a sequence of corner points is, for instance:

	corner point	objective value $3x_1 + 5x_2$
1.	$\binom{0}{0}$	0
2.	$\binom{4}{0}$	12
3.	$\binom{4}{3}$	27
4.	$\binom{2}{6}$	36 (STOP), no further improvement possible.

Auf dieser Idee basiert das von G. Dantzig 1947 entwickelte Simplexverfahren. Es liefert eine Optimallösung (sofern eine existiert) für beliebige LPs (d.h. die Zielfunktion kann maximiert oder minimiert werden, die Anzahl der Nebenbedingungen und Variablen ist endlich aber beliebig, Vorzeichenbedingungen können, aber müssen nicht vorhanden sein). Ein we-

This is exactly the idea on which the Simplex Method is based which was developed by G. Dantzig in 1947. It yields an optimal solution (whenever it exists) for any LP (that means the objective function can be maximized or minimized, the number of constraints and variables is finite but arbitrary, sign constraints can be present but they don't have to be). An important step

sentlicher Schritt in der Entwicklung der obigen Idee für beliebige LPs ist die Anwendung von Methoden der linearen Algebra, insbesondere der Lösung von linearen Gleichungssystemen.

in the development of the preceding idea for arbitrary linear programs is the application of methods from linear algebra, in particular the solution of systems of linear equalities.

2.1   Linear Programs in Standard Form

Ein gegebenes LP ist in **Standardform**, falls es die Form

A given LP is said to be in **standard form**, if it is given as

$$\begin{aligned} \min \quad & \underline{c}\,\underline{x} \\ \text{s.t.} \quad & A\underline{x} = \underline{b} \\ & \underline{x} \geq \underline{0} \end{aligned}$$

hat. Wir setzen dabei voraus, dass A eine $m \times n$ Matrix ist mit $m \leq n$ und Rang(A) $= m$ (sonst lässt man redundante Nebenbedingungen weg). Im folgenden werden wir sehen, wie wir jedes gegebene LP in ein LP in Standardform überführen können.

Here we assume that A is an $m \times n$ matrix with $m \leq n$ and rank(A) $= m$ (if this is not the case we omit redundant constraints). We will show in the following how any given LP can be transformed into an LP in standard form.

Gegeben sei ein **LP in allgemeiner Form**

Assume that an **LP in general form** is given:

$$\begin{aligned} \min \quad & c_1 x_1 + \ldots + c_n x_n \\ \text{s.t.} \quad & a_{i1}x_1 + \ldots + a_{in}x_n = b_i & \forall\, i = 1, \ldots, p \\ & a_{i1}x_1 + \ldots + a_{in}x_n \leq b_i & \forall\, i = p+1, \ldots, q \\ & a_{i1}x_1 + \ldots + a_{in}x_n \geq b_i & \forall\, i = q+1, \ldots, m \\ & x_j \geq 0 & \forall\, j = 1, \ldots, r \\ & x_j \gtrless 0 & \forall\, j = r+1, \ldots, n. \end{aligned}$$

1) Die "$\leq$" Nebenbedingungen können durch Einführung von **Schlupfvariablen**

1) The "$\leq$" constraints can be transformed into equality constraints by introducing **slack variables**

$$x_{n+i-p} := b_i - a_{i1}x_1 - \cdots - a_{in}x_n \qquad \forall\, i = p+1, \ldots, q$$

in "$=$" Nebenbedingungen überführt werden. Wir erhalten so:

We obtain:

$$\begin{aligned} a_{i1}x_1 + \cdots + a_{in}x_n + x_{n+i-p} &= b_i \\ x_{n+i-p} &\geq 0 \end{aligned} \qquad \forall\, i = p+1, \ldots, q.$$

2) Analog können die "$\geq$" Nebenbedingungen durch Einführung von **Überschussvariablen**

2) Analogously, the "$\geq$" constraints can be transformed into equality constraints by introducing **surplus variables**

$$x_{n+i-p} := a_{i1}x_1 + \cdots + a_{in}x_n - b_i \qquad \forall\, i = q+1, \ldots, m$$

in "$=$" Nebenbedingungen überführt werden. Wir erhalten so:

We obtain:

$$a_{i1}x_1 + \cdots + a_{in}x_n - x_{n+i-p} = b_i \qquad \forall\, i = q+1, \ldots, m.$$
$$x_{n+i-p} \geq 0$$

3) Ein LP, in dem die Zielfunktion maximiert werden soll, kann auf die Standardform zurückgeführt werden, indem man die Identität max $\underline{c}\,\underline{x} = -\min(-\underline{c})\,\underline{x}$ benutzt, und ein LP mit Koeffizienten $-c_j$ in Standardform löst.

3) An LP in which the objective function is to be maximized can be transformed into standard form by using the identity max $\underline{c}\,\underline{x} = -\min(-\underline{c})\,\underline{x}$ and by solving an LP with the coefficients $-c_j$ in standard form.

4) Ist eine Variable x_j nicht vorzeichenbeschränkt (d.h. $x_j \gtrless 0$), so ersetzen wir sie durch $x_j := x_j^+ - x_j^-$ mit $x_j^+, x_j^- \geq 0$, um in Standardform zu kommen.

4) If a variable x_j is not sign constrained (denoted by $x_j \gtrless 0$), we replace it by $x_j := x_j^+ - x_j^-$ with $x_j^+, x_j^- \geq 0$, in order to transform the problem into standard form.

Im Zusammenhang mit LPs werden wir in der Regel die folgende Notation benutzen:

In connection with LPs we will usually use the following notation:

$A = (a_{ij})_{\substack{i=1,\ldots,m \\ j=1,\ldots,n}}$ denotes an $m \times n$ matrix, $m \leq n$ and rank$(A) = m$

$A_j = \begin{pmatrix} a_{1j} \\ \vdots \\ a_{mj} \end{pmatrix}$ denotes the jth column of A

$A^i = (a_{i1}, \ldots, a_{in})$ denotes the ith row of A

$\underline{c} = (c_1, \ldots, c_n)$ denotes a vector in $\mathbb{R}^n$

$\underline{b} = \begin{pmatrix} b_1 \\ \vdots \\ b_m \end{pmatrix}$ denotes a vector in $\mathbb{R}^m$

$P = \{\underline{x} \in \mathbb{R}^n : A\underline{x} = \underline{b},\ \underline{x} \geq \underline{0}\}$ denotes the feasible set of LP.

2.2 Basic Solutions: Optimality Test and Basis Exchange

Eine **Basis von A** ist eine Menge $\mathcal{B} = \{A_{B(1)}, \ldots, A_{B(m)}\}$ von m linear unab-

A **basis of A** is a set $\mathcal{B} = \{A_{B(1)}, \ldots, A_{B(m)}\}$ of m linearly independent columns

hängigen Spalten von A. Die Indexmenge $B = (B(1), \ldots, B(m))$ ist dabei in einer beliebigen, aber festen Anordnung gegeben. Oft bezeichnen wir auch - etwas unexakt - die Indexmenge B selber als Basis von A. Mit $A_B = (A_{B(1)}, \ldots, A_{B(m)})$ bezeichnen wir die zu B gehörende reguläre $m \times m$ Teilmatrix von A. Die entsprechenden Variablen heißen **Basisvariablen** und werden im Vektor $\underline{x}_B = (x_{B(1)}, \ldots, x_{B(m)})^T$ zusammengefasst. Die übrigen Indizes sind in einer Menge $N = (N(1), \ldots, N(n - m))$ beliebig, aber fest angeordnet, und wir bezeichnen $A_N = (A_{N(1)}, \ldots, A_{N(n-m)})$ und $\underline{x}_N = (x_{N(1)}, \ldots, x_{N(n-m)})^T$. Die Variablen x_j mit $j \in N$ heißen **Nichtbasisvariablen**.

Offensichtlich gilt:

of A. The index set $B = (B(1), \ldots, B(m))$ is given in an arbitrary but fixed order. Often we call - somewhat inexact - the index set B itself a basis of A. With $A_B = (A_{B(1)}, \ldots, A_{B(m)})$ we denote the regular $m \times m$ sub-matrix of A corresponding to B. The corresponding variables are called **basic variables** and are collected in the vector $\underline{x}_B = (x_{B(1)}, \ldots, x_{B(m)})^T$. The remaining indices are contained in a set $N = (N(1), \ldots, N(n-m))$ which is again sorted in an arbitrary but fixed order. We use the notation $A_N = (A_{N(1)}, \ldots, A_{N(n-m)})$ and $\underline{x}_N = (x_{N(1)}, \ldots, x_{N(n-m)})^T$. The variables x_j with $j \in N$ are called **non-basic variables**.

We immediately obtain:

$$\underline{x} \text{ is a solution of } A\underline{x} = \underline{b}$$
$$\Longleftrightarrow (\underline{x}_B, \underline{x}_N) \text{ is a solution of } A_B\underline{x}_B + A_N\underline{x}_N = \underline{b}.$$

(Man sieht dies leicht ein, indem man $A\underline{x} = \underline{b}$ schreibt als $x_1 \cdot A_1 + \ldots + x_n \cdot A_n = \underline{b}$).

Durch Multiplikation der letzten Gleichung mit A_B^{-1} (die inverse Matrix existiert, da A_B regulär ist) erhält man:

(This can easily be seen by writing $A\underline{x} = \underline{b}$ as $x_1 \cdot A_1 + \ldots + x_n \cdot A_n = \underline{b}$).

By multiplying the latter equation by A_B^{-1} (the inverse matrix exists since A_B is non-singular) we obtain:

$$\underline{x} \text{ is a solution of } A\underline{x} = \underline{b}$$
$$\Longleftrightarrow (\underline{x}_B, \underline{x}_N) \text{ is a solution of } \underline{x}_B = A_B^{-1}\underline{b} - A_B^{-1}A_N\underline{x}_N. \tag{2.1}$$

Die Darstellung (2.1) nennen wir die **Basisdarstellung von** $\underline{x}$ (bzgl. B).

(2.1) is called the **basic representation of** $\underline{x}$ (with respect to B).

Für jede beliebige Wahl von Nichtbasisvariablen $x_{N(i)}, i = 1, \ldots, n - m$, erhält man gemäß (2.1) eindeutig bestimmte Werte für die Basisvariablen $x_{B(i)}, i = 1, \ldots, m$. Die **Basislösung** (bzgl. B) ist die Lösung von $A\underline{x} = \underline{b}$ mit $\underline{x}_N = \underline{0}$ und folglich $\underline{x}_B = A_B^{-1}\underline{b}$. Eine Basislösung heißt **zulässige Basislösung**, falls $\underline{x}_B \geq \underline{0}$.

For any choice of the non-basic variables $x_{N(i)}, i = 1, \ldots, n - m$, we obtain, according to (2.1), uniquely defined values of the basic variables $x_{B(i)}, i = 1, \ldots, m$. The **basic solution** (with respect to B) is the solution of $A\underline{x} = \underline{b}$ with $\underline{x}_N = \underline{0}$ and thus $\underline{x}_B = A_B^{-1}\underline{b}$. A basic solution is called **basic feasible solution** if $\underline{x}_B \geq \underline{0}$.

Übung: *Jeder Basis von A entspricht eindeutig eine Basislösung. Entspricht umgekehrt einer gegebenen Basislösung eindeutig eine Basis? (Beweis oder Gegenbeispiel.)*

Exercise: *Every basis of A corresponds uniquely to a basic solution. Is it true that vice versa a given basic solution corresponds uniquely to a basis? (Proof or counterexample.)*

Beispiel 2.2.1. *Wir betrachten das LP*

Example 2.2.1. *We consider the LP*

$$
\begin{array}{rrrrl}
\max & x_1 & & & \\
\text{s.t.} & -x_1 & + & x_2 & \leq 1 \\
& x_1 & + & x_2 & \leq 3 \\
& & & x_1, x_2 & \geq 0.
\end{array}
$$

Der zulässige Bereich ist:

The feasible region is:

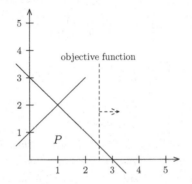

Abbildung 2.2.1. *Zulässiger Bereich P.*

Figure 2.2.1. *Feasible region P.*

Wir überlegen uns leicht, dass $\underline{x} = \binom{3}{0}$ die Optimallösung ist. Wir transformieren dieses LP zunächst auf Standardform durch Einfügen der Schlupfvariablen x_3 und x_4 und Umwandlung der Maximierung in eine Minimierung (das Minuszeichen vor der Minimierung können wir weglassen, dürfen es aber bei der Interpretation des Ergebnisses nicht vergessen).

We can easily see that $\underline{x} = \binom{3}{0}$ is the optimal solution. We first transform this LP into standard form by introducing slack variables x_3 and x_4 and by transforming the maximization into a minimization (the minus sign in front of the minimization can be dropped, but we must not forget this minus sign when the final result is interpreted).

$$
\begin{array}{rrrrrrrl}
\min & -x_1 & & & & & & \\
\text{s.t.} & -x_1 & + & x_2 & + & x_3 & & = 1 \\
& x_1 & + & x_2 & & & + x_4 & = 3 \\
& & & & x_1, x_2, x_3, x_4 & & & \geq 0
\end{array}
$$

i.e., $\underline{c} = (-1, 0, 0, 0)$, $A = \begin{pmatrix} -1 & 1 & 1 & 0 \\ 1 & 1 & 0 & 1 \end{pmatrix}$ and $\underline{b} = \begin{pmatrix} 1 \\ 3 \end{pmatrix}$.

(a) Für $B = (3,4)$ (d.h. $B(1) = 3$, $B(2) = 4$) ist die Basislösung

(a) For $B = (3,4)$ (i.e., $B(1) = 3$, $B(2) = 4$) we obtain as basic solution

$$\underline{x}_B = \begin{pmatrix} x_{B(1)} \\ x_{B(2)} \end{pmatrix} = \begin{pmatrix} x_3 \\ x_4 \end{pmatrix} = A_B^{-1}\underline{b} = \begin{pmatrix} 1 & 0 \\ 0 & 1 \end{pmatrix}^{-1} \cdot \underline{b} = \underline{b} = \begin{pmatrix} 1 \\ 3 \end{pmatrix}$$

$$\underline{x}_N = \begin{pmatrix} x_{N(1)} \\ x_{N(2)} \end{pmatrix} = \begin{pmatrix} x_1 \\ x_2 \end{pmatrix} = \underline{0},$$

$$\Rightarrow \underline{x} = (0,0,1,3)^T.$$

(b) Für $B = (1,2)$ erhalten wir

(b) For $B = (1,2)$ we get

$$A_B = \begin{pmatrix} -1 & 1 \\ 1 & 1 \end{pmatrix} \quad \Rightarrow \quad A_B^{-1} = \frac{1}{2} \cdot \begin{pmatrix} -1 & 1 \\ 1 & 1 \end{pmatrix}$$

$$\underline{x}_B = \begin{pmatrix} x_{B(1)} \\ x_{B(2)} \end{pmatrix} = \begin{pmatrix} x_1 \\ x_2 \end{pmatrix} = A_B^{-1}\underline{b} = \frac{1}{2} \cdot \begin{pmatrix} -1 & 1 \\ 1 & 1 \end{pmatrix} \cdot \begin{pmatrix} 1 \\ 3 \end{pmatrix} = \begin{pmatrix} 1 \\ 2 \end{pmatrix}$$

$$\underline{x}_N = \begin{pmatrix} x_{N(1)} \\ x_{N(2)} \end{pmatrix} = \begin{pmatrix} x_3 \\ x_4 \end{pmatrix} = \underline{0},$$

$$\Rightarrow \underline{x} = (1,2,0,0)^T.$$

Man beachte, dass in beiden Fällen die Basislösungen Ecken des zulässigen Bereichs P entsprechen, nämlich: (a) entspricht der Ecke $(0,0)^T$ und (b) gehört zur Ecke $(1,2)^T$. Da $\underline{x}_B \geq \underline{0}$ ist, sind (a) und (b) zulässige Basislösungen.

Note that in both cases the basic solutions correspond to corner points of the feasible region P, namely (a) corresponds to the corner point $(0,0)^T$ and (b) corresponds to the corner point $(1,2)^T$. Since $\underline{x}_B \geq \underline{0}$ in both cases, (a) and (b) yield basic feasible solutions.

(c) Für $B = (4,1)$, d.h. $B(1) = 4$, $B(2) = 1$ ist

(c) For $B = (4,1)$, i.e., $B(1) = 4$, $B(2) = 1$ we get

$$\underline{x}_B = \begin{pmatrix} x_{B(1)} \\ x_{B(2)} \end{pmatrix} = \begin{pmatrix} x_4 \\ x_1 \end{pmatrix} = A_B^{-1}\underline{b} = \begin{pmatrix} 0 & -1 \\ 1 & 1 \end{pmatrix}^{-1} \cdot \begin{pmatrix} 1 \\ 3 \end{pmatrix} = \begin{pmatrix} 4 \\ -1 \end{pmatrix}$$

$$\underline{x}_N = \begin{pmatrix} x_{N(1)} \\ x_{N(2)} \end{pmatrix} = \begin{pmatrix} x_2 \\ x_3 \end{pmatrix} = \begin{pmatrix} 0 \\ 0 \end{pmatrix}$$

$$\Rightarrow \underline{x} = (-1,0,0,4)^T.$$

Da $\underline{x}_B \geq \underline{0}$ nicht erfüllt ist, ist $(\underline{x}_B, \underline{x}_N)$ eine Basislösung, die nicht zulässig ist. In Abbildung 2.2.1 sieht man auch, dass der zugehörige Punkt $(x_1, x_2)^T = (-1,0)^T$ nicht in P liegt.

Since $\underline{x}_B \geq \underline{0}$ is not satisfied, $(\underline{x}_B, \underline{x}_N)$ is a basic solution that is not feasible. In Figure 2.2.1 it can be easily seen that the corresponding point $(x_1, x_2)^T = (-1,0)^T$ is not contained in P.

Wir betrachten nun eine zulässige Basislösung (x_B, x_N) und benutzen die Basisdarstellung bezüglich B zur Herleitung eines Optimalitätskriteriums. Zunächst partitionieren wir die Koeffizienten von c in $c_B = (c_{B(1)}, \ldots, c_{B(m)})$ und $c_N = (c_{N(1)}, \ldots, c_{N(n-m)})$. Der Zielfunktionswert cx lässt sich also schreiben als

We now consider a basic feasible solution (x_B, x_N) and use the basic representation with respect to B to derive an optimality criterion. First, we partition the coefficients of c into $c_B = (c_{B(1)}, \ldots, c_{B(m)})$ and $c_N = (c_{N(1)}, \ldots, c_{N(n-m)})$. Then the objective value cx can be written as

$$
\begin{aligned}
cx &= c_B x_B + c_N x_N \\
&= c_B(A_B^{-1}b - A_B^{-1}A_N x_N) + c_N x_N,
\end{aligned}
$$
hence
$$
cx = c_B A_B^{-1}b + (c_N - c_B A_B^{-1}A_N)x_N. \tag{2.2}
$$

Da in der augenblicklichen Basislösung $x_N = 0$ ist, ist der Zielfunktionswert $c_B x_B = c_B A_B^{-1}b$. Für alle anderen Lösungen ergibt sich eine Änderung des Zielfunktionswertes um $(c_N - c_B A_B^{-1}A_N)x_N$. Erhöhen wir den Wert von $x_{N(j)} = 0$ auf $x_{N(j)} = \delta$, $\delta > 0$, so ändert sich der Zielfunktionswert um $\delta \cdot (c_{N(j)} - \pi A_{N(j)})$, wobei $\pi := c_B A_B^{-1}$.

In the current basic feasible solution we have that $x_N = 0$ and therefore its objective value is $c_B x_B = c_B A_B^{-1}b$. For all other solutions the objective value differs from this value by $(c_N - c_B A_B^{-1}A_N)x_N$. If we increase the value of $x_{N(j)} = 0$ to $x_{N(j)} = \delta$, $\delta > 0$, the objective value is changed by $\delta \cdot (c_{N(j)} - \pi A_{N(j)})$ where $\pi := c_B A_B^{-1}$.

Für $\pi A_{N(j)} = c_B A_B^{-1}A_{N(j)}$ findet man in der Literatur oft auch die Bezeichnung $z_{N(j)}$, so dass $c_{N(j)} - \pi A_{N(j)} = c_{N(j)} - z_{N(j)}$.

For $\pi A_{N(j)} = c_B A_B^{-1}A_{N(j)}$ we often find the denotation $z_{N(j)}$ in the literature such that $c_{N(j)} - \pi A_{N(j)} = c_{N(j)} - z_{N(j)}$.

Also wird der Zielfunktionswert der gegebenen Basislösung größer, falls $c_{N(j)} - z_{N(j)} > 0$ und kleiner, falls $c_{N(j)} - z_{N(j)} < 0$. Die Werte $\bar{c}_{N(j)} := c_{N(j)} - z_{N(j)}$, genannt die **reduzierten** oder **relativen Kosten** der Nichtbasisvariablen $x_{N(j)}$, enthalten somit die Information, ob es sinnvoll ist, den Wert der Nichtbasisvariablen $x_{N(j)}$ von 0 auf einen Wert $\delta > 0$ zu erhöhen. Insbesondere erhalten wir somit das folgende Ergebnis:

Therefore the objective value of the given basic feasible solution increases if $c_{N(j)} - z_{N(j)} > 0$ and it decreases if $c_{N(j)} - z_{N(j)} < 0$. The values $\bar{c}_{N(j)} := c_{N(j)} - z_{N(j)}$, called the **reduced** or **relative costs** of the non-basic variable $x_{N(j)}$, thus contain the information whether it is useful to increase the value of the non-basic variable $x_{N(j)}$ from 0 to a value $\delta > 0$. In particular, we obtain the following result:

Satz 2.2.1. (Optimalitätskriterium für Basislösungen)
Ist x eine zulässige Basislösung bzgl. B und gilt

Theorem 2.2.1. (Optimality condition for basic feasible solutions)
If x is a basic feasible solution with respect to B and if

$$\overline{c}_{N(j)} = c_{N(j)} - z_{N(j)} = c_{N(j)} - \underline{c}_B A_B^{-1} A_{N(j)} \geq 0 \qquad \forall\, j = 1, \ldots, n-m$$

so ist $\underline{x}$ eine Optimallösung des LPs $\min\{\underline{c}\,\underline{x} : A\underline{x} = \underline{b},\ \underline{x} \geq \underline{0}\}$.

Wie wir im Beispiel 2.2.1 gesehen haben, entsprechen zulässige Basislösungen von $A\underline{x} = \underline{b}$ Extrempunkten des zulässigen Bereiches $\hat{A}\hat{\underline{x}} \leq \underline{b}$ (wobei $\hat{A}$ aus A hervorgeht, indem man die Spalten in A, die eine Einheitsmatrix bilden, streicht, und $\hat{\underline{x}}$ die zu den Spalten von $\hat{A}$ gehörenden Komponenten von $\underline{x}$ in einem Vektor zusammenfasst). Gemäß der zu Beginn des Kapitels formulierten Idee werden wir somit zu einer neuen Basislösung gehen, falls das Optimalitätskriterium für die augenblickliche zulässige Basislösung nicht erfüllt ist.

Zunächst wenden wir jedoch Satz 2.2.1 in einem Beispiel an:

Beispiel 2.2.2. *Wir wenden den Optimalitätstest auf zwei Basislösungen in Beispiel 2.2.1 an:*

(a) $B = (1, 2)$:

Wir haben in Beispiel 2.2.1 (b)

then $\underline{x}$ is an optimal solution of the LP $\min\{\underline{c}\,\underline{x} : A\underline{x} = \underline{b},\ \underline{x} \geq \underline{0}\}$.

As we have seen in Example 2.2.1, basic feasible solutions of $A\underline{x} = \underline{b}$ correspond to extreme points of the feasible region $\hat{A}\hat{\underline{x}} \leq \underline{b}$ (here $\hat{A}$ is derived from A by deleting those columns of A which correspond to a unit matrix, and $\hat{x}$ are the components of $\underline{x}$ which correspond to the columns of $\hat{A}$). According to the idea mentioned at the beginning of this chapter, we will move to a new basic feasible solution if the optimality condition is not satisfied for the current basic feasible solution.

First we will apply Theorem 2.2.1 in an example:

Example 2.2.2. *We apply the optimality test to two basic feasible solutions of Example 2.2.1:*

(a) $B = (1, 2)$:

In Example 2.2.1 (b) we computed that

$$A_B^{-1} = \frac{1}{2} \cdot \begin{pmatrix} -1 & 1 \\ 1 & 1 \end{pmatrix}$$

berechnet. Also gilt: *Thus we obtain:*

$$
\begin{aligned}
z_{N(1)} &= (c_{B(1)}, c_{B(2)}) \cdot A_B^{-1} \cdot A_{N(1)} \\
&= (c_1, c_2) \cdot A_B^{-1} \cdot A_3 \\
&= (-1, 0) \cdot \frac{1}{2} \cdot \begin{pmatrix} -1 & 1 \\ 1 & 1 \end{pmatrix} \cdot \begin{pmatrix} 1 \\ 0 \end{pmatrix} \\
&= \frac{1}{2} \cdot (1, -1) \cdot \begin{pmatrix} 1 \\ 0 \end{pmatrix} = \frac{1}{2} \qquad \left(\text{i.e., } \underline{\pi} = \frac{1}{2} \cdot (1, -1) \right) \\
\Rightarrow \quad \overline{c}_{N(1)} &= c_3 - z_3 = 0 - \frac{1}{2} < 0.
\end{aligned}
$$

Das Optimalitätskriterium ist also nicht erfüllt. Man beachte, dass man aus Satz 2.2.1 nicht schließen kann, dass die zugehörige Basislösung nicht optimal ist, da Satz 2.2.1 nur ein hinreichendes Optimalitätskriterium ist.

The optimality condition is thus not satisfied. Note that, using Theorem 2.2.1, one cannot conclude that the corresponding basic feasible solution is not optimal since Theorem 2.2.1 gives only a sufficient optimality condition.

(b) $B = (1, 3)$:

(b) $B = (1, 3)$:

$$A_B = \begin{pmatrix} -1 & 1 \\ 1 & 0 \end{pmatrix} \quad \Rightarrow \quad A_B^{-1} = \begin{pmatrix} 0 & 1 \\ 1 & 1 \end{pmatrix}.$$

Wir prüfen das Optimalitätskriterium, indem wir $\bar{c}_N := \underline{c}_N - \underline{z}_N$ mit $\underline{z}_N := \underline{c}_B A_B^{-1} A_N$ berechnen und prüfen, ob $\bar{c}_N \geq \underline{0}$ ist. (Dabei ist "$\geq$" die komponentenweise Ordnung.)

We check the optimality condition by computing $\bar{c}_N := \underline{c}_N - \underline{z}_N$ with $\underline{z}_N := \underline{c}_B A_B^{-1} A_N$ and check whether $\bar{c}_N \geq \underline{0}$. (Here "$\geq$" denotes the component-wise ordering.)

$$\begin{aligned} \underline{z}_N = \underline{c}_B \cdot A_B^{-1} \cdot A_N &= (c_1, c_3) \cdot A_B^{-1} \cdot (A_2, A_4) \\ &= (-1, 0) \cdot \begin{pmatrix} 0 & 1 \\ 1 & 1 \end{pmatrix} \cdot \begin{pmatrix} 1 & 0 \\ 1 & 1 \end{pmatrix} \\ &= (-1, 0) \cdot \begin{pmatrix} 1 & 1 \\ 2 & 1 \end{pmatrix} = (-1, -1) \\ \Rightarrow \quad \bar{c}_N := \underline{c}_N - \underline{z}_N &= (0, 0) - (-1, -1) = (1, 1) \geq \underline{0}. \end{aligned}$$

Also ist die zu B gehörende Basislösung

Hence the basic feasible solution

$$\underline{x}_B = \begin{pmatrix} x_1 \\ x_3 \end{pmatrix} = A_B^{-1} \underline{b} = \begin{pmatrix} 0 & 1 \\ 1 & 1 \end{pmatrix} \cdot \begin{pmatrix} 1 \\ 3 \end{pmatrix} = \begin{pmatrix} 3 \\ 4 \end{pmatrix}, \quad \underline{x}_N = \begin{pmatrix} x_2 \\ x_4 \end{pmatrix} = \begin{pmatrix} 0 \\ 0 \end{pmatrix}$$

optimal. Man beachte, dass diese Basislösung der Ecke

corresponding to B is optimal. It should be noted that this basic feasible solution corresponds to the corner point

$$\underline{x} = \begin{pmatrix} x_1 \\ x_2 \end{pmatrix} = \begin{pmatrix} 3 \\ 0 \end{pmatrix}$$

entspricht, die wir schon in Beispiel 2.2.1 mit dem graphischen Verfahren als optimal erkannt haben.

which we have already identified in Example 2.2.1 as optimal using the graphical procedure.

Im Folgenden zeigen wir, wie wir zu einer neuen zulässigen Basislösung kommen, falls die augenblickliche das Optimalitätskriterium nicht erfüllt.

In the following we will show how to obtain a new basic feasible solution if the current one does not satisfy the optimality condition.

Sei also etwa $\bar{c}_{N(s)} = c_{N(s)} - z_{N(s)} < 0$ für ein $s \in N$ (wie im Beispiel 2.2.2 (a): $s = 1$). Da

Assume that $\bar{c}_{N(s)} = c_{N(s)} - z_{N(s)} < 0$ for some $s \in N$ (in Example 2.2.2 (a) this is, for instance, the case for $s = 1$). Since

$$\underline{c}\,\underline{x} = \underline{c}_B A_B^{-1}\underline{b} + (\underline{c}_N - \underline{c}_B A_B^{-1}A_N)\underline{x}_N,$$

wird jede Vergrößerung von $x_{N(s)}$ um eine Einheit $\underline{c}\,\underline{x}$ um $\bar{c}_{N(s)}$ verringern. Da wir die Zielfunktion $\underline{c}\,\underline{x}$ minimieren wollen, werden wir also $x_{N(s)}$ so groß wie möglich machen.

increasing $x_{N(s)}$ by one unit will decrease $\underline{c}\,\underline{x}$ by $\bar{c}_{N(s)}$. Since our goal is to minimize the objective function $\underline{c}\,\underline{x}$ we want to increase $x_{N(s)}$ by as many units as possible.

Wie groß können wir $x_{N(s)}$ machen?

How large can $x_{N(s)}$ be chosen?

Diese Frage wird durch die Basisdarstellung (2.1)

This question is answered by the basic representation (2.1)

$$\underline{x}_B = A_B^{-1}\underline{b} - A_B^{-1}A_N\underline{x}_N \tag{2.1}$$

und die Forderung, dass $\underline{x}_B \geq \underline{0}$ sein muss, beantwortet. Lassen wir alle $x_{N(j)}$, $j \neq s$, auf dem Wert 0 und erhöhen $x_{N(s)}$ von 0 auf $\delta \geq 0$, so gilt für die entsprechende Lösung von $A\underline{x} = \underline{b}$

and the requirement $\underline{x}_B \geq \underline{0}$. If we keep $x_{N(j)}$, $j \neq s$, equal to 0 and increase $x_{N(s)}$ from 0 to $\delta \geq 0$, we obtain for the resulting solution of $A\underline{x} = \underline{b}$

$$\underline{x}_B = A_B^{-1}\underline{b} - A_B^{-1}A_{N(s)} \cdot \delta. \tag{2.3}$$

Bezeichnen wir die i-te Komponente von $A_B^{-1}\underline{b}$ bzw. $A_B^{-1}A_{N(s)}$ mit $\tilde{b}_i$ bzw. $\tilde{a}_{iN(s)}$, so müssen wir δ so wählen, dass

Denoting the ith component of $A_B^{-1}\underline{b}$ and $A_B^{-1}A_{N(s)}$ with $\tilde{b}_i$ and $\tilde{a}_{iN(s)}$, respectively, we have to choose δ such that

$$x_{B(i)} = \tilde{b}_i - \tilde{a}_{iN(s)} \cdot \delta \geq 0 \qquad \forall\, i = 1, \ldots, m.$$

Da wir δ möglichst groß wählen wollen, setzen wir somit

In order to choose δ as large as possible, we thus compute δ as

$$\delta = x_{N(s)} := \min\left\{ \frac{\tilde{b}_i}{\tilde{a}_{iN(s)}} : \tilde{a}_{iN(s)} > 0 \right\} \quad \textbf{(min ratio rule)}. \tag{2.4}$$

Bei der Berechnung von δ mit Hilfe der **Quotientenregel** können zwei Fälle auftreten:

While computing δ with respect to the **min ratio rule** two cases may occur:

1. Fall: $\forall \, i = 1, \ldots, m : \; \tilde{a}_{iN(s)} \leq 0$.

Dann kann δ beliebig groß gemacht werden, ohne die Vorzeichenbedingung zu verletzen. Damit kann jedoch $\underline{c}\,\underline{x}$ beliebig klein gemacht werden, d.h. das LP ist unbeschränkt.

Wir erhalten also das folgende Ergebnis:

Satz 2.2.2. (Kriterium für unbeschränkte LPs)
Ist $\underline{x}$ eine zulässige Basislösung bzgl. B und gilt

Case 1: $\forall \, i = 1, \ldots, m : \; \tilde{a}_{iN(s)} \leq 0$.

In this case δ can be chosen arbitrarily large without violating any of the nonnegativity constraints. As a consequence, $\underline{c}\,\underline{x}$ can be made arbitrarily small and the LP is unbounded.

Thus we obtain the following result:

Theorem 2.2.2. (Criterion for unbounded LPs)
If $\underline{x}$ is a basic feasible solution with respect to B and if

$$\bar{c}_{N(s)} < 0 \quad \text{and} \quad A_B^{-1} A_{N(s)} \leq \underline{0}$$

für ein $s \in N$, so ist das LP $\min\{\underline{c}\,\underline{x} : A\underline{x} = \underline{b}, \; \underline{x} \geq \underline{0}\}$ unbeschränkt.

for some $s \in N$, then the LP $\min\{\underline{c}\,\underline{x} : A\underline{x} = \underline{b}, \; \underline{x} \geq \underline{0}\}$ is unbounded.

2. Fall: $\exists \, i \in \{1, \ldots, m\} : \; \tilde{a}_{iN(s)} > 0$.

In diesem Fall wird das Minimum in der Bestimmung von $x_{N(s)}$ in (2.4) angenommen. Sei etwa $\delta = x_{N(s)} = \frac{\tilde{b}_r}{\tilde{a}_{rN(s)}}$. (Falls der Index r nicht eindeutig bestimmt ist, wählen wir einen beliebigen der Indizes mit $\frac{\tilde{b}_r}{\tilde{a}_{rN(s)}} = \delta$.) Die neue Lösung ist nach (2.3) und (2.4)

Case 2: $\exists \, i \in \{1, \ldots, m\} : \; \tilde{a}_{iN(s)} > 0$.

In this case the minimum in the computation of $x_{N(s)}$ with the min ratio rule (2.4) is attained. Suppose we get $\delta = x_{N(s)} = \frac{\tilde{b}_r}{\tilde{a}_{rN(s)}}$. (If the index r is not uniquely defined, we choose any of the indices such that $\frac{\tilde{b}_r}{\tilde{a}_{rN(s)}} = \delta$.) According to (2.3) and (2.4) the new solution is

$$
\begin{aligned}
x_{N(s)} &= \frac{\tilde{b}_r}{\tilde{a}_{rN(s)}} \\
x_{N(j)} &= 0 \,, \quad j \neq s \\
x_{B(i)} &= \tilde{b}_i - \tilde{a}_{iN(s)} \cdot x_{N(s)} = \tilde{b}_i - \tilde{a}_{iN(s)} \cdot \frac{\tilde{b}_r}{\tilde{a}_{rN(s)}} \,, \quad i = 1, \ldots, m.
\end{aligned}
$$

Insbesondere gilt dann $x_{B(r)} = 0$. Es ist leicht nachzuprüfen (und wird nochmals klar, wenn wir die tabellarische Speicherung der Daten $\tilde{b}_i, \tilde{a}_{ij}$ diskutieren), dass

In particular, $x_{B(r)} = 0$. It is easy to check (and will become obvious when we consider the storage of the data $\tilde{b}_i, \tilde{a}_{ij}$ in tabular form later on) that

$$B' = (B'(1), \ldots, B'(r-1), B'(r), B'(r+1), \ldots, B'(m))$$

$$\text{with} \qquad B'(i) := \begin{cases} B(i) \\ N(s) \end{cases} \text{if} \quad \begin{matrix} i \neq r \\ i = r \end{matrix}$$

eine neue Basis von A definiert. (Das entscheidende Argument ist dabei, dass $\tilde{a}_{rN(s)} \neq 0$ ist.) Die Berechnung von $x_{N(s)}$ hat also zu einem **Basisaustausch** geführt. $x_{B(r)}$ hat die **Basis verlassen**, und $x_{N(s)}$ ist in die **Basis eingetreten**. Die neue Indexmenge der Nichtbasisvariablen ist $N' = (N'(1), \ldots, N'(s - 1), N'(s), N'(s+1), \ldots, N'(n - m))$ mit

defines a new basis of A. (The decisive argument is here that $\tilde{a}_{rN(s)} \neq 0$.) The computation of $x_{N(s)}$ has thus induced a **basis exchange**. The variable $x_{B(r)}$ has **left the basis**, and $x_{N(s)}$ has **entered the basis**. The new index set of nonbasic variables is $N' = (N'(1), \ldots, N'(s - 1), N'(s), N'(s+1), \ldots, N'(n - m))$ with

$$N'(j) := \begin{cases} N(j) \\ B(r) \end{cases} \text{if} \quad \begin{matrix} j \neq s \\ j = s. \end{matrix}$$

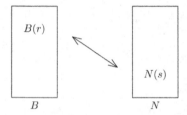

Abbildung 2.2.2. *Basisaustausch.*

Figure 2.2.2. *Basis exchange.*

Übung: *Wird der Zielfunktionswert bei jedem Basisaustausch verbessert? (Beweis oder Gegenbeispiel.)*

Exercise: *Is the objective value improved with each basis exchange? (Proof or counterexample.)*

Beispiel 2.2.3. *Im Beispiel 2.2.2 (a) haben wir gesehen, dass für $B = (1, 2)$ das Optimalitätskriterium verletzt ist. Wir wollen also $x_{N(1)} = x_3$ in die Basis bringen (da ja $\bar{c}_3 < 0$).*

Example 2.2.3. *In Example 2.2.2 (a) we have seen that the optimality condition is violated for $B = (1, 2)$. Since $\bar{c}_3 < 0$ we want to introduce $x_{N(1)} = x_3$ into the basis.*

Wir berechnen (vgl. Beispiel 2.2.2):

We compute (cf. Example 2.2.2):

$$\begin{pmatrix} \tilde{a}_{1N(1)} \\ \tilde{a}_{2N(1)} \end{pmatrix} = A_B^{-1} A_{N(1)} = \frac{1}{2} \begin{pmatrix} -1 & 1 \\ 1 & 1 \end{pmatrix} \cdot \begin{pmatrix} 1 \\ 0 \end{pmatrix} = \frac{1}{2} \begin{pmatrix} -1 \\ 1 \end{pmatrix},$$

$$\underline{\tilde{b}} = \begin{pmatrix} \tilde{b}_1 \\ \tilde{b}_2 \end{pmatrix} = A_B^{-1} \underline{b} = \frac{1}{2} \begin{pmatrix} -1 & 1 \\ 1 & 1 \end{pmatrix} \cdot \begin{pmatrix} 1 \\ 3 \end{pmatrix} = \begin{pmatrix} 1 \\ 2 \end{pmatrix}$$

$$\Rightarrow \quad x_{N(1)} = x_3 = \frac{\tilde{b}_2}{\tilde{a}_{2N(1)}} = 4.$$

(Man beachte, dass das Minimum in der Quotientenregel nur über eine einelementige Menge gebildet wird.)

(Note that the minimization in the min ratio rule is taken over a single-element set.)

Wir erhalten somit $B' = (1,3)$ als neue Indexmenge der Basis (x_2 hat die Basis verlassen, x_3 ist eingetreten), und die zugehörige zulässige Basislösung ist

We thus obtain $B' = (1,3)$ as new index set of the basis (x_2 has left the basis, x_3 has entered the basis). The corresponding basic feasible solution is

$$x_{B'(2)} = x_{N(1)} = x_3 = 4$$
$$x_{B'(1)} = \tilde{b}_1 - \tilde{a}_{1N(1)} \cdot x_{N(1)} = 1 - \left(-\frac{1}{2}\right) \cdot 4 = 3$$
$$x_{N'(1)} = x_{B(2)} = \tilde{b}_2 - \tilde{a}_{2N(1)} \cdot x_{N(s)} = 2 - \frac{1}{2} \cdot 4 = 0$$
$$x_{N'(2)} = x_{N(2)} = 0.$$

Dies ist dieselbe Lösung, die wir unter direkter Ausnutzung der Definition der Basislösung bzgl. $B' = (1,3)$ in Beispiel 2.2.2 (b) berechnet haben.

This is the same solution which we obtained directly in Example 2.2.2 (b) by using the definition of the basic feasible solution with respect to $B' = (1,3)$.

Die Idee des Simplexverfahrens ist es, sukzessive von zulässiger Basislösung zu zulässiger Basislösung zu gehen, bis eine optimale Basislösung erreicht ist. Wir müssen natürlich noch zeigen, dass es immer eine optimale Basislösung gibt und dass das Verfahren endlich ist. Zunächst schließen wir jedoch diesen Abschnitt ab, indem wir zeigen, wie der Basisaustausch und der Optimalitätstest effizient organisiert werden können.

It is the idea of the Simplex Method to move iteratively from basic feasible solution to basic feasible solution until an optimal basic feasible solution is reached. Nevertheless, it still remains to be shown that there is always an optimal basic feasible solution and that the procedure is, indeed, finite. But first we will conclude this section by showing how to organize the basis exchange and the optimality test efficiently.

Schreiben wir die Zielfunktion als $-z + c_1x_1 + \ldots + c_nx_n = 0$, so lassen sich Zielfunktion und Nebenbedingungen in einer Matrix speichern, die wir in Tableauform als **Ausgangstableau** $T = (t_{ij})$ mit $i = 0,1,\ldots,m$; $j = 0,1,\ldots,n,n+1$ schreiben:

If we write the objective function as $-z + c_1x_1 + \ldots + c_nx_n = 0$, the objective function and the constraints can be stored in a matrix which we write in tableau form, called the **starting tableau** $T = (t_{ij})$ with $i = 0,1,\ldots,m$; $j = 0,1,\ldots,n,n+1$:

$$T = \begin{array}{c|ccc|c} -z & x_1 & \dots & x_n & \\ \hline 1 & c_1 & \dots & c_n & 0 \\ \hline 0 & a_{11} & \dots & a_{1n} & b_1 \\ \vdots & \vdots & & \vdots & \vdots \\ 0 & a_{m1} & \dots & a_{mn} & b_m \end{array} = \begin{array}{c|c|c} 1 & \underline{c} & 0 \\ \hline \underline{0} & A & \underline{b} \end{array}$$

T repräsentiert ein Gleichungssystem mit $m+1$ Gleichungen. Die 0-te Spalte gehört zur Variablen $-z$, die i-te Spalte zu x_i ($i = 1, \dots, n$) und die $(n+1)$-te Spalte enthält die Information für die rechten Seiten. Ist B eine Basis, so bezeichnen wir mit T_B die reguläre $(m+1) \times (m+1)$ - Matrix

T represents a system of linear equations with $m+1$ equations. The 0th column is associated with the variable $-z$, the ith column with x_i ($i = 1, \dots, n$) and the $(n+1)$-st column contains the information about the right-hand sides of the equations. If B is a basis, we denote with T_B the non-singular $(m+1) \times (m+1)$ - matrix

$$T_B = \begin{pmatrix} 1 & \underline{c}_B \\ 0 & \\ \vdots & A_B \\ 0 & \end{pmatrix}$$

Man rechnet leicht nach, dass

It is easy to verify that

$$T_B^{-1} = \begin{pmatrix} 1 & -\underline{c}_B A_B^{-1} \\ \hline \underline{0} & A_B^{-1} \end{pmatrix},$$

$$T_B^{-1} T = \begin{pmatrix} 1 & \underline{c} - \underline{c}_B A_B^{-1} A & -\underline{c}_B A_B^{-1} \underline{b} \\ 0 & & \\ \vdots & A_B^{-1} A & A_B^{-1} \underline{b} \\ 0 & & \end{pmatrix} =: T(B).$$

$T(B)$ nennen wir das zur Basis B gehörende **Simplextableau**. Da T_B^{-1} eine reguläre Matrix ist, repräsentiert $T(B)$ dasselbe Gleichungssystem wie das Ausgangstableau T.

$T(B)$ is called the **simplex tableau** associated with the basis B. Since T_B^{-1} is a non-singular matrix, $T(B)$ represents the same system of linear equations as the starting tableau T.

Die Einträge in $T(B)$ lassen sich wie folgt interpretieren:

The entries of $T(B)$ can be interpreted in the following way:

(1) Die erste Spalte ist immer der Vektor $(1, 0, \ldots, 0)^T$. Diese Spalte verdeutlicht nur den Gleichungscharakter der 0-ten Zeile; wir werden sie später weglassen, da sie sich während des Simplexverfahrens nie verändert.

(1) The first column is always the unit vector $(1, 0, \ldots, 0)^T$. This column emphasizes the character of the 0th row as an equation; we will omit this column later on since it never changes during the Simplex Algorithm.

(2) Für $j = B(i) \in B$ gilt $A_B^{-1} A_j = \underline{e}_i^T$ (i-ter Einheitsvektor mit m Komponenten).

(2) For $j = B(i) \in B$ we have $A_B^{-1} A_j = \underline{e}_i^T$ (the ith unit vector with m components).

Weiter gilt $t_{0j} = c_j - \underline{c}_B A_B^{-1} A_j = c_j - c_j = 0$. Also enthält $T(B)$ in der Spalte, die zur i-ten Basisvariablen $x_{B(i)}$ gehört, den Wert 0 in der 0-ten Zeile und anschließend den i-ten Einheitsvektor mit m Komponenten.

Furthermore, $t_{0j} = c_j - \underline{c}_B A_B^{-1} A_j = c_j - c_j = 0$. Hence $T(B)$ contains in the column corresponding to the ith basic variable $x_{B(i)}$ the value 0 in row 0 and then the ith unit vector with m components.

(3) Für $j = N(i) \in N$ gilt $A_B^{-1} A_j = (\tilde{a}_{1j}, \ldots, \tilde{a}_{mj})^T$, wobei die Bezeichnung aus der Herleitung vor Satz 2.2.2 verwendet wurde. Weiter ist der Eintrag $t_{0j} = c_j - \underline{c}_B A_B^{-1} A_j = \bar{c}_j$, d.h. die t_{0j} sind die reduzierten Kosten der Nichtbasisvariablen x_j.

(3) For $j = N(i) \in N$ we have that $A_B^{-1} A_j = (\tilde{a}_{1j}, \ldots, \tilde{a}_{mj})^T$ where we use the denotation introduced in the derivation of Theorem 2.2.2. Moreover the entry $t_{0j} = c_j - \underline{c}_B A_B^{-1} A_j = \bar{c}_j$ is the reduced cost of the non-basic variable x_j.

(4) In der letzten Spalte ist $A_B^{-1} \underline{b}$ der Vektor der Basislösung bzgl. B (siehe (2.1) und folgender Abschnitt) und folglich ist $-\underline{c}_B A_B^{-1} \underline{b}$ das Negative des Zielfunktionswertes der augenblicklichen Basislösung.

(4) In the last column $A_B^{-1} \underline{b}$ is the vector of the basic variables with respect to B (see (2.1) and the following paragraph). Consequently, $-\underline{c}_B A_B^{-1} \underline{b}$ is the negative of the objective value of the current basic feasible solution.

Beispiel 2.2.4. *Betrachten wir wieder Beispiel 2.2.1 mit $B = (1, 2)$. Dann ist*

Example 2.2.4. *If we consider again Example 2.2.1 with $B = (1, 2)$, then*

$$
T = \begin{array}{c|c|cccc|c}
 & -z & x_1 & x_2 & x_3 & x_4 & \\
\hline
 & 1 & -1 & 0 & 0 & 0 & 0 \\
\hline
 & 0 & -1 & 1 & 1 & 0 & 1 \\
 & 0 & 1 & 1 & 0 & 1 & 3 \\
\end{array}
$$

und wegen

and because of

$$
A_B^{-1} = \begin{pmatrix} -1/2 & 1/2 \\ 1/2 & 1/2 \end{pmatrix} \quad \text{and} \quad \underline{c}_B A_B^{-1} = (-1, 0) \begin{pmatrix} -1/2 & 1/2 \\ 1/2 & 1/2 \end{pmatrix} = \left(\frac{1}{2}, -\frac{1}{2} \right)
$$

gilt   we get

$$T_B^{-1} = \left(\begin{array}{c|cc} 1 & -1/2 & 1/2 \\ \hline 0 & -1/2 & 1/2 \\ 0 & 1/2 & 1/2 \end{array} \right).$$

Somit ist das zu B gehörige Simplexta-   *Hence the simplex tableau corresponding to*
bleau   *B is*

$$T(B) = T_B^{-1} T = \begin{array}{|c|cccc|c|} \hline -z & x_1 & x_2 & x_3 & x_4 & \\ \hline 1 & 0 & 0 & -\frac{1}{2} & \frac{1}{2} & 1 \\ \hline 0 & 1 & 0 & -\frac{1}{2} & \frac{1}{2} & 1 \\ 0 & 0 & 1 & \frac{1}{2} & \frac{1}{2} & 2 \\ \hline \end{array}.$$

Entsprechend der Interpretation von $T(B)$ liest man in der 0-ten Zeile die reduzierten Kosten $\bar{c}_3 = -\frac{1}{2}$, $\bar{c}_4 = \frac{1}{2}$ der Nichtbasisvariablen ab und sieht, dass das Optimalitätskriterium nicht erfüllt ist (was wir schon aus Beispiel 2.2.2 wussten). Aus der letzten Spalte sehen wir, dass $x_1 = 1$, $x_2 = 2$ die Werte der Basisvariablen in der Basislösung sind mit Zielfunktionswert $-t_{0\,n+1} = -1$.

Following the interpretation of $T(B)$ the reduced costs $\bar{c}_3 = -\frac{1}{2}$, $\bar{c}_4 = \frac{1}{2}$ of the non-basic variables can be taken from the 0th row of $T(B)$. It can be easily seen that the optimality condition is not satisfied (which we knew already from explicit computations in Example 2.2.2). Looking at the last column of the tableau it can be seen that $x_1 = 1$, $x_2 = 2$ are the values of the basic variables in the basic feasible solution, yielding an objective value of $-t_{0\,n+1} = -1$.

Falls $t_{0j} < 0$ für ein $j \in \{1, \ldots, n\}$, versuchen wir, die Nichtbasisvariable in die Basis zu bekommen. Da die Einträge $t_{1j} = \tilde{a}_{1j}, \ldots, t_{mj} = \tilde{a}_{mj}$ und $t_{1\,n+1} = \tilde{b}_1, \ldots, t_{m\,n+1} = \tilde{b}_m$ sind, können wir den Quotiententest (2.4) mit Hilfe des Simplextableaus sehr einfach durchführen:

If $t_{0j} < 0$ for some $j \in \{1, \ldots, n\}$ we try to move the non-basic variable x_{nj} into the basis. Since the entries of the tableau are $t_{1j} = \tilde{a}_{1j}, \ldots, t_{mj} = \tilde{a}_{mj}$ and $t_{1\,n+1} = \tilde{b}_1, \ldots, t_{m\,n+1} = \tilde{b}_m$, we can perform the min ratio test (2.4) using the simplex tableau in a very simple way:

$$\delta = x_j = \min \left\{ \frac{t_{i\,n+1}}{t_{ij}} : t_{ij} > 0 \right\}.$$

Eine unbeschränkte Zielfunktion erkennt man somit daran, dass eine zu einer Nichtbasisvariablen x_j mit $t_{0j} < 0$ gehörende Spalte nur Einträge ≤ 0 enthält (vgl. Satz

Thus an unbounded objective function can be recognized by the fact that the column corresponding to one of the non-basic variables x_j with $t_{0j} < 0$ contains only entries

2.2.2). Ist $\delta = \frac{t_{r\,n+1}}{t_{rj}}$, so führt man eine **Pivotoperation** mit dem Element $t_{rj} > 0$ durch, d.h. man verwandelt durch elementare Zeilenoperationen die j-te Spalte von $T(B)$ in einen Einheitsvektor. Das sich ergebende Tableau ist das Simplextableau $T(B')$ bzgl. der neuen Basis B'.

Übung: *Zeigen Sie, dass das Tableau nach der Pivotoperation die Form $T(B')$ gemäß Seite 24 hat. (Tip: Erinnern Sie sich an die Transformation $(X|I) \rightarrow (I|X^{-1})$ zur Bestimmung von inversen Matrizen.)*

Beispiel 2.2.5. *Wir setzen Beispiel 2.2.4 fort. Da $t_{03} = -\frac{1}{2}$ ist, versuchen wir x_3 in die Basis zu bringen. Die Quotientenregel ergibt $\delta = x_3 = \frac{t_{25}}{t_{23}} = \frac{2}{1/2} = 4$, also pivotieren wir das letzte Tableau aus Beispiel 2.2.4 mit dem Element $t_{23} = \frac{1}{2}$.*

≤ 0 (cf. Theorem 2.2.2). If $\delta = \frac{t_{r\,n+1}}{t_{rj}}$, a **pivot operation** is carried out with the element $t_{rj} > 0$, i.e., we transform the jth column of $T(B)$ into the jth unit vector using only elementary row operations. The resulting tableau is the simplex tableau $T(B')$ with respect to the new basis B'.

Exercise: *Show that after the pivot operation the tableau has the form $T(B')$, cf. page 24. (Hint: Recall how to transform $(X|I) \rightarrow (I|X^{-1})$ in order to determine the inverse of a matrix.)*

Example 2.2.5. *We continue Example 2.2.4. Since $t_{03} = -\frac{1}{2}$ we try to move x_3 into the basis. The min ratio rule yields $\delta = x_3 = \frac{t_{25}}{t_{23}} = \frac{2}{1/2} = 4$. Hence we pivot the last tableau of Example 2.2.4 with the element $t_{23} = \frac{1}{2}$.*

$$
\begin{array}{|ccc|cc|c|}
\hline
1 & 0 & 0 & -\frac{1}{2} & \frac{1}{2} & 1 \\
0 & 1 & 0 & -\frac{1}{2} & \frac{1}{2} & 1 \\
0 & 0 & 1 & \frac{1}{2} & \frac{1}{2} & 2 \\
\hline
\end{array}
\quad \longrightarrow \quad
\begin{array}{|ccc|cc|c|}
\hline
1 & 0 & 1 & 0 & 1 & 3 \\
0 & 1 & 1 & 0 & 1 & 3 \\
0 & 0 & 2 & 1 & 1 & 4 \\
\hline
\end{array}
$$
$$T(B) \qquad\qquad\qquad T(B')$$

In $T(B')$ sind alle reduzierten Kosten ($= t_{0j}$, $j = 1, \ldots, n$) nicht negativ, also ist die zugehörige Basislösung (mit $x_1 = 3$, $x_3 = 4$, $x_2 = x_4 = 0$) optimal.

Falls $t_{0j} \ge 0 \quad \forall\, j = 1, \ldots, n$ und $t_{i\,n+1} \ge 0 \quad \forall\, i = 1, \ldots, m$, nennt man $T(B)$ ein **optimales (Simplex-) Tableau.**

Obwohl wir noch zeigen müssen, dass wir uns bei der Lösung eines LPs auf Basislösungen beschränken können und dass das folgende Verfahren tatsächlich endlich ist, formulieren wir schon an dieser Stelle das Simplexverfahren:

In $T(B')$ all reduced cost values ($= t_{0j}$, $j = 1, \ldots, n$) are non-negative. Hence the corresponding basic solution (with $x_1 = 3$, $x_3 = 4$, $x_2 = x_4 = 0$) is optimal.

If $t_{0j} \ge 0 \; \forall j = 1, \ldots, n$ and $t_{i\,n+1} \ge 0 \; \forall i = 1, \ldots, m$, $T(B)$ is called an **optimal (simplex-) tableau.**

Although we still have to prove that we can restrict ourselves to basic solutions while solving an LP and that the procedure described above is in fact finite, we formulate the Simplex Method already at this point:

ALGORITHM

Simplex Method for the Solution of LPs of the Type $\min\{\underline{c}\,\underline{x} : A\underline{x} = \underline{b},\ \underline{x} \geq \underline{0}\}$

(Input) Basic feasible solution $(\underline{x}_B, \underline{x}_N)$ *with respect to a basis* B

(1)   *Compute the simplex tableau* $T(B)$.

(2)   *If* $t_{0j} \geq 0\ \forall\, j = 1, \ldots, n$,
          (STOP) $(\underline{x}_B, \underline{x}_N)$ *with* $x_{B(i)} = t_{i\,n+1}$ $(i = 1, \ldots, m)$, $\underline{x}_N = \underline{0}$ *and with the objective*
          value $-t_{0\,n+1}$ *is an optimal solution of LP.*

(3)   *Choose* j *with* $t_{0j} < 0$.

(4)   *If* $t_{ij} \leq 0\ \forall\, i = 1, \ldots, m$ *(STOP).*   *The LP is unbounded.*

(5)   *Determine* $r \in \{1, \ldots, m\}$ *with*
          $$\frac{t_{r\,n+1}}{t_{rj}} = \min\left\{\frac{t_{i\,n+1}}{t_{ij}} : t_{ij} > 0\right\}$$
          and pivot with t_{rj}.
          Goto (2) .

Falls das LP ursprünglich ein LP mit "≤" Nebenbedingungen (mit $b_i \geq 0$, $i = 1, \ldots, m$) war, findet man die zulässige Start-Basislösung, indem man als Basisvariablen die Schlupfvariablen setzt. Wie man sonst eine zulässige Basislösung findet, sehen wir später (Abschnitt 2.5, Seite 40). Die Wahl von j in (3) ist wesentlich für die Endlichkeit des Verfahrens. Ebenso kann es sein, dass r in (5) nicht eindeutig bestimmt ist (vgl. Abschnitt 2.4, Seite 33). Bland hat 1977 gezeigt, dass man eine Endlichkeit des Simplexverfahrens garantieren kann, falls man j (in (3)) und $B(r)$ (in (5)) jeweils so klein wie möglich wählt (vgl. Abschnitt 2.4, Seite 33).

If the LP is originally given by a system of "≤" inequality constraints (with $b_i \geq 0$, $i = 1, \ldots, m$), a basic feasible starting solution is obtained by choosing the slack variables as basic variables. We will see later (Section 2.5, page 40) how a basic feasible solution can be found otherwise. The choice of j in (3) is essential for the finiteness of the procedure. Also it is possible that the index r in (5) is not uniquely defined (cf. Section 2.4, page 33). Bland has shown in 1977 that finiteness of the Simplex Method can be guaranteed if j (in (3)) and $B(r)$ (in (5)) are chosen as small as possible (cf. Section 2.4, page 33).

Beispiel 2.2.6. *Wir lösen das LP*   **Example 2.2.6.** *We solve the LP*

$$
\begin{aligned}
\max\quad & 3x_1 + x_2 \\
\text{s.t.}\quad -x_1 &+ x_2 \leq 1 \\
x_1 &- x_2 \leq 1 \\
& x_2 \leq 2 \\
x_1, x_2 &\geq 0
\end{aligned}
$$

mit dem Simplexverfahren. (Zur Kontrolle sollte der Leser zuerst das graphische Verfahren anwenden.) Zunächst transformieren wir das LP auf Standardform (vgl. Seite 12):

with the Simplex Method. (In order to verify the result the reader should first apply the graphical procedure). First we transform the LP into standard form (cf. page 12):

$$
\begin{array}{rlllllll}
-\min & -3x_1 & - & x_2 & & & & \\
\text{s.t.} & -x_1 & + & x_2 & + & x_3 & & & = & 1 \\
& x_1 & - & x_2 & & & + & x_4 & & = & 1 \\
& & & x_2 & & & & & + x_5 & = & 2 \\
\end{array}
$$
$$x_1,\ x_2,\ x_3,\ x_4,\ x_5\ \geq\ 0.$$

Das Minuszeichen vor dem min lassen wir im Folgenden unbeachtet. Es hat jedoch die Konsequenz, dass in den folgenden Tableaus $-(-t_{06}) = t_{06}$ der Zielfunktionswert der augenblicklichen Basis ist (und nicht $-t_{06}$). Eine zulässige Ausgangsbasis ist $B = (3, 4, 5)$, d.h. die Schlupfvariablen sind die Basisvariablen. Das erste Simplextableau ist somit (ohne die redundante 0-te Spalte):

The minus sign in front of the min will be omitted in the following. As a consequence, the objective function value of the current basic feasible solution is $-(-t_{06}) = t_{06}$ in the following tableaus (and not $-t_{06}$). A basic feasible starting solution is given by $B = (3, 4, 5)$, i.e., the slack variables are the basic variables. The first simplex tableau is therefore (without the redundant 0th column):

$$
T(B) =
\begin{array}{ccccc|c}
x_1 & x_2 & x_3 & x_4 & x_5 & \\
\hline
-3 & -1 & 0 & 0 & 0 & 0 \\
\hline
-1 & 1 & 1 & 0 & 0 & 1 \\
\boxed{1} & -1 & 0 & 1 & 0 & 1 \\
0 & 1 & 0 & 0 & 1 & 2 \\
\end{array}
\begin{array}{l} \\ \\ = x_3 \\ = x_4 \leftarrow \\ = x_5 \end{array}
$$

Bei der Anwendung des Simplexverfahrens deuten wir die Pivotspalte (d.h. die zu einer Nichtbasisvariablen x_j mit $t_{0j} < 0$ gehörende Spalte) und die Pivotzeile (d.h. die im Schritt (5) bestimmte Zeile r) jeweils mit Pfeilen an. Das Pivotelement ist jeweils eingerahmt.

While applying the Simplex Method we indicate the pivot column (i.e., the column corresponding to a non-basic variable x_j with $t_{0j} < 0$) and the pivot row (i.e., the row r determined by Step (5)) with arrows, respectively. The pivot element is framed in each iteration.

$$
T(B) \longrightarrow
\begin{array}{ccccc|c}
x_1 & x_2 & x_3 & x_4 & x_5 & \\
\hline
0 & -4 & 0 & 3 & 0 & 3 \\
\hline
0 & 0 & 1 & 1 & 0 & 2 \\
1 & -1 & 0 & 1 & 0 & 1 \\
0 & \boxed{1} & 0 & 0 & 1 & 2 \\
\end{array}
\begin{array}{l} \\ \\ = x_3 \\ = x_1 \\ = x_5 \leftarrow \end{array}
$$

$$
\begin{array}{ccccc}
x_1 & x_2 & x_3 & x_4 & x_5 \\
\end{array}
$$

$$
\longrightarrow
\begin{array}{|ccccc|c|}
\hline
0 & 0 & 0 & 3 & 4 & 11 \\
\hline
0 & 0 & 1 & 1 & 0 & 2 \\
1 & 0 & 0 & 1 & 1 & 3 \\
0 & 1 & 0 & 0 & 1 & 2 \\
\hline
\end{array}
\begin{array}{l}
\\
= x_3 \\
= x_1 \\
= x_2
\end{array}
$$

optimal tableau

$$
(STOP) \quad (\underline{x}_B, \underline{x}_N) \quad \text{with} \quad \underline{x}_B = \begin{pmatrix} x_3 \\ x_1 \\ x_2 \end{pmatrix} = \begin{pmatrix} 2 \\ 3 \\ 2 \end{pmatrix} \quad \text{and} \quad \underline{x}_N = \begin{pmatrix} x_4 \\ x_5 \end{pmatrix} = \begin{pmatrix} 0 \\ 0 \end{pmatrix},
$$

$$
\text{hence} \quad \underline{x} = \begin{pmatrix} x_1 \\ \vdots \\ x_5 \end{pmatrix} = \begin{pmatrix} 3 \\ 2 \\ 2 \\ 0 \\ 0 \end{pmatrix} \quad \text{is optimal with objective value 11.}
$$

2.3   The Fundamental Theorem of Linear Programming

Das Hauptziel dieses Abschnittes ist, zu zeigen, dass ein beschränktes (und zulässiges) LP immer eine optimale **Basis**lösung hat. Damit rechtfertigen wir, dass wir im Simplexverfahren nur Basislösungen untersucht haben. Zunächst zeigen wir, dass ein LP immer eine zulässige Basislösung hat (unter der Annahme, dass irgendeine zulässige Lösung existiert). Man beachte, dass diese Aussage nicht trivial ist. Natürlich kann man immer m linear unabhängige Spalten in A auswählen (wegen der allgemeinen Voraussetzung: Rang(A) $= m$) und eine Basislösung $(\underline{x}_B, \underline{x}_N)$ bestimmen. Die Frage ist hier, ob es immer eine Auswahl gibt, so dass $\underline{x}_B = A_B^{-1}\underline{b} \geq \underline{0}$!

The main goal of this section is to show that a bounded (and feasible) linear program always has an optimal **basic** feasible solution. Therewith we justify that we have only considered basic feasible solutions in the Simplex Method. In a first step we show that an LP always has a basic feasible solution (provided that there exists any feasible solution with respect to the constraints of the LP). Note that this statement is not trivial. Obviously, one can always choose m linearly independent columns of A (because of the general assumption that rank(A) $= m$) and a corresponding basic solution $(\underline{x}_B, \underline{x}_N)$. The decisive question is, however, whether there is always a choice such that $\underline{x}_B = A_B^{-1}\underline{b} \geq \underline{0}$!

Satz 2.3.1. *Falls* $P := \{\underline{x} \in \mathbb{R}^n : A\underline{x} = \underline{b}, \ \underline{x} \geq \underline{0}\} \neq \emptyset$, *so gibt es eine zulässige Basislösung in P.*

Theorem 2.3.1. *If* $P := \{\underline{x} \in \mathbb{R}^n : A\underline{x} = \underline{b}, \ \underline{x} \geq \underline{0}\} \neq \emptyset$, *then there exists a basic feasible solution in P.*

Beweis.
<u>Fall 1:</u> $\underline{b} = \underline{0}$.
$\Rightarrow$ $\underline{x} = \underline{0}$ ist zulässige Basislösung.
(Warum?)

Proof.
<u>Case 1:</u> $\underline{b} = \underline{0}$.
$\Rightarrow$ $\underline{x} = \underline{0}$ is a basic feasible solution.
(Why?)

<u>Fall 2:</u> $\underline{b} \neq \underline{0}$.

Sei $\underline{x} \in P$ mit k positiven Komponenten, oBdA sei die Nummerierung der Variablen so, dass

<u>Case 2:</u> $\underline{b} \neq \underline{0}$.

Let $\underline{x} \in P$ be a feasible solution with k positive components. We assume wlog that the variables are numbered such that

$$x_j \begin{cases} > 0 \\ = 0 \end{cases} \text{for} \quad \begin{aligned} j &= 1, \dots, k \\ j &= k+1, \dots, n. \end{aligned}$$

<u>Fall 2a:</u> $\{A_1, \dots, A_k\}$ sind linear unabhängig.

Dann gilt (wegen $\text{Rang}(A) = m$) $k \leq m$ und $\{A_1, \dots, A_k\}$ kann durch $m - k$ Spalten $(A_{j_1}, \dots, A_{j_{m-k}})$ zu einer Basis des Spaltenraumes ergänzt werden. $\underline{x}$ ist die Basislösung bzgl. $B = \{1, \dots, k, j_1, \dots, j_{m-k}\}$. $\underline{x}$ ist außerdem zulässig, da $x_1, \dots, x_k > 0$ und $x_{j_1}, \dots, x_{j_{m-k}} = 0$ ist.

<u>Case 2a:</u> $\{A_1, \dots, A_k\}$ are linearly independent.

Since $k \leq m$, $\{A_1, \dots, A_k\}$ can be extended by $m - k$ columns $\{A_{j_1}, \dots, A_{j_{m-k}}\}$ to a basis of the column space (note that $\text{rank}(A) = m$). $\underline{x}$ is the basic solution with respect to $B = \{1, \dots, k, j_1, \dots, j_{m-k}\}$. Moreover, $\underline{x}$ is feasible since $x_1, \dots, x_k > 0$ and $x_{j_1}, \dots, x_{j_{m-k}} = 0$.

<u>Fall 2b:</u> $\{A_1, \dots, A_k\}$ sind linear abhängig.

Ist $A_K := (A_1, \dots, A_k)$ die aus den Spalten $A_1, \dots, A_k$ bestehende Matrix und $\underline{x}_K := (x_1, \dots, x_k)^T$, so gilt wegen $A\underline{x} = \underline{b}$ und $x_{k+1} = \dots = x_n = 0$

<u>Case 2b:</u> $\{A_1, \dots, A_k\}$ are linearly dependent.

If $A_K := (A_1, \dots, A_k)$ is the matrix consisting of the columns $A_1, \dots, A_k$ and $\underline{x}_K := (x_1, \dots, x_k)^T$, $A\underline{x} = \underline{b}$ and $x_{k+1} = \dots = x_n = 0$ implies that

$$A_K \cdot \underline{x}_K = \underline{b}. \tag{2.5}$$

Da $\{A_1, \dots, A_k\}$ linear abhängig sind, existiert $\underline{\alpha} = (\alpha_1, \dots, \alpha_k)^T \neq \underline{0}$, so dass $A_K \underline{\alpha} = \underline{0}$. Dann gilt

Since $\{A_1, \dots, A_k\}$ are linearly dependent, there exists some $\underline{\alpha} = (\alpha_1, \dots, \alpha_k)^T \neq \underline{0}$ such that $A_K \underline{\alpha} = \underline{0}$. Hence

$$\forall \, \delta \in \mathbb{R} : A_K(\delta\underline{\alpha}) = \underline{0}. \tag{2.6}$$

Addition von (2.5) und (2.6) ergibt:

Addition of (2.5) and (2.6) yields:

$$A_K(\underline{x}_K + \delta\underline{\alpha}) = \underline{b}.$$

Bezeichnen wir mit $\underline{x}(\delta)$ den Vektor mit

If we denote by $\underline{x}(\delta)$ the vector with

$$x(\delta)_i = \begin{cases} x_i + \delta\alpha_i & \text{if } i \in \{1, \dots, k\} \\ 0 & \text{otherwise,} \end{cases}$$

so ist $\underline{x}(\delta) \in P$ (d.h. $x(\delta)_i \geq 0 \; \forall \, i = 1, \dots, n$), falls

then we get that $\underline{x}(\delta) \in P$ (i.e., $x(\delta)_i \geq 0$ $\forall \, i = 1, \dots, n$), if

$$\delta \geq -\frac{x_i}{\alpha_i} \quad \forall \, i = 1, \ldots, k \text{ with } \alpha_i > 0$$

and
$$\delta \leq -\frac{x_i}{\alpha_i} \quad \forall \, i = 1, \ldots, k \text{ with } \alpha_i < 0.$$

Für $\delta = \max\{-\frac{x_i}{\alpha_i} : \alpha_i > 0\} < 0$ oder $\delta = \min\{-\frac{x_i}{\alpha_i} : \alpha_i < 0\} > 0$ gilt $\delta \in \mathbb{R}$ (dabei sei $\max \emptyset = -\infty$, $\min \emptyset = +\infty$). Die entsprechende Lösung $\underline{x}(\delta)$ hat höchstens $k-1$ positive Komponenten. Durch iterative Anwendung dieses Verfahrens erhalten wir (wegen $\underline{b} \neq \underline{0}$) nach spätestens $k-1$ Iterationen den Fall 2a.   ∎

For $\delta = \max\{-\frac{x_i}{\alpha_i} : \alpha_i > 0\} < 0$ or $\delta = \min\{-\frac{x_i}{\alpha_i} : \alpha_i < 0\} > 0$ we get that $\delta \in \mathbb{R}$ (using $\max \emptyset = -\infty$, $\min \emptyset = +\infty$). The corresponding solution $\underline{x}(\delta)$ has at most $k-1$ positive components. By iteratively applying this procedure we obtain the Case 2a after at most $k-1$ iterations (since $\underline{b} \neq \underline{0}$).   ∎

Übung: *Formulieren Sie einen Algorithmus zur Bestimmung einer zulässigen Basislösung ausgehend von einer beliebigen Lösung $\underline{x}$. Wenden Sie diesen Algorithmus an auf*

Exercise: *Formulate an algorithm to find a basic feasible solution starting from an arbitrary solution $\underline{x}$ of $A\underline{x} = \underline{b}$. Apply this procedure to*

$$A = \begin{pmatrix} 1 & 1 & 3 & 4 & 0 & 0 & 0 \\ 0 & -1 & -1 & -2 & 1 & 0 & 0 \\ 0 & 1 & 1 & 2 & 0 & 1 & 0 \\ 1 & 0 & 2 & 2 & 0 & 0 & -1 \end{pmatrix}, \; \underline{b} = \begin{pmatrix} 28 \\ -13 \\ 13 \\ 15 \end{pmatrix}, \; \underline{x} = \begin{pmatrix} 1 \\ 2 \\ 3 \\ 4 \\ 0 \\ 0 \\ 0 \end{pmatrix}.$$

Übung: *Kann man die Voraussetzung $\underline{x} \geq \underline{0}$ in der Definition von P in Satz 2.3.1 weglassen? (Beweis oder Gegenbeispiel.)*

Exercise: *Can the assumption $\underline{x} \geq \underline{0}$ in the definition of P be dropped in Theorem 2.3.1? (Proof or counterexample.)*

Satz 2.3.2. (Hauptsatz der linearen Optimierung)
Falls $P := \{\underline{x} \in \mathbb{R}^n : A\underline{x} = \underline{b}, \underline{x} \geq \underline{0}\} \neq \emptyset$ und wenn das LP $\min\{\underline{c}\,\underline{x} : A\underline{x} = \underline{b}, \underline{x} \geq \underline{0}\}$ beschränkt ist, so hat es auch eine optimale zulässige Basislösung.

Theorem 2.3.2. (Fundamental theorem of linear programming)
If $P := \{\underline{x} \in \mathbb{R}^n : A\underline{x} = \underline{b}, \underline{x} \geq \underline{0}\} \neq \emptyset$ and if the LP $\min\{\underline{c}\,\underline{x} : A\underline{x} = \underline{b}, \underline{x} \geq \underline{0}\}$ is bounded, then there exists an optimal basic feasible solution.

Beweis.
Sei $\underline{x}$ eine Optimallösung und, wie im Beweis zu Satz 2.3.1,

Proof.
Let $\underline{x}$ be an optimal solution and let, as in the proof of Theorem 2.3.1,

$$x_j \begin{cases} > 0 & j = 1, \ldots, k \\ = 0 & j = k+1, \ldots, n. \end{cases} \text{for}$$

Sind $\{A_1, \ldots, A_k\}$ linear unabhängig, so ist die Behauptung gezeigt. Sonst existiert

If $\{A_1, \ldots, A_k\}$ are linearly independent, Theorem 2.3.2 is proven. Otherwise there

$\underline{\alpha} = (\alpha_1, \ldots, \alpha_k)^T \neq \underline{0}$, so dass

exists $\underline{\alpha} = (\alpha_1, \ldots, \alpha_k)^T \neq \underline{0}$ such that

$$A_K \cdot \underline{\alpha} = (A_1, \ldots, A_k) \cdot \underline{\alpha} = A_K(\delta\underline{\alpha}) = \underline{0} \quad \forall \, \delta \in \mathbb{R}.$$

Betrachte $\underline{x}(\delta) \geq \underline{0}$ wie im Beweis zu Satz 2.3.1. Es gilt

Define $\underline{x}(\delta) \geq \underline{0}$ as in the proof of Theorem 2.3.1. Consequently,

$$A \cdot \underline{x}(\delta) = \underline{b}$$

and

$$\underline{c} \cdot \underline{x}(\delta) = \underline{c}\,\underline{x} + \delta \cdot (\alpha_1 c_1 + \ldots + \alpha_k c_k).$$

Wäre $\alpha_1 c_1 + \ldots + \alpha_k c_k > 0$, so wählen wir $\delta < 0$; falls $\alpha_1 c_1 + \ldots + \alpha_k c_k < 0$, so wählen wir $\delta > 0$. In beiden Fällen wäre $\underline{c}\,\underline{x}(\delta) < \underline{c}\,\underline{x}$ im Widerspruch zur Optimalität von $\underline{x}$. Also gilt $\alpha_1 c_1 + \ldots + \alpha_k c_k = 0$.

If $\alpha_1 c_1 + \ldots + \alpha_k c_k > 0$, choose $\delta < 0$; if $\alpha_1 c_1 + \ldots + \alpha_k c_k < 0$, choose $\delta > 0$. In both cases $\underline{c}\,\underline{x}(\delta) < \underline{c}\,\underline{x}$ would contradict the optimality of $\underline{x}$. We thus conclude that $\alpha_1 c_1 + \ldots + \alpha_k c_k = 0$.

Wie im Beweis zu Satz 2.3.1 wählen wir δ so, dass $\underline{x}(\delta)$ nur noch $k - 1$ positive Komponenten hat. Da $\underline{c}\,\underline{x}(\delta) = \underline{c}\,\underline{x}$, erhalten wir somit nach maximal $k - 1$ Iterationen dieser Prozedur eine optimale zulässige Basislösung. ∎

As in the proof of Theorem 2.3.1 we choose δ such that $\underline{x}(\delta)$ has only $k - 1$ positive components. Since $\underline{c}\,\underline{x}(\delta) = \underline{c}\,\underline{x}$, we obtain an optimal basic feasible solution after at most $k - 1$ iterations of this procedure. ∎

Mit Satz 2.3.2 haben wir im Nachhinein gerechtfertigt, warum wir uns im Simplexverfahren auf zulässige Basislösungen beschränkt haben. Da es maximal $\binom{n}{m}$ Basislösungen gibt (warum?), ist das Simplexverfahren somit endlich, wenn wir zeigen können, dass keine zulässige Basislösung wiederholt wird. Mit dieser Problematik werden wir uns im nächsten Abschnitt beschäftigen.

Theorem 2.3.2 justifies posteriori why we could restrict ourselves to basic feasible solutions in the Simplex Method. Since there are at most $\binom{n}{m}$ different basic solutions (why?), the Simplex Method is a finite procedure if we can show that none of the basic feasible solutions is repeated. This problem will be discussed in the following section.

2.4   Degeneracy and Finiteness of the Simplex Method

Eine zulässige Basislösung heißt **degeneriert** oder **entartet**, falls mindestens eine der Basisvariablen den Wert 0 hat. Da in einer Basislösung $\underline{x}_N = \underline{0}$ gilt, hat eine degenerierte Basislösung mehr als $n - m$

A basic feasible solution is called **degenerate** if at least one of the basic variables is equal to 0. Since $\underline{x}_N = \underline{0}$ for every basic solution this implies that a degenerate basic solution has more than $n - m$

Komponenten mit Wert 0.

Ein LP (in Standardform) heißt **nicht-degeneriert** oder **nicht-entartet**, falls es keine degenerierte zulässige Basislösung hat.

Satz 2.4.1. *In einem nicht-degenerierten LP findet das Simplexverfahren eine Optimallösung nach maximal $\binom{n}{m}$ Pivotoperationen (oder stellt fest, dass das LP unbeschränkt ist).*

Beweis.

In jeder Pivotoperation wird der Zielfunktionswert um $x_{N(s)} \cdot \bar{c}_{N(s)}$ verbessert. Dabei ist nach (2.4)

$$x_{N(s)} := \min \left\{ \frac{\tilde{b}_i}{\tilde{a}_{iN(s)}} : \tilde{a}_{iN(s)} > 0 \right\}$$

wobei $\tilde{b}_i$ bzw. $\tilde{a}_{iN(s)}$ die i-te Komponente von $\underline{\tilde{b}} = A_B^{-1}\underline{b}$ bzw. $A_B^{-1}A_{N(s)}$ ist. Entweder ist $x_{N(s)} = \infty$ (dann ist die Unbeschränktheit des LPs nachgewiesen) oder $0 < x_{N(s)} < \infty$, da die zu B gehörende Basislösung nicht degeneriert ist (d.h. $\tilde{b}_i > 0$). Also kann sich nie eine Basislösung wiederholen. Da es maximal $\binom{n}{m}$ Basislösungen gibt, folgt die Behauptung. ∎

Ist ein LP dagegen entartet, kann es sein, dass es eine Folge von Pivotoperationen gibt, in denen jeweils eine Basisvariable mit Wert $x_{B(i)} = \tilde{b}_i = 0$ durch eine Nichtbasisvariable $x_{N(s)} = 0$ ersetzt wird, und in der man schließlich eine Wiederholung von Basislösungen erhält. Dieses Phänomen heißt **Kreisen des Simplexverfahrens**.

Beispiel 2.4.1 (Beale 1955). *Wir wenden das Simplexverfahren auf das folgende Starttableau $T(B)$ an. Wir benutzen dabei*

0-elements.

An LP (in standard form) is called **non-degenerate** if it has no degenerate basic feasible solution.

Theorem 2.4.1. *In a non-degenerate LP, the Simplex Method finds an optimal solution after at most $\binom{n}{m}$ pivot operations (or it detects unboundedness).*

Proof.

In each pivot operation the objective function value is improved by the value $x_{N(s)} \cdot \bar{c}_{N(s)}$. Here $x_{N(s)}$ is defined according to (2.4) as

where $\tilde{b}_i$ and $\tilde{a}_{iN(s)}$ are equal to the ith component of $\underline{\tilde{b}} = A_B^{-1}\underline{b}$ and $A_B^{-1}A_{N(s)}$, respectively. Either we have that $x_{N(s)} = \infty$ (in this case we have proven unboundedness of the LP) or $0 < x_{N(s)} < \infty$ since the basic solution corresponding to B is not degenerate (i.e., $\tilde{b}_i > 0$). Therefore, a basic solution can never be repeated. This completes the proof since the number of basic solutions is bounded by $\binom{n}{m}$. ∎

On the other hand, if an LP is degenerate there may exist a sequence of pivot operations in which a basic variable with the value $x_{B(i)} = \tilde{b}_i = 0$ is always replaced by a non-basic variable $x_{N(s)} = 0$. This may finally lead to a repetition of basic solutions and is then called **cycling of the Simplex Method**.

Example 2.4.1 (Beale 1955). *The Simplex Method is applied to the following starting tableau $T(B)$. We follow two*

die folgenden Regeln für die Auswahl von Pivotspalte bzw. -zeile:

a) Wähle eine Nichtbasisvariable x_j mit kleinstem Wert $\bar{c}_j < 0$ in Schritt (3).

b) Wähle in Schritt (5) unter allen möglichen Basisvariablen eine solche mit kleinstem Index.

rules for the selection of the pivot row and the pivot column, respectively:

a) In Step (3), choose a non-basic variable x_j that minimizes the value of $\bar{c}_j < 0$.

b) In Step (5) choose the basic-variable with the smallest index among all feasible alternatives.

x_1	x_2	x_3	x_4	x_5	x_6	x_7	
$-3/4$	20	$-1/2$	6	0	0	0	0
$\boxed{1/4}$	-8	-1	9	1	0	0	0
$1/2$	-12	$-1/2$	3	0	1	0	0
0	0	1	0	0	0	1	1

0	-4	$-7/2$	33	3	0	0	0
1	-32	-4	36	4	0	0	0
0	$\boxed{4}$	$3/2$	-15	-2	1	0	0
0	0	1	0	0	0	1	1

0	0	-2	18	1	1	0	0
1	0	$\boxed{8}$	-84	-12	8	0	0
0	1	$3/8$	$-15/4$	$-1/2$	$1/4$	0	0
0	0	1	0	0	0	1	1

$1/4$	0	0	-3	-2	3	0	0
$1/8$	0	1	$-21/2$	$-3/2$	1	0	0
$-3/64$	1	0	$\boxed{3/16}$	$1/16$	$-1/8$	0	0
$-1/8$	0	0	$21/2$	$3/2$	-1	1	1

$-1/2$	16	0	0	-1	1	0	0
$-5/2$	56	1	0	$\boxed{2}$	-6	0	0
$-1/4$	$16/3$	0	1	$1/3$	$-2/3$	0	0
$5/2$	-56	0	0	-2	6	1	1

$-7/4$	44	$1/2$	0	0	-2	0	0
$-5/4$	28	$1/2$	0	1	-3	0	0
$1/6$	-4	$-1/6$	1	0	$\boxed{1/3}$	0	0
0	0	1	0	0	0	1	1

$-3/4$	20	$-1/2$	6	0	0	0	0
$\boxed{1/4}$	-8	-1	9	1	0	0	0
$1/2$	-12	$-1/2$	3	0	1	0	0
0	0	1	0	0	0	1	1

Wir sehen an diesem Beispiel, dass die obigen Auswahlregeln nicht ausreichen, um die Endlichkeit des Simplexverfahrens zu garantieren. Um eine bessere Regel zu erhalten, zeigen wir zunächst das folgende Ergebnis:

Example 2.4.1 shows that the rules for selecting the pivot rows and columns given above are not sufficient to guarantee finiteness of the Simplex Method. To obtain a better rule we first prove the following result:

Lemma 2.4.2. *Gegeben sei ein Simplextableau $T(B)$, wobei die zugehörige Basislösung $\underline{x}$ nicht notwendigerweise zulässig ist (d.h. $x_{B(i)} = t_{i\,n+1} < 0$ ist erlaubt). Weiter sei $\underline{y}$ eine beliebige Lösung von $A\underline{y} = \underline{b}$ ($y_j < 0$ ist erlaubt). Mit $\overline{\underline{c}} = (t_{01}, \ldots, t_{0n})$ bezeichnen wir den Vektor der reduzierten Kosten bzgl. B. Dann gilt*

Lemma 2.4.2. *Assume that a simplex tableau $T(B)$ is given for which the corresponding basic solution $\underline{x}$ may be feasible or not (i.e., $x_{B(i)} = t_{i\,n+1} < 0$ is possible). Furthermore let $\underline{y}$ be any solution of $A\underline{y} = \underline{b}$ (i.e., $y_j < 0$ is possible). We denote the vector of reduced costs with respect to B by $\overline{\underline{c}} = (t_{01}, \ldots, t_{0n})$. Then*

$$\overline{\underline{c}}\,\underline{y} = \underline{c}\,\underline{y} - \underline{c}\,\underline{x}.$$

Beweis.   *Proof.*

$$\overline{\underline{c}}\,\underline{y} = (\underline{c} - \underline{z})\underline{y} = \underline{c}\,\underline{y} - \underline{z}\,\underline{y} = \underline{c}\,\underline{y} - \underline{c}_B A_B^{-1} A\,\underline{y}$$
$$= \underline{c}\,\underline{y} - \underline{c}_B A_B^{-1}\underline{b}$$
$$= \underline{c}\,\underline{y} - \underline{c}\,\underline{x}.$$

∎

Satz 2.4.3. (Bland's Pivotregel) *Wähle im Schritt (3) des Simplexverfahrens*

Theorem 2.4.3. (Bland's pivot rule) *In Step (3) of the Simplex Method, choose*

$$j = \min\{j : t_{0j} < 0\}$$

und im Schritt (5) r so, dass   *and in Step (5), choose r such that*

$$B(r) = \min\{B(i) : t_{ij} > 0 \text{ and } \frac{t_{i\,n+1}}{t_{ij}} \leq \frac{t_{k\,n+1}}{t_{kj}} \ \forall\, k \text{ with } t_{kj} > 0\}.$$

Dann endet der Simplexalgorithmus nach endlich vielen Pivotoperationen.

Then the Simplex Method terminates after finitely many pivot operations.

Beweis.

Annahme: Der Simplexalgorithmus mit obigen Auswahlregeln kreist.

Dies ist nur dann möglich, wenn während des Kreises alle im Schritt (5) auftretenden $t_{r\,n+1}$ und damit alle $x_{B(r)} = 0$ sind. Somit bleibt die $(n+1)$-te Spalte während dieses Simplexkreisens unverändert und, da alle Brüche im Quotiententest gleich 0 sind, ergibt sich die Pivotzeile jeweils nach Bland's Regel durch $B(r) := \min\{B(i) : t_{i\,n+1} = 0, t_{ij} > 0\}$.

Streicht man alle Zeilen und Spalten, die während dieses Kreisens nicht als Pivotzeilen bzw. -spalten auftreten, so erhält man ein neues LP, das auch kreist und in dem alle $t_{i\,n+1} = 0$ sind. Insbesondere hat dieses neue LP während des Kreisens einen konstanten Zielfunktionswert, oBdA $z = 0$. (Im Beispiel 2.4.1 streichen wir Zeile 3 und die zu x_7 gehörende Spalte.)

Sei q der größte Index einer Variablen, die während des Kreisens in die Basis eintritt, und betrachte zwei Tableaus:

(1) $T = T(B)$, das Tableau, in dem x_q in die Basis eintritt, d.h. $t_{0q} < 0$. Die zugehörige zulässige Basislösung sei $(\underline{x}_B, \underline{x}_N)$ und der Vektor der reduzierten Kosten sei $\underline{\bar{c}} = (t_{01}, \ldots, t_{0n})$.

(2) $\tilde{T} = T(\tilde{B})$, das Tableau, in dem x_q die Basis wieder verlässt und durch die Nichtbasisvariable x_p ausgetauscht wird. (Ein solches Tableau muss existieren, da das Simplexverfahren kreist.)

Proof.

Assumption: The Simplex Method cycles while applying Bland's pivot rule.

This is only possible if the values of all the $t_{r\,n+1}$ occurring in Step (5) are zero and thus also all $x_{B(r)} = 0$. Hence the $(n+1)^{\text{st}}$ column of the simplex tableau remains unchanged during the cycling of the Simplex Method. Since furthermore all quotients in the min ratio test are equal to 0 we obtain the pivot row with respect to Bland's rule as $B(r) := \min\{B(i) : t_{i\,n+1} = 0, t_{ij} > 0\}$.

If we remove all those rows and columns from the simplex tableau that never occur as pivot rows or -columns during the cycling we obtain a new LP that also cycles and in which all $t_{i\,n+1} = 0$. In particular, we can observe that the new LP has a constant objective value during the cycling, wlog $z = 0$. (In Example 2.4.1 we remove row 3 and the column corresponding to x_7.)

Let q be the maximal index of a variable that enters the basis during the cycling, and consider the following two tableaus:

(1) $T = T(B)$ is the tableau in which x_q enters the basis, i.e., $t_{0q} < 0$. Let $(\underline{x}_B, \underline{x}_N)$ denote the corresponding basic feasible solution and let $\underline{\bar{c}} = (t_{01}, \ldots, t_{0n})$ denote the corresponding vector of reduced costs.

(2) $\tilde{T} = T(\tilde{B})$ is the tableau in which x_q leaves the basis and a non-basic variable x_p enters the basis. (A tableau with this property exists since the Simplex Method cycles.)

Bzgl. $\tilde{T}$ definieren wir eine Lösung $\underline{y}$ von $A\underline{y} = \underline{b} = \underline{0}$ (s.o., nun LP mit $t_{i\,n+1} = 0$ $\forall i = 1, \dots, m$) durch

We define a solution $\underline{y}$ of $A\underline{y} = \underline{b} = \underline{0}$ (as above, now we have an LP with $t_{i\,n+1} = 0$ $\forall i = 1, \dots, m$) with respect to $\tilde{T}$ as

$$y_j := \begin{cases} 1 & \text{if} \quad j = p \\ -\tilde{t}_{ip} & \text{if} \quad j = \tilde{B}(i) \in \tilde{B} \\ 0 & \text{otherwise .} \end{cases}$$

Dass $\underline{y}$ tatsächlich $A\underline{y} = \underline{b}$ löst, sieht man an der Basisdarstellung bzgl. $\tilde{B}$:

Then $\underline{y}$ solves $A\underline{y} = \underline{b}$ since rewriting $\underline{y}$ using its basic representation with respect to the basis $\tilde{B}$ yields

$$\begin{aligned} \underline{y}_{\tilde{B}} &= & A_{\tilde{B}}^{-1}\underline{b} &\quad - \quad A_{\tilde{B}}^{-1} A_{\tilde{N}}\, \underline{y}_{\tilde{N}} \\ &= & \underbrace{A_{\tilde{B}}^{-1}\underline{b}}_{=\underline{0}} &\quad - \quad A_{\tilde{B}}^{-1} A_p; \text{ since } y_p = 1,\; y_j = 0 \;\forall j \in \tilde{N} \setminus \{p\} \\ &= & -\begin{pmatrix} \tilde{t}_{1p} \\ \vdots \\ \tilde{t}_{mp} \end{pmatrix}. & \end{aligned}$$

Die Lösung $\underline{y}$ erfüllt die Voraussetzung von Lemma 2.4.2 und da $\underline{c}\,\underline{x} = z = 0$ ist, folgt

The solution $\underline{y}$ satisfies the assumptions of Lemma 2.4.2. Using the fact that $\underline{c}\,\underline{x} = z = 0$, we get that

$$\begin{aligned} \overline{\underline{c}}\underline{y} &= & \underline{c}\underline{y} - \underline{c}\,\underline{x} &= \underline{c}\underline{y} - \underline{0} \\ &= & \underbrace{(c_p - \sum_{i=1}^{m} c_{\tilde{B}(i)} \cdot \tilde{t}_{ip})}_{} & \\ && = \text{reduced cost of } x_p \text{ with respect to } \tilde{B} & \\ &= & \tilde{t}_{0p} < 0 \quad (\text{since } x_p \text{ enters the basis in } \tilde{T}) & \\ \Rightarrow & & \overline{\underline{c}}\underline{y} < 0. & \hspace{3cm} (*) \end{aligned}$$

Andererseits gilt nach Bland's Auswahlregel für die Pivotspalte in T

On the other hand we can conclude from Bland's rule for choosing the pivot column in T that

$$\overline{c}_j \begin{cases} \geq 0 \\ < 0 \end{cases} \text{for} \quad \begin{matrix} j < q \\ j = q \end{matrix}$$

da x_q in T in die Basis eintritt. (Erinnerung: In dem modifizierten LP werden nur diejenigen $\overline{c}_j$ mit $j \leq q$ betrachtet.)

since x_q enters the basis in T. (Recall, that by definition of q, only $\overline{c}_j$ with $j \leq q$ are considered in the modified LP.)

Außerdem folgt aus Bland's Auswahlregel für die Pivotzeile in $\tilde{T}$, dass

Moreover, Bland's rule for choosing a pivot row in $\tilde{T}$ implies that

$$\tilde{t}_{lp} > 0 \quad \text{for} \quad l \text{ with } \tilde{B}(l) = q$$
$$\tilde{t}_{ip} \leq 0 \quad \text{for} \quad i = 1, \ldots, m, \ \tilde{B}(i) \neq q$$

da, falls ein Index $i \neq l$ existiert mit $\tilde{t}_{ip} > 0$, die Variable $x_{\tilde{B}(i)} = x_r$ mit $r < q$ anstelle von x_q in $\tilde{T}$ die Basis verlassen würde.

since otherwise, if $\tilde{t}_{ip} > 0$ for some index $i \neq l$, the variable $x_{\tilde{B}(i)} = x_r$ with $r < q$ would leave the basis in $\tilde{T}$ instead of x_q.

Damit gilt

This implies that

$$y_j = \begin{cases} -\tilde{t}_{lp} < 0 & \text{for} \quad j = q = \tilde{B}(l) \\ -\tilde{t}_{ip} \geq 0 & \text{for} \quad j = \tilde{B}(i) \in \tilde{B}; \ \tilde{B}(i) \neq q \\ 1 & \text{for} \quad j = p \\ 0 & \text{otherwise .} \end{cases}$$

Daraus folgt

We conclude that

$$\underline{\bar{c}}\, \underline{y} = \underbrace{\sum_{j < q} \bar{c}_j y_j}_{\geq 0} + \bar{c}_q y_q \geq \bar{c}_q y_q > 0$$

im Widerspruch zu (∗). Also gibt es mit Bland's Pivotregel kein Kreisen im Simplexverfahren. ■

contradicting (∗). Thus the Simplex Method does not cycle if Bland's rule is applied. ■

Beispiel 2.4.2. *Wir wenden das Simplexverfahren mit Bland's Pivotregel auf das Problem aus Beispiel 2.4.1 an:*

Example 2.4.2. *We apply the Simplex Method with Bland's pivot rule to the problem from Example 2.4.1:*

x_1	x_2	x_3	x_4	x_5	x_6	x_7	
$-3/4$	20	$-1/2$	6	0	0	0	0
$\boxed{1/4}$	-8	-1	9	1	0	0	0
$1/2$	-12	$-1/2$	3	0	1	0	0
0	0	1	0	0	0	1	1

0	-4	$-7/2$	33	3	0	0	0
1	-32	-4	36	4	0	0	0
0	$\boxed{4}$	$3/2$	-15	-2	1	0	0
0	0	1	0	0	0	1	1

0	0	−2	18	1	1	0	0
1	0	$\boxed{8}$	−84	−12	8	0	0
0	1	3/8	−15/4	−1/2	1/4	0	0
0	0	1	0	0	0	1	1

1/4	0	0	−3	−2	3	0	0
1/8	0	1	−21/2	−3/2	1	0	0
−3/64	1	0	$\boxed{3/16}$	1/16	−1/8	0	0
−1/8	0	0	21/2	3/2	−1	1	1

−1/2	16	0	0	−1	1	0	0
−5/2	56	1	0	2	−6	0	0
−1/4	16/3	0	1	1/3	−2/3	0	0
$\boxed{5/2}$	−56	0	0	−2	6	1	1

0	24/5	0	0	−7/5	11/5	1/5	1/5
0	0	1	0	0	0	1	1
0	−4/15	0	1	$\boxed{2/15}$	−1/15	1/10	1/10
1	−112/5	0	0	−4/5	12/5	2/5	2/5

0	2	0	21/2	0	3/2	5/4	5/4
0	0	1	0	0	0	1	1
0	−2	0	15/2	1	−1/2	3/4	3/4
1	−24	0	6	0	2	1	1

Eine optimale Lösung des Problems ist also $\underline{x} = (1,0,1,0,3/4,0,0)^T$ mit optimalem Zielfunktionswert $z = -5/4$.

An optimal solution of the problem is $\underline{x} = (1,0,1,0,3/4,0,0)^T$ with objetive value $z = -5/4$.

2.5   Finding a Feasible Starting Solution

Mit den Ergebnissen aus den vorhergehenden Abschnitten haben wir gezeigt, dass wir ein LP mit endlich vielen Pivotoperationen im Simplexverfahren lösen können, falls wir eine *zulässige* Basislösung $(\underline{x}_B, \underline{x}_N)$ haben. (Nach Satz 2.3.1 genügt es sogar schon, irgendeine zulässige Lösung zu kennen.) In diesem Abschnitt werden wir sehen, wie man eine zulässige Basislösung bestimmt bzw. zeigt, dass ein

In the preceding sections we have proven that we can find an optimal solution of an LP, using the Simplex Method, after finitely many pivot operations if we know a basic *feasible* solution $(\underline{x}_B, \underline{x}_N)$. (Theorem 2.3.1 implies that it is already sufficient to know any feasible solution.) In this section we will show how a basic feasible solution can be determined, or how it can be shown that a given LP is infeasible, respectively.

gegebenes LP unzulässig ist. Erinnern wir uns an den einfachen Fall, eine zulässige Basislösung zu finden: Wenn die Nebenbedingungen ursprünglich die Form

Recall the special case where a basic feasible solution can be easily identified: If the constraints are originally given in the form

$$\underline{\tilde{A}}^i \underline{\tilde{x}} \leq b_i \, , \ i = 1, \ldots, m$$

mit $b_i \geq 0, i = 1, \ldots, m, \underline{\tilde{x}} = (x_1, \ldots, x_n)^T$ haben, so erhalten wir eine zulässige Basislösung durch Einführung von Schlupfvariablen $x_{n+1}, \ldots, x_{n+m}$. Die Restriktionen in Gleichungsform lauten dann:

with $b_i \geq 0, i = 1, \ldots, m, \underline{\tilde{x}} = (x_1, \ldots, x_n)^T$, a basic feasible solution can be obtained by introducing the slack variables $x_{n+1}, \ldots, x_{n+m}$. The resulting equality constraints are then given by:

$$A \cdot \underline{x} = \underline{b} \, , \ \text{where} \ \ A = (\tilde{A}|I), \ \underline{x} = (x_1, \ldots, x_n, x_{n+1}, \ldots, x_{n+m})^T.$$

Ist nun umgekehrt ein System von Nebenbedingungen der Form $A \cdot \underline{x} = \underline{b} \ (\underline{x} \in \mathbb{R}^n)$ gegeben, so multiplizieren wir zunächst jede Gleichung $A^i \underline{x} = b_i$, für die $b_i < 0$ ist, mit (-1). OBdA nehmen wir also im folgenden an, dass alle $b_i \geq 0$ sind. Für jede Gleichung $A^i \underline{x} = b_i$, für die eine Variable $x_{s(i)}$ existiert, die in genau dieser Gleichung vorkommt und einen positiven Koeffizienten $a_{i\,s(i)}$ hat, können wir $A^i \underline{x} = b_i$ äquivalent als

On the other hand, if a system of equality constraints of the form $A \cdot \underline{x} = \underline{b} \ (\underline{x} \in \mathbb{R}^n)$ is given we can multiply in a first step each equation $A^i \underline{x} = b_i$ for which $b_i < 0$ by (-1). Wlog we assume in the following that $b_i \geq 0$ for all $i = 1, \ldots, m$. Every equation $A^i \underline{x} = b_i$ that contains a variable $x_{s(i)}$ that does not occur in any other equation and that has a positive coefficient $a_{i\,s(i)}$ can be written equivalently as

$$\left(\sum_{\substack{j=1 \\ j \neq s(i)}}^{n} \frac{a_{ij}}{a_{i\,s(i)}} x_j \right) + x_{s(i)} = \frac{b_i}{a_{i\,s(i)}}$$

schreiben und $x_{s(i)}$ als Schlupfvariable dieser Gleichung interpretieren. Für alle anderen Gleichungen führen wir jeweils eine **künstliche Variable** $\hat{x}_i$ ein.

and $x_{s(i)}$ can be interpreted as slack variable of this equation. For every remaining equation we introduce an **artificial variable** $\hat{x}_i$.

Beispiel 2.5.1. *Betrachten wir die Nebenbedingungen $A\underline{x} = \underline{b}$ mit*

Example 2.5.1. *Consider the constraints $A\underline{x} = \underline{b}$ where*

$$(A \mid \underline{b}) = \begin{pmatrix} 0 & 1 & 1 & 0 & 0 & 3 \\ -2 & 2 & 0 & 2 & 0 & 2 \\ -1 & -1 & 0 & 0 & 1 & -1 \end{pmatrix}, \quad \underline{x} = (x_1, \ldots, x_5)^T.$$

Die zweite Gleichung teilen wir durch 2 (da $x_{s(2)} = x_4$ nur in der zweiten Gleichung und mit positivem Koeffizienten $a_{2\,s(2)} = 2$ auftritt) und die dritte Gleichung durch (-1) (da $b_3 = -1 < 0$). Wir erhalten (unter Beibehaltung der Bezeichnung A und $\underline{b}$ für die veränderten Daten):

We divide the second equation by 2 (since $x_{s(2)} = x_4$ occurs only in the second equation and has the positive coefficient $a_{2\,s(2)} = 2$) and the third equation by (-1) (since $b_3 = -1 < 0$). We obtain (using the same notation A and $\underline{b}$ for the modified data):

$$(A \mid \underline{b}) = \begin{pmatrix} 0 & 1 & 1 & 0 & 0 & 3 \\ -1 & 1 & 0 & 1 & 0 & 1 \\ 1 & 1 & 0 & 0 & -1 & 1 \end{pmatrix}.$$

Die Variablen x_3 und x_4 können wir als Schlupfvariablen der Gleichungen 1 und 2 auffassen. Für die 3. Gleichung haben wir keine Schlupfvariable. Wir führen deshalb eine künstliche Variable $x_6 = \hat{x}_3$ ein. Das neue System von Nebenbedingungen ist dargestellt durch

The variables x_3 and x_4 can be interpreted as slack variables of equations 1 and 2. We don't have a slack variable in the 3rd equation. Therefore we introduce an artificial variable $x_6 = \hat{x}_3$. The new system of constraints is represented by

$$\left(\tilde{A} \mid \underline{b}\right) = \begin{pmatrix} 0 & 1 & 1 & 0 & 0 & 0 & 3 \\ -1 & 1 & 0 & 1 & 0 & 0 & 1 \\ 1 & 1 & 0 & 0 & -1 & 1 & 1 \end{pmatrix}.$$

Für das so erweiterte System von linearen Gleichungen finden wir leicht eine zulässige Basislösung, nämlich $(\underline{\tilde{x}}_B, \underline{\tilde{x}}_N)$ mit

For this extended system of linear equalities a basic feasible starting solution can be easily found, namely $(\underline{\tilde{x}}_B, \underline{\tilde{x}}_N)$ with

$$\tilde{x}_{B(i)} = \begin{cases} x_{s(i)} = b_i & \text{if the } i^{\text{th}} \text{ equation has a slack variable } x_{s(i)} \\ \hat{x}_i = b_i & \text{otherwise.} \end{cases}$$

Beispiel 2.5.2. Im Beispiel 2.5.1 ist $(\underline{\tilde{x}}_B, \underline{\tilde{x}}_N)$ mit $B = (3, 4, 6)$ eine zulässige Basislösung mit

Example 2.5.2. In Example 2.5.1, a basic feasible solution is given by $(\underline{\tilde{x}}_B, \underline{\tilde{x}}_N)$ with $B = (3, 4, 6)$, where

$$\underline{\tilde{x}}_B = \begin{pmatrix} x_3 \\ x_4 \\ x_6 \end{pmatrix} = \begin{pmatrix} 3 \\ 1 \\ 1 \end{pmatrix} \quad \text{and} \quad \underline{\tilde{x}}_N = \begin{pmatrix} x_1 \\ x_2 \\ x_5 \end{pmatrix} = \underline{0}.$$

Man beachte jedoch, dass die Umformung von $A\underline{x} = \underline{b}$ in $\tilde{A}\underline{\tilde{x}} = \underline{\tilde{b}}$ die Lösungsmenge ändert, falls mindestens eine künstliche Variable existiert.

Observe that the transformation of $A\underline{x} = \underline{b}$ into the system $\tilde{A}\underline{\tilde{x}} = \underline{\tilde{b}}$ changes the feasible set of the problem if at least one artificial variable is introduced.

Die Idee des Verfahrens zur Bestimmung einer zulässigen Basislösung bzgl. der ursprünglich gegebenen Gleichungen $A\underline{x} = \underline{b}$ ist es nun, zu erzwingen, dass alle künstlichen Variablen den Wert 0 haben und aus der Basis herauspivotiert werden können. Dazu minimieren wir als Hilfszielfunktion die Summe der künstlichen Variablen

The idea of a method to find a basic feasible solution with respect to the original system $A\underline{x} = \underline{b}$ is to enforce that all the artificial variables are 0 and can be iterated out of the basis by applying appropriate pivot operations. For this purpose, we minimize an auxiliary objective function which is the sum of the artificial variables

$$h(\tilde{\underline{x}}) := \sum \hat{x}_i \quad \text{s.t.} \quad \tilde{A}\tilde{\underline{x}} = \underline{b}, \ \tilde{\underline{x}} \geq \underline{0}$$

mit dem Simplexverfahren. Es ist wichtig zu verstehen, dass wir im Gegensatz zur Lösung des ursprünglich gegebenen LPs $\min\{\underline{c}\,\underline{x} : A\underline{x} = \underline{b}, \ \underline{x} \geq \underline{0}\}$ eine Startbasislösung kennen. Haben wir die Optimallösung $\tilde{\underline{x}}^*$ bestimmt, so gibt es zwei Fälle:

applying the Simplex Method. It is important to understand that we know a basic feasible starting solution for this problem which was not the case for the original problem $\min\{\underline{c}\,\underline{x} : A\underline{x} = \underline{b}, \ \underline{x} \geq \underline{0}\}$. Two cases may occur when the optimal solution $\tilde{\underline{x}}^*$ is determined:

1. Fall: $h(\tilde{\underline{x}}^*) = \sum \hat{x}_i^* > 0$.

Case 1: $h(\tilde{\underline{x}}^*) = \sum \hat{x}_i^* > 0$.

Tritt dieser Fall ein, so wissen wir, dass es unmöglich ist, die Nebenbedingungen $\tilde{A}\tilde{\underline{x}} = \underline{b}, \ \tilde{\underline{x}} \geq \underline{0}$ mit Werten $\hat{x}_i = 0$ für die künstlichen Variablen zu erfüllen. Also hat das ursprüngliche System von Nebenbedingungen $A\underline{x} = \underline{b}$, $\underline{x} \geq \underline{0}$ keine Lösung.

In this case we can conclude that the system $\tilde{A}\tilde{\underline{x}} = \underline{b}, \ \tilde{\underline{x}} \geq \underline{0}$ has no solution for which the artificial variables satisfy $\hat{x}_i = 0$. Thus the original system $A\underline{x} = \underline{b}, \ \underline{x} \geq \underline{0}$ is infeasible.

2. Fall: $h(\tilde{\underline{x}}^*) = \sum \hat{x}_i^* = 0$.

Case 2: $h(\tilde{\underline{x}}^*) = \sum \hat{x}_i^* = 0$.

In diesem Fall hat das ursprüngliche System von Nebenbedingungen $A\underline{x} = \underline{b}$, $\underline{x} \geq \underline{0}$ eine Lösung.

In this case there exists a feasible solution for the original system $A\underline{x} = \underline{b}$, $\underline{x} \geq \underline{0}$.

Sind alle $\hat{x}_i^*$ Nichtbasisvariablen, so sind alle Basisvariablen der Optimallösung originale Variablen, und wir kennen eine zulässige Basislösung für das ursprünglich gegebene LP.

If none of the artificial variables $\hat{x}_i^*$ is a basic variable, then all the basic variables of the optimal solution are original variables and we know a basic feasible solution of the original LP.

Ist $\hat{x}_i^* = \hat{x}_{B(l)} = 0$ eine entarte-
te Basisvariable, so pivotieren wir mit
einem Element $t_{lj} \neq 0$ des optimalen Tableaus, das zu einer origina-
len (d.h. nicht künstlichen) Variable
gehört. Solch ein t_{lj} muss immer existieren, da sonst die l-te Gleichung einer
0-Zeile in $(A \mid \underline{b})$ entspräche (im Widerspruch zur allgemeinen Voraussetzung
Rang$(A) = m =$ Anzahl der Zeilen von
A).

If $\hat{x}_i^* = \hat{x}_{B(l)} = 0$ is a degenerate basic
variable, we can apply a pivot opera-
tion with respect to the element $t_{lj} \neq 0$
in the optimal tableau that corresponds
to an original (i.e., not artificial) variable. Such an element t_{lj} always exists
since otherwise the lth equation would
be equivalent to a 0-row in $(A \mid \underline{b})$ (contradicting the general assumption that
rank$(A) = m =$ number of rows of A).

Die Minimierung der Hilfszielfunktion
$h(\underline{\tilde{x}})$ nennt man die **1. Phase des Simplexverfahrens**. Hat man eine zulässige
Basislösung gefunden, so heißt die anschließende Minimierung der ursprünglichen Zielfunktion die **2. Phase des
Simplexverfahrens**. Bei der praktischen
Durchführung beachte man folgendes:

The minimization of the auxiliary objec-
tive function $h(\underline{\tilde{x}})$ is called **phase 1 of the
Simplex Method**. Once a basic feasi-
ble solution is found, the consecutive minimization of the original objective function is called **phase 2 of the Simplex
Method**. In practical applications of this
method remember that:

(1) Man darf nicht vergessen, im Starttableau in den zu künstlichen Variablen
gehörenden Spalten Einheitsvektoren zu
bilden. Nach Definition von $h(\underline{\tilde{x}})$ muss dazu der Koeffizient 1 in der Hilfszielfunk-
tion mittels elementarer Zeilenoperationen
durch 0 ersetzt werden.

(1) The starting tableau has to be transformed such that unit vectors are obtained
in all columns corresponding to artificial
variables. For this purpose the coefficient
1 of the auxiliary objective function $h(\underline{\tilde{x}})$
has to be replaced by 0 using elementary
row operations.

(2) Man kann die Hilfszielfunktion zusätz-
lich zu der ursprünglichen Zielfunktion in
das Simplextableau aufnehmen, oder man
ersetzt die Zielfunktion $\underline{c}\,\underline{x}$ durch $h(\underline{\tilde{x}})$. In
letzterem Fall muss man zu Beginn der
2. Phase die Kostenkoeffizienten c_i der Basisvariablen durch elementare Zeilenoperationen zu 0 machen. Um Arbeitsaufwand
zu sparen, wird man i.A. die erste Variante
wählen.

(2) The auxiliary objective function can
be added additionally to the original objective function in the simplex tableau, or
the objective function $\underline{c}\,\underline{x}$ can be replaced
by $h(\underline{\tilde{x}})$. In the latter case the cost coefficients c_i of the basic variables have to
be transformed to 0 at the beginning of
phase 2 using elementary row operations.
In general, the former version will be used
to minimize the computational effort.

Das sich ergebende Verfahren nennt man
die **2-Phasen-Methode** zur Lösung von
LPs.

The resulting method is called the **2-
Phase-Method** to solve LPs.

ALGORITHM

2-Phase-Method

(Input)   LP $\min\{\underline{c}\,\underline{x} : A\underline{x} = \underline{b},\ \underline{x} \geq \underline{0}\}$

(1) Transformation of the system $A\underline{x} = \underline{b}$:

a) *Multiply all those equations $A^i\underline{x} = b_i$ by (-1), for which $b_i < 0$.*
   Denote the new coefficients again by A^i, b_i.

b) *Identify those equations $A^i\underline{x} = b_i$ for which a variable $x_{s(i)}$ exists that occurs only in this equation and for which $a_{i\,s(i)} > 0$. Transform these equations to*

$$\frac{1}{a_{i\,s(i)}} A^i\underline{x} = \frac{b_i}{a_{i\,s(i)}}.$$

   Let $I \subseteq \{1,\dots,m\}$ be the index set of the corresponding equations.

c) *Introduce an artificial variable $\hat{x}_i$ for all $i \in \bar{I} := \{1,\dots,m\} \setminus I$, i.e., replace $A^i\underline{x} = b_i$ by $A^i\underline{x} + \hat{x}_i = b_i$. Denote the new constraint matrix by $\tilde{A}$ and the extended solution vector by $\underline{\tilde{x}}$.*

(2) Phase 1 of the Simplex Method

a) *Set $(\underline{\tilde{x}}_B, \underline{\tilde{x}}_N)$ with*

$$\tilde{x}_{B(i)} := \begin{cases} x_{s(i)} = \frac{b_i}{a_{i\,s(i)}} & \text{if} \quad i \in I \\ \hat{x}_i = b_i & i \in \bar{I} \end{cases}$$

   If $\bar{I} = \emptyset$, goto Step (3).

b) *Find an optimal solution $\underline{\tilde{x}}^*$ of the LP*

$$\min\left\{ \sum_{i\in\bar{I}} \hat{x}_i : \tilde{A}\underline{\tilde{x}} = \underline{b},\ \underline{\tilde{x}} \geq \underline{0} \right\}.$$

c) *If $\sum\limits_{i\in\bar{I}} \hat{x}_i^* > 0$ (STOP),*
   the LP $\min\{\underline{c}\,\underline{x} : A\underline{x} = \underline{b},\ \underline{x} \geq \underline{0}\}$ is infeasible.

d) *If $\sum\limits_{i\in\bar{I}} \hat{x}_i^* = 0$,*
   pivot all artificial variables $\hat{x}_i$ out of the basis (if they are not yet non-basic variables).

e) *Remove all those columns corresponding to artificial variables from the last tableau and replace the auxiliary objective function $\sum\limits_{i\in\bar{I}} \hat{x}_i$ by the original objective function $\underline{c}\,\underline{x}$.*

f) *Apply elementary row operations to the resulting tableau such that $t_{0\,B(i)} = 0$ for all basic variables $x_{B(i)}$.*

(3) Phase 2 of the Simplex Method
   Apply the Simplex Method to the tableau found in Step (2f).

Beispiel 2.5.3. *Wir lösen das LP* min $\{\underline{c}\,\underline{x} : A\underline{x} = \underline{b},\ \underline{x} \geq \underline{0}\}$ *mit* $\underline{c} = (-2, -1, 0, 0, 0)$ *und* $(A \mid \underline{b})$ *wie im Beispiel 2.5.1. Die Gleichungstransformationen haben wir in Beispiel 2.5.1 durchgeführt. Wir beginnen sofort mit der*

Example 2.5.3. *We solve the LP* min $\{\underline{c}\,\underline{x} : A\underline{x} = \underline{b},\ \underline{x} \geq \underline{0}\}$ *with* $\underline{c} = (-2, -1, 0, 0, 0)$ *and* $(A \mid \underline{b})$ *as in Example 2.5.1. We have discussed the transformation of the system* $A\underline{x} = \underline{b}$ *in Example 2.5.1 and start immediately with*

1. Phase:

Phase 1:

x_1	x_2	x_3	x_4	x_5	$x_6 = \hat{x}_3$	
0	0	0	0	0	1	0
0	1	1	0	0	0	3
−1	1	0	1	0	0	1
1	1	0	0	−1	[1]	1

elimination of $t_{06} = 1$ $\longrightarrow$

−1	−1	0	0	1	0	−1
0	1	1	0	0	0	3
−1	1	0	1	0	0	1
[1]	1	0	0	−1	1	1

pivot-operation $\longrightarrow$

x_1	x_2	x_3	x_4	x_5	$x_6 = \hat{x}_3$	
0	0	0	0	0	1	0
0	1	1	0	0	0	3
0	2	0	1	−1	1	2
1	1	0	0	−1	1	1

Der Zielfunktionswert der Hilfszielfunktion $h(\underline{\tilde{x}})$ *ist 0, und alle künstlichen Variablen (es ist ja nur eine da, nämlich* $\hat{x}_3$*) sind Nichtbasisvariablen. Streiche die zu* $\hat{x}_3$ *gehörende Spalte und ersetze* $h(\underline{\tilde{x}})$ *durch* $\underline{c}\,\underline{x}$*:*

The objective value of the auxiliary objective function $h(\underline{\tilde{x}})$ *equals 0 and all artificial variables (only one artificial variable exists, namely* $\hat{x}_3$*) are non-basic variables. We remove the row corresponding to* $\hat{x}_3$ *and replace* $h(\underline{\tilde{x}})$ *by* $\underline{c}\,\underline{x}$*:*

−2	−1	0	0	0	0
0	1	1	0	0	3
0	2	0	1	−1	2
[1]	1	0	0	−1	1

elimination of $t_{01} = -2$ $\longrightarrow$

0	1	0	0	−2	2
0	1	1	0	0	3
0	2	0	1	−1	2
1	1	0	0	−1	1

2. Phase:
Die 5. Spalte zeigt, dass das LP unbeschränkt ist.

Phase 2:
The 5th column shows that the LP is unbounded.

2.6   The Revised Simplex Method

Das in den vorhergehenden Abschnitten entwickelte Simplexverfahren kann sehr ineffizient werden, wenn m erheblich kleiner als n (d.h. $m \ll n$) ist. Erinnern wir

The Simplex Method as developed in the previous sections can become very inefficient if m is considerably smaller than n (i.e., $m \ll n$). Recall the main steps of

uns, worauf es hauptsächlich ankommt:
Zu einer gegebenen zulässigen Basislösung
$(\underline{x}_B, \underline{x}_N)$ müssen wir

the Simplex Method:
For a given basic feasible solution $(\underline{x}_B, \underline{x}_N)$
we have to

1) entscheiden, ob es eine Nichtbasisvariable x_j gibt mit

1) decide whether there exists a non-
   basic variable x_j such that

$$\overline{c}_j := c_j - z_j = c_j - \underline{c}_B A_B^{-1} A_j < 0 \quad \text{(optimality condition)}$$

2) $\min\left\{\frac{\tilde{b}_i}{\tilde{a}_{ij}} : \tilde{a}_{ij} > 0\right\}$ (Quotientenregel) bestimmen, wobei $\tilde{b}_i$ bzw. $\tilde{a}_{ij}$
   die i-te Komponente von $\tilde{\underline{b}} := A_B^{-1}\underline{b}$
   bzw. $\tilde{A}_j := A_B^{-1} A_j$ ist.

2) determine $\min\left\{\frac{\tilde{b}_i}{\tilde{a}_{ij}} : \tilde{a}_{ij} > 0\right\}$ (min
   ratio rule), where $\tilde{b}_i$ and $\tilde{a}_{ij}$ are the
   i^{th} components of $\tilde{\underline{b}} := A_B^{-1}\underline{b}$ and
   $\tilde{A}_j := A_B^{-1} A_j$, respectively.

Im Simplexverfahren in der bisher geschil-
derten Form haben wir diese Information
jeweils bestimmt, indem wir das gesamte
Simplextableau T, also das Gleichungssystem

In the Simplex Method as discussed before
we have obtained this information by piv-
oting the complete simplex tableau T, i.e.,
the system of linear equations

$$\begin{aligned} -z + \underline{c}\,\underline{x} &= 0 \\ A\underline{x} &= \underline{b} \end{aligned}$$

pivotiert haben. Dagegen sehen wir in 1)
und 2), dass wir eigentlich immer nur die
Inverse A_B^{-1} zur augenblicklich gegebenen
Basis B kennen müssen, um dann mit der
"kleinen" $m \times m$-Matrix A_B^{-1} die Schritte
1) und 2) durchführen zu können.

On the other hand we can conclude from
1) and 2) that we only need the inverse
A_B^{-1} with respect to the current basis B.
Thus we can perform 1) and 2) with the
"small" $m \times m$-matrix A_B^{-1}.

Nehmen wir nun an, dass A eine Einheitsmatrix enthält und dass die zu den Spalten dieser Einheitsmatrix gehörenden Kostenkoeffizienten 0 sind. (Dies ist z.B. in
der 1. Phase des Simplexverfahrens der
Fall, insbesondere, wenn jede Nebenbedingung eine Schlupfvariable hat.) Sei-
en oBdA diese Spalten die letzten Spalten $A_{n-m+1}, \dots, A_n$ von A. Dann hat das
Starttableau die Form

Assume in the following that A contains a
unit matrix and that the cost coefficients
corresponding to this unit matrix are 0.
(This is e.g. the case in phase 1 of the Simplex Method, or if every constraint has a
slack variable.) Wlog let these columns
be the last columns $A_{n-m+1}, \dots, A_n$ of A.
Then the starting tableau is of the form

$$T = \begin{array}{c|ccc|c} 1 & c_1 \dots c_{n-m} & 0 \dots 0 & 0 \\ \hline \underline{0} & A_1 \dots A_{n-m} & I & \underline{b} \end{array}$$

In Abschnitt 2.2 haben wir gesehen, dass jedes Simplextableau $T(B)$ folgende Form hat:

We have seen in Section 2.2 that every simplex tableau $T(B)$ is of the form

$$T(B) = T_B^{-1}T = \begin{pmatrix} 1 & -\underline{c}_B A_B^{-1} \\ \underline{0} & A_B^{-1} \end{pmatrix} \cdot \begin{pmatrix} 1 & c_1 \ldots c_{n-m} & 0 \ldots 0 & 0 \\ \underline{0} & A_1 \ldots A_{n-m} & I & \underline{b} \end{pmatrix}$$

$$= \begin{pmatrix} & \overbrace{= \bar{c}_1} & \overbrace{= \bar{c}_{n-m}} & & \\ 1 & c_1 - \underline{c}_B A_B^{-1} A_1 & \ldots & c_{n-m} - \underline{c}_B A_B^{-1} A_{n-m} & -\underline{c}_B A_B^{-1} & -\underline{c}_B A_B^{-1}\underline{b} \\ 0 & & & & & \\ \vdots & A_B^{-1} A_1 & \ldots & A_B^{-1} A_{n-m} & A_B^{-1}I & A_B^{-1}\underline{b} \\ 0 & \| & & \| & & \\ & \tilde{A}_1 & & \tilde{A}_{n-m} & & \end{pmatrix}$$

Das bisher betrachtete Simplexverfahren wird in jeder Iteration jeweils das gesamte Tableau pivotieren, obwohl man als Information nur die Spalten $n-m+1, \ldots, n, n+1$ – das **reduzierte Tableau** $T_{\text{red}}(B)$ – benötigt. Kennt man dieses, so kann man die reduzierten Kosten $\bar{c}_j$ gemäß 1) leicht berechnen. Ist für ein j $\bar{c}_j < 0$, so berechnet man $\tilde{A}_j := A_B^{-1}A_j$ und führt die Quotientenregel durch. Das anschließende Pivotieren des gesamten Tableaus führt $T_{\text{red}}(B)$ in $T_{\text{red}}(B')$ mit $B' := B \cup \{j\} \setminus \{B(r)\}$ über.

In each iteration of the Simplex Method a pivot operation is applied to the complete tableau whereas only the information contained in the columns $n - m + 1, \ldots, n, n + 1$ – the **reduced tableau** $T_{\text{red}}(B)$ – is needed. If this tableau is known, the reduced cost $\bar{c}_j$ can be easily determined with respect to 1). If $\bar{c}_j < 0$ for some j we can determine $\tilde{A}_j := A_B^{-1}A_j$ and apply the min ratio rule. The consecutive pivot operation of the complete tableau transforms $T_{\text{red}}(B)$ into $T_{\text{red}}(B')$ with $B' := B \cup \{j\} \setminus \{B(r)\}$.

Die Idee des revidierten Simplexverfahrens besteht nun darin, nur noch das reduzierte Tableau zu pivotieren. Dazu fügt man zu dem augenblicklichen reduzierten Tableau $T_{\text{red}}(B)$ eine Spalte $\begin{pmatrix} \bar{c}_j \\ \tilde{A}_j \end{pmatrix}$ mit $\bar{c}_j < 0$ hinzu (falls eine solche existiert) und führt die Quotientenregel durch. Die Details sind in dem folgenden Algorithmus beschrieben. Wir bezeichnen dabei die Einträge des reduzierten Tableaus mit

The idea of the revised Simplex Method is to pivot only on the reduced tableau. For this purpose we attach an additional column $\begin{pmatrix} \bar{c}_j \\ \tilde{A}_j \end{pmatrix}$ with $\bar{c}_j < 0$ to the current tableau $T_{\text{red}}(B)$ (if a column with this property exists) and apply the min ratio rule. The details of the revised Simplex Method are given in the following algorithm. We denote the entries of the reduced tableau by

$$T_{\text{red}}(B) = \left(\begin{array}{c|c} -\underline{c}_B A_B^{-1} & -\underline{c}_B A_B^{-1} \underline{b} \\ \hline A_B^{-1} & A_B^{-1} \underline{b} \end{array} \right)$$

$$=: \left(\begin{array}{c|c} -\pi_1 \ldots - \pi_m & -z \\ \hline A_B^{-1} & \tilde{\underline{b}} \end{array} \right).$$

ALGORITHM

Revised Simplex Method

(Input) LP $\min\{\underline{c}\underline{x} : A\underline{x} = \underline{b}, \ \underline{x} \geq \underline{0}\}$ with $(A_{n-m+1}, \ldots, A_n) = I$,

$$c_{n-m+1} = \ldots = c_n = 0 \ , \ \underline{b} \geq \underline{0}$$

$B := \{n - m + 1, \ldots, n\}$, $N := \{1, \ldots, n - m\}$

$$T_{\text{red}}(B) = \left(\begin{array}{c|c} \underline{0} & 0 \\ \hline I & \underline{b} \end{array} \right), \ \tilde{\underline{b}} = \underline{b}$$

(1)   If $\bar{c}_j = c_j - c_B A_B^{-1} A_j \geq 0$ $(\forall \, j \in N)$, then *(STOP)*, $(\underline{x}_B, \underline{x}_N)$ with $x_{B(i)} = \tilde{b}_i$ is an optimal solution with the objective value z.

(2)   Choose $j \in N$ with $\bar{c}_j < 0$,
generate $\tilde{A}_j = A_B^{-1} \cdot A_j$ (A_j is the jth column of the original constraint matrix A!) and add the column $\left(\begin{array}{c} \bar{c}_j \\ \tilde{A}_j \end{array} \right)$ as $(m + 2)^{\text{nd}}$ column to $T_{\text{red}}(B)$.

(3)   Determine r with $\frac{\tilde{b}_r}{\tilde{a}_{rj}} = \min\{\frac{\tilde{b}_i}{\tilde{a}_{ij}} : \tilde{a}_{ij} > 0\}$.
If no such r exists, *(STOP)*. The LP is unbounded.
Otherwise pivot $\left(\begin{array}{c|c} T_{\text{red}}(B) & \bar{c}_j \\ & \tilde{A}_j \end{array} \right)$ with respect to the element $\tilde{a}_{rj}$. Remove $B(r)$ from the current basis and add j to the basis (i.e., $B(r) = j$).

Goto Step (1).

Beispiel 2.6.1. *Wir lösen das LP*

Example 2.6.1. *We solve the LP*

$$
\begin{array}{rrrrrrrrrrl}
\max & x_1 & + & 2x_2 & + & 2x_3 & + & 5x_4 & + & 3x_5 & \\
\text{s.t.} & x_1 & + & 2x_2 & + & x_3 & + & 3x_4 & + & 2x_5 & \leq \ 2 \\
& -2x_1 & - & 3x_2 & - & x_3 & - & 2x_4 & + & x_5 & \leq \ 4 \\
& & & & & & & & x_i & \geq \ 0, & i = 1, \ldots, 5.
\end{array}
$$

Nach Umwandlung von max *in* min *und Einführung von Schlupfvariablen erhalten wir das LP in Standardform* $\min\{\underline{c}\underline{x} : A\underline{x} = \underline{b}, \ \underline{x} \geq \underline{0}\}$ *mit*

The transformation of max *into* min *and the introduction of slack variables yields an LP in standard form* $\min\{\underline{c}\underline{x} : A\underline{x} = \underline{b}, \ \underline{x} \geq \underline{0}\}$ *with*

$$T = \begin{pmatrix} -1 & -2 & -2 & -5 & -3 & 0 & 0 & 0 \\ 1 & 2 & 1 & 3 & 2 & 1 & 0 & 2 \\ -2 & -3 & -1 & -2 & 1 & 0 & 1 & 4 \end{pmatrix}$$

(Input) $B = (6, 7),\ N = (1, \ldots, 5)$

$$T_{\text{red}}(B) = \begin{pmatrix} 0 & 0 & 0 \\ 1 & 0 & 2 \\ 0 & 1 & 4 \end{pmatrix} \begin{matrix} \\ = x_6 \\ = x_7 \end{matrix}$$

Iteration 1:

(1) $\bar{c}_N = c_N - \underline{0} \cdot A_N = c_N = (-1, -2, -2, -5, -3)$

(2) $j = 1: \left(\dfrac{\bar{c}_1}{\tilde{A}_1} \right) = \left(\dfrac{-1}{I \cdot A_1} \right) = \begin{pmatrix} -1 \\ 1 \\ -2 \end{pmatrix}$

(3)

0	0	0	-1
1	0	2	[1]
0	1	4	-2

$\longrightarrow$

1	0	2	0	
1	0	2	1	$= x_1$
2	1	8	0	$= x_7$

new $T_{\text{red}}(B)$ for $B = (1, 7),\ N = (2, \ldots, 6)$

Iteration 2:

(1) $\bar{c}_2 = c_2 - \pi \cdot A_2 = -2 + (1, 0)\binom{2}{-3} = 0$
$\qquad\qquad\qquad\qquad$ ↖Note that "+" is correct since $(1, 0) = -\pi$
$\quad\bar{c}_3 = c_3 - \pi \cdot A_3 = -2 + (1, 0)\binom{1}{-1} = -1 < 0$

(2) $j = 3: \left(\dfrac{\bar{c}_3}{\tilde{A}_3} \right) = \left(\dfrac{-1}{\binom{1\ 0}{2\ 1}\binom{1}{-1}} \right) = \begin{pmatrix} -1 \\ 1 \\ 1 \end{pmatrix}$

(3)

1	0	2	-1
1	0	2	[1]
2	1	8	1

$\longrightarrow$

2	0	4	0	
1	0	2	1	$= x_3$
1	1	6	0	$= x_7$

new $T_{\text{red}}(B)$ for $B = (3, 7),\ N = (1, 2, 4, 5, 6)$

Iteration 3:

(1) $\bar{c}_N = c_N - \pi \cdot A_N = (-1, -2, -5, -3, 0) + (2, 0) \cdot \begin{pmatrix} 1 & 2 & 3 & 2 & 1 \\ -2 & -3 & -2 & 1 & 0 \end{pmatrix}$

$\qquad = (-1, -2, -5, -3, 0) + (2, 4, 6, 4, 2)$

$\qquad = (1, 2, 1, 1, 2) \geq \underline{0}$

(STOP), an optimal solution is $(\underline{x}_B, \underline{x}_N)$ with $\underline{x}_B = \binom{x_3}{x_7} = \binom{2}{6}$

$\qquad\qquad$ and objective value $z = -4$.

Da das Ausgangsproblem ein Maximie-
rungsproblem war, erhalten wir als optimalen Zielfunktionswert damit +4.

Since the original problem was a maximization problem, we obtain +4 as the optimal solution value.

2.7 Linear Programs with Bounded Variables

In diesem Abschnitt betrachten wir LPs
der Form

In this section we consider LPs of the form

$$
\begin{aligned}
&\min \ \underline{c}\,\underline{x} \\
(P_{l,u}) \quad \text{s.t.} \quad & A\,\underline{x} = \underline{b} \\
& -\infty < l_j \le x_j \le u_j < \infty \quad \forall\, j \in J \\
& x_j \ge 0 \qquad\qquad\qquad \forall\, j \in \overline{J} := \{1,\ldots,n\} \setminus J.
\end{aligned}
$$

$(P_{l,u})$ lässt sich durch Einführung von
Schlupf- bzw. Überschussvariablen für die
Nebenbedingungen $x_j \le u_j$ bzw. $x_j \ge l_j$
in ein LP in Standardform überführen. Die
Größe der Basismatrizen A_B würde dabei
jedoch stark anwachsen, so dass die folgende Version des Simplexverfahrens, die nur
mit der Matrix A arbeitet, zu bevorzugen
ist.

$(P_{l,u})$ could be transformed into an LP in
standard form by introducing slack variables and surplus variables for the constraints $x_j \le u_j$ and $x_j \ge l_j$, respectively.
Using this approach the size of the basis
matrices A_B grows remarkably so that the following version of the Simplex Method that
works with the original matrix A is prefer-
able.

Eine **Basis** $B = (B(1),\ldots,B(m))$ ist,
wie im Falle nicht beschränkter Variablen, eine Indexmenge, so dass $A_B =
(A_{B(1)},\ldots,A_{B(m)})$ eine reguläre Teilma-
trix von A ist. Ist $L \cup U$ eine Partition von
$N = \{1,\ldots,n\} \setminus B$, d.h.

As in the case of unbounded variables, a
basis $B = (B(1),\ldots,B(m))$ is defined
as an index set so that $A_B = (A_{B(1)},\ldots,
A_{B(m)})$ is a non-singular submatrix of A. If
$L \cup U$ is a partition of $N = \{1,\ldots,n\} \setminus B$,
i.e.,

$$
\begin{aligned}
& L \cup U = N \\
\text{and} \qquad & L \cap U = \emptyset, \\
\text{and if also} \quad & U \cap \overline{J} = \emptyset,
\end{aligned}
$$

so lässt sich jede Lösung $\underline{x}$ von $A\underline{x} =
\underline{b}$ in der folgenden **Basisdarstellung**
bzgl. B, L und U darstellen:

then every solution $\underline{x}$ of $A\underline{x} = \underline{b}$ can
be represented using the following **basic
representation with respect to B, L
and U**:

$$
\underline{x}_B = A_B^{-1}\underline{b} - A_B^{-1}A_L\underline{x}_L - A_B^{-1}A_U\underline{x}_U. \tag{2.7}
$$

$\underline{x}$ mit $(\underline{x}_B, \underline{x}_L, \underline{x}_U)$ heißt **Basislösung**

$\underline{x}$ with $(\underline{x}_B, \underline{x}_L, \underline{x}_U)$ is called a **basic solu-**

bzgl.   tion with respect to B, L, U, if
B, L, U, falls in (2.7)

$$x_j := \begin{cases} l_j & \text{if } j \in L \cap J \\ 0 & \text{if } j \in L \cap \overline{J} \end{cases} \quad \forall j \in L$$

$$x_j := u_j \quad \forall j \in U$$

Dabei nennen wir x_j, $j \in B$, **Basisvaria-**   in (2.7). We call x_j, $j \in B$, a **basic vari-**
ble, x_j, $j \in L$, **uS-Nichtbasisvariable**   **able**, x_j, $j \in L$, an **lb-nonbasic vari-**
("untere Schranke") und x_j, $j \in U$, **oS-**   **able** ("lower bound") and x_j, $j \in U$, a
Nichtbasisvariable ("obere Schranke").   **ub-nonbasic variable** ("upper bound").
Eine **zulässige Basislösung** ist eine Ba-   A **basic feasible solution** is a basic so-
sislösung mit $l_j \le x_j \le u_j$ ($\forall j \in J$) und   lution satisfying $l_j \le x_j \le u_j$ ($\forall j \in J$)
$x_j \ge 0$ ($\forall j \in \overline{J}$).   and $x_j \ge 0$ ($\forall j \in \overline{J}$).

Analog zu Satz 2.2.1 erhalten wir: Analogously to Theorem 2.2.1 we obtain:

Satz 2.7.1. (Optimalitätskriterium)   **Theorem 2.7.1. (Optimality condi-**
Ist $\underline{x}$ eine zulässige Basislösung bzgl. **tion)**
B, L, U und gilt für $\underline{\pi} = \underline{c}_B A_B^{-1}$ *If $\underline{x}$ is a basic feasible solution with respect*
                                                        to B, L, U and if, with $\underline{\pi} = \underline{c}_B A_B^{-1}$,

$$\overline{c}_j := c_j - \underline{\pi} A_j \ge 0 \quad \forall j \in L \tag{2.8}$$
$$\overline{c}_j := c_j - \underline{\pi} A_j \le 0 \quad \forall j \in U \tag{2.9}$$

so ist $\underline{x}$ eine Optimallösung des LPs   *then $\underline{x}$ is an optimal solution of the LP*
$(P_{l,u})$.   *$(P_{l,u})$.*

Beweis.   *Proof.*
Nach (2.7) gilt   We can conclude from (2.7) that

$$\begin{aligned} \underline{c}\,\underline{x} &= \underline{c}_B \underline{x}_B + \underline{c}_L \underline{x}_L + \underline{c}_U \underline{x}_U \\ &= \underline{c}_B A_B^{-1} \underline{b} + (\underline{c}_L - \underline{c}_B A_B^{-1} A_L) \underline{x}_L + (\underline{c}_U - \underline{c}_B A_B^{-1} A_U) \underline{x}_U \\ &= \underline{\pi}\, \underline{b} + \overline{c}_L \underline{x}_L + \overline{c}_U \underline{x}_U. \end{aligned} \tag{2.10}$$

Gilt (2.8) und (2.9), so verbessert keine   If (2.8) and (2.9) are satisfied, then in-
Vergrößerung von x_j, $j \in L$, und keine   creasing a variable x_j, $j \in L$ and decreas-
Verkleinerung von x_j, $j \in U$, den Ziel-   ing a variable x_j, $j \in U$ cannot improve
funktionswert. Also gilt die Behauptung.   the objective value. This proves the state-
                                        ∎   ment of the theorem.   ∎

Die Idee des Simplexverfahrens für LPs   The idea of the Simplex Method for LPs
mit beschränkten Variablen besteht nun   with bounded variables is to move from

darin, analog zum Simplexverfahren für nicht beschränkte Variablen, von zulässiger Basislösung zu zulässiger Basislösung zu gehen, bis die Optimalitätskriterien (2.8) und (2.9) erfüllt sind.

basic feasible solution to basic feasible solution until the optimality conditions (2.8) and (2.9) are satisfied, as in the case of unbounded variables.

Bevor wir uns den Übergang von Basislösung zu Basislösung näher ansehen, machen wir die Annahme, dass

Before we discuss the process of basis exchange in further detail, we make the assumption that

$$l_j = 0 \quad \forall\, j \in L. \tag{2.11}$$

Dies ist keine Einschränkung der Allgemeinheit, da wir (2.11) immer durch die Variablentransformation $x_j \to x_j - l_j$ erreichen können. (Vorsicht: Die rechte Seite $\underline{b}$ und die Zielfunktion ändern sich dadurch!)

This does not restrict the generality of our model since, applying the variable transformation $x_j \to x_j - l_j$, (2.11) can always be satisfied. (Caution: The right-hand-side $\underline{b}$ and the objective function change in this case!)

Beim Übergang von Basislösung zu Basislösung ist die Situation komplizierter als beim Fall mit nicht beschränkten Variablen. Da die Indexmenge N in $L \cup U$ partitioniert ist, gibt es folgende Möglichkeiten:

The process of basis exchange is more complicated than in the case of unbounded variables. Since the index set N is partitioned into $L \cup U$, the following alternatives have to be considered:

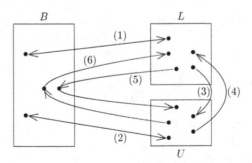

Abbildung 2.7.1. *Basisaustausch bei LPs mit beschränkten Variablen.*

Figure 2.7.1. *Basis exchange for LPs with bounded variables.*

Die Fälle (1) und (2) entsprechen der bisherigen Basisaustauschsituation, wobei im Fall (1) eine ehemalige Basisvariable x_r die Basis verlässt und den Wert $x_r = l_r = 0$ annimmt, während sie im Fall (2) den Wert $x_r = u_r$ annimmt.

Cases (1) and (2) correspond to the former basis exchange, where in case (1) a basic variable x_r leaves the basis and assumes the value $x_r = l_r = 0$ whereas it assumes the value $x_r = u_r$ in case (2).

Die Fälle (3) und (4) entsprechen der Situation, dass sich die Basis nicht ändert, aber die Partition von N. Im Fall (3) wird eine Nichtbasisvariable, die vorher den Wert $x_j = 0$ hatte, auf $x_j = u_j$ erhöht, während im Fall (4) umgekehrt eine Variable, die vorher den Wert $x_j = u_j$ hatte, auf $x_j = l_j = 0$ erniedrigt wird.

Im Fall (5) (bzw. (6)) ersetzt eine Nichtbasisvariable, die vorher den Wert $x_j = l_j = 0$ (bzw. $x_j = u_j$) hatte, eine Basisvariable, die nach Verlassen der Basis eine Nichtbasisvariable wird und die ihre obere Schranke (bzw. untere Schranke) annimmt.

Welche der sechs Fälle jeweils auftreten, hängt davon ab, welches der Optimalitätskriterien (2.8) und (2.9) verletzt wird und wie die entsprechende Nichtbasisvariable verändert werden kann. Die verschiedenen Situationen, die auftreten können, müssen wir im folgenden analysieren.

Sei dazu $\underline{x}$ eine zulässige Basislösung bzgl. B, L, U. Mit

The cases (3) and (4) correspond to the situation that only the partition of N changes whereas the basis remains unchanged. In case (3), a nonbasic variable with the value $x_j = 0$ is increased to the value $x_j = u_j$ whereas in case (4) a nonbasic variable with the value $x_j = u_j$ is decreased to the value $x_j = l_j = 0$.

In case (5) (and (6), respectively) a nonbasic variable with the value $x_j = l_j = 0$ ($x_j = u_j$, respectively) replaces a basic variable that becomes a nonbasic variable which assumes its upper bound (lower bound, respectively).

Which one of these six cases occurs depends on the violated optimality conditions ((2.8) and (2.9)) and on the possible adaptations of the value of the corresponding nonbasic variable. In the following we have to analyze the different situations that may occur.

For this purpose, let $\underline{x}$ be a basic feasible solution with respect to B, L, U. We denote by

$$\tilde{\underline{b}} = A_B^{-1}\underline{b} - \sum_{j \in U} A_B^{-1} A_j u_j$$

bezeichnen wir die Werte der augenblicklichen Basisvariablen $\underline{x}_B$ (vgl. (2.7)), wobei $\underline{x}_L = \underline{l}_L = \underline{0}$. Der Zielfunktionswert der augenblicklichen Basislösung ist

the values of the variables $\underline{x}_B$ that are currently basic variables (cf. (2.7)), where $\underline{x}_L = \underline{l}_L = \underline{0}$. The objective value of this basic solution equals

$$z = \underline{c}_B \tilde{\underline{b}} + \sum_{j \in U} c_j u_j.$$

Die Information der Basislösung, die für den Optimalitätstest (2.8) und (2.9) benötigt wird, ist im reduzierten Tableau

The information about the basic solution needed for the optimality test (2.8) and (2.9) is contained in the reduced tableau

$$T_{\text{red}}(B) = \left(\begin{array}{c|c} -\pi & -z \\ \hline A_B^{-1} & \tilde{\underline{b}} \end{array} \right)$$

und in   and in

$$N = L \cup U$$

enthalten. Wir bezeichnen, wie üblich, $\tilde{A}_j := (\tilde{a}_{ij})_{i=1}^{m} = A_B^{-1} A_j \quad \forall\, j = 1, \ldots, n.$

As usual we use the notation $\tilde{A}_j := (\tilde{a}_{ij})_{i=1}^{m} = A_B^{-1} A_j \quad \forall\, j = 1, \ldots, n.$

Nehmen wir also an, dass das Optimalitätskriterium (Satz 2.7.1) nicht erfüllt ist.

Assume in the following that the optimality condition (Theorem 2.7.1) is not satisfied.

1. Situation: $\exists\, s \in L \cap J : \bar{c}_s < 0.$

Situation 1: $\exists\, s \in L \cap J : \bar{c}_s < 0.$

Ändern wir, wie im nicht beschränkten Fall, nur die Nichtbasisvariable x_s , so erhalten wir gemäß der Basisdarstellung (2.7) die folgenden Änderungen:

If we change only the nonbasic variable x_s as in the unconstrained case, the basic representation (2.7) implies the following changes:

$$\left.\begin{array}{l} x_j \quad \text{unchanged} \quad \forall\, j \in N \setminus \{s\} \\ x_s := \delta \\ \tilde{b}_i := \tilde{b}_i - \tilde{a}_{is} \cdot \delta \\ z := z + \bar{c}_s \cdot \delta \quad \text{(cf. (2.11))} \end{array}\right] \tag{2.12}$$

Um z möglichst viel zu reduzieren, wollen wir δ möglichst groß wählen. Dabei müssen die folgenden 3 Bedingungen eingehalten werden:

In order to decrease z as much as possible we choose δ as large as possible. Yet we have to comply with the following 3 constraints:

1(a): $\delta \leq u_s$, da sonst $x_s \leq u_s$ verletzt wird.

1(a): $\delta \leq u_s$, since $x_s \leq u_s$ is violated otherwise.

Ist $\delta = u_s$, so tritt Fall (3) der Basisänderung ein. Die letzte Spalte von $T_{\text{red}}(B)$ wird entsprechend modifiziert, indem man

If $\delta = u_s$ then the basis changes as in case (3). The last column of $T_{\text{red}}(B)$ is modified accordingly by determining

$$\begin{pmatrix} -z \\ \tilde{b} \end{pmatrix} := \begin{pmatrix} -z \\ \tilde{b} \end{pmatrix} - \delta \cdot \begin{pmatrix} \bar{c}_s \\ \tilde{A}_s \end{pmatrix}$$

berechnet.

1(b): $\delta \leq \frac{\tilde{b}_i}{\tilde{a}_{is}} \quad \forall\, i$ mit $\tilde{a}_{is} > 0$, da sonst $x_{B(i)} = \tilde{b}_i \geq 0$ verletzt wird.

1(b): $\delta \leq \frac{\tilde{b}_i}{\tilde{a}_{is}} \quad \forall\, i$ with $\tilde{a}_{is} > 0$, since $x_{B(i)} = \tilde{b}_i \geq 0$ is violated otherwise.

Ist $\delta = \frac{\tilde{b}_r}{\tilde{a}_{rs}}$ mit $\tilde{a}_{rs} > 0$ und $\delta < u_s$, so tritt Fall (1) der Basisänderung ein, d.h. $L := L \setminus \{s\} \cup \{B(r)\}$, $B := B \cup \{s\} \setminus \{B(r)\}$, wobei in der neuen Basis $B(r) = s$ ist. Das Tableau $T_{\mathrm{red}}(B)$ wird aktualisiert wie im revidierten Simplexverfahren. Wir pivotieren im erweiterten Tableau

If $\delta = \frac{\tilde{b}_r}{\tilde{a}_{rs}}$ with $\tilde{a}_{rs} > 0$ and $\delta < u_s$, the basis changes as in case (1), i.e., $L := L \setminus \{s\} \cup \{B(r)\}$, $B := B \cup \{s\} \setminus \{B(r)\}$, where $B(r) = s$ in the new basis. The tableau $T_{\mathrm{red}}(B)$ is updated as in the revised Simplex Method. We apply a pivot operation to the extended tableau

$$\left(\begin{array}{c|c|c} -\pi & -z & \bar{c}_s \\ \hline A_B^{-1} & \tilde{b} & \tilde{A}_s \end{array} \right) \tag{2.13}$$

mit dem Pivotelement $\tilde{a}_{rs}$.

with the pivot element $\tilde{a}_{rs}$.

$\underline{1(\mathrm{c})}$: $\delta \leq \frac{\tilde{b}_i - u_{B(i)}}{\tilde{a}_{is}}$ ($\forall\, i$ mit $B(i) \in J$ und $\tilde{a}_{is} < 0$), da sonst $x_{B(i)} \leq u_{B(i)}$ verletzt wird.

$\underline{1(\mathrm{c})}$: $\delta \leq \frac{\tilde{b}_i - u_{B(i)}}{\tilde{a}_{is}}$ ($\forall\, i$ with $B(i) \in J$ and $\tilde{a}_{is} < 0$), since $x_{B(i)} \leq u_{B(i)}$ is violated otherwise.

Ist $\delta = \frac{\tilde{b}_r - u_{B(r)}}{\tilde{a}_{rs}} < u_s$ mit $\tilde{a}_{rs} < 0$ und $B(r) \in J$, so tritt Fall (5) der Basisänderung ein, d.h. $L := L \setminus \{s\}$, $U := U \cup \{B(r)\}$, $B := B \cup \{s\} \setminus \{B(r)\}$, wobei in der neuen Basis $B(r) = s$ ist. Um das Tableau $T_{\mathrm{red}}(B)$ zu aktualisieren, ersetzen wir $\tilde{b}_r$ durch $\tilde{b}_r - u_{B(r)}$ und pivotieren anschließend im erweiterten Tableau (2.13) mit $\tilde{a}_{rs}$.

If $\delta = \frac{\tilde{b}_r - u_{B(r)}}{\tilde{a}_{rs}} < u_s$ with $\tilde{a}_{rs} < 0$ and $B(r) \in J$, the basis changes as in case (5), i.e., $L := L \setminus \{s\}$, $U := U \cup \{B(r)\}$, $B := B \cup \{s\} \setminus \{B(r)\}$, where $B(r) = s$ in the new basis. To update the tableau $T_{\mathrm{red}}(B)$ accordingly we replace $\tilde{b}_r$ by $\tilde{b}_r - u_{B(r)}$ and apply a pivot operation with respect to the pivot element $\tilde{a}_{rs}$ in the extended tableau (2.13).

Insgesamt setzen wir somit für δ in der 1. Situation

Summarizing the discussion above, we choose δ in Situation 1 as

$$\delta := \min\{\delta_1, \delta_2, \delta_3\} \tag{2.14}$$

wobei

where

$$\begin{aligned} \delta_1 &= u_s \\ \delta_2 &= \min\left\{ \frac{\tilde{b}_i}{\tilde{a}_{is}} : \tilde{a}_{is} > 0 \right\} \\ \delta_3 &= \min\left\{ \frac{\tilde{b}_i - u_{B(i)}}{\tilde{a}_{is}} : B(i) \in J \quad \text{and} \quad \tilde{a}_{is} < 0 \right\}. \end{aligned}$$

2. Situation: $\exists s \in L \cap \overline{J} : \overline{c}_s < 0.$

Diese Situation ist völlig analog zur 1. Situation. Da $s \in \overline{J}$ ist, brauchen wir jedoch den Fall 1(a) nicht zu betrachten, d.h. wir führen die Änderungen (2.12) bzw. die Transformation von $T_{\text{red}}(B)$ wie in 1(b) und 1(c) durch, wobei

Situation 2: $\exists s \in L \cap \overline{J} : \overline{c}_s < 0.$

This situation is completely analogous to Situation 1. Since $s \in \overline{J}$, case 1(a) is redundant here. Thus we change (2.12) and update $T_{\text{red}}(B)$ as in 1(b) and 1(c), where

$$\delta := \min\{\delta_2, \delta_3\}. \tag{2.15}$$

3. Situation: $\exists s \in U : \overline{c}_s > 0.$

In diesem Fall verbessern wir die Zielfunktion, wenn wir folgende Änderungen vornehmen:

Situation 3: $\exists s \in U : \overline{c}_s > 0.$

In this case the objective function is improved if we implement the following changes:

$$\left.\begin{array}{l} x_j \quad \text{unchanged} \quad \forall\, j \in N \setminus \{s\} \\ x_s := u_s - \delta \\ \tilde{b}_i := \tilde{b}_i + \tilde{a}_{is} \cdot \delta \\ z := z - \overline{c}_s \cdot \delta \end{array}\right] \tag{2.16}$$

Eine analoge Analyse wie in 1(a) - 1(c) ergibt, dass wir setzen:

A similar analysis as in 1(a) - 1(c) yields that we choose:

$$\delta := \min\{\delta_1, \delta_2, \delta_3\} \tag{2.17}$$

wobei

where

$$\delta_1 = u_s$$
$$\delta_2 = \min\left\{\frac{\tilde{b}_i}{-\tilde{a}_{is}} : \tilde{a}_{is} < 0\right\}$$
$$\delta_3 = \min\left\{\frac{u_{B(i)} - \tilde{b}_i}{\tilde{a}_{is}} : B(i) \in J \quad \text{and} \quad \tilde{a}_{is} > 0\right\}.$$

Falls $\delta = \delta_1$ ist, tritt in der Basisänderung (Seite 53) Fall (4) ein, für $\delta = \delta_2$ Fall (6) und für $\delta = \delta_3$ Fall (2). Die entsprechenden Pivotoperationen in $T_{\text{red}}(B)$ und die Aktualisierung von L, U sind völlig analog zur 1. Situation.

If $\delta = \delta_1$, the basis changes as in case (4) (page 53), if $\delta = \delta_2$, the basis changes as in case (6) and if $\delta = \delta_3$ we obtain case (2). The corresponding pivot operations in $T_{\text{red}}(B)$ and the update of L, U are completely analogous to Situation 1.

Übung: *Fassen Sie das Simplexverfahren für beschränkte Variable in einem Algorithmus zusammen (einschließlich der Aktualisierung von $T_{\mathrm{red}}(B)$), und wenden Sie es an auf das LP mit*

Exercise: *Summarize the Simplex Method for bounded variables in an algorithm (including the update of $T_{\mathrm{red}}(B)$) and apply this algorithm to the LP with*

$$(A \mid \underline{b}) = \begin{pmatrix} 1 & 1 & 0 & 0 & 0 & 2 \\ -1 & 0 & 1 & 1 & 0 & 1 \\ 0 & -1 & -1 & 0 & 1 & -1 \end{pmatrix}$$

$$\underline{c} = (1, 1, 2, 3, 1)$$

$$\underline{u} = (3, 3, 4, 2, 1)^T$$

$$\underline{l} = \underline{0}.$$

Eine Startlösung ist durch $B = (1, 3, 5)$, $L = (2)$, $U = (4)$ gegeben.

A starting solution is given by $B = (1, 3, 5)$, $L = (2)$ and $U = (4)$.

Chapter 3

Duality and Further Variations of the Simplex Method

3.1 Dual Programs and the Duality Theorem

Die in Abschnitt 2.2 und 2.6 betrachteten Vektoren

The vectors $\underline{\pi}$ defined in Sections 2.2 and 2.6,

$$\underline{\pi} = (\pi_1, \ldots, \pi_m) = \underline{c}_B A_B^{-1}$$

spielen in diesem Abschnitt eine große Rolle. Nach dem Optimalitätskriterium (Satz 2.2.1) und aufgrund der Endlichkeit des Simplexalgorithmus mit Bland's Pivotregel (Satz 2.4.3) wissen wir, dass jedes zulässige und beschränkte LP

play a central role in this section. The optimality condition given in Theorem 2.2.1 together with the finiteness of the Simplex Method with Bland's pivot rule (Theorem 2.4.3) implies that every feasible and bounded LP

$$\textbf{(P)} \qquad \min\{\underline{c}\,\underline{x} : A\underline{x} = \underline{b},\ \underline{x} \geq \underline{0}\}$$

eine optimale Basis B besitzt für die gilt $\bar{c}_j = c_j - \underline{\pi}A_j \geq 0 \quad \forall\, j \in N$. Da außerdem $\bar{c}_j = 0\ (\forall\, j \in B)$, gilt für B

has an optimal basis B satisfying $\bar{c}_j = c_j - \underline{\pi}A_j \geq 0 \quad \forall\, j \in N$. Moreover, $\bar{c}_j = 0\ (\forall\, j \in B)$ and thus B satisfies

$$\bar{c}_j = c_j - \underline{\pi}A_j \geq 0 \quad \forall\, j = 1, \ldots, n$$

oder – in Matrixschreibweise –

or – in matrix notation –

$$A^T \underline{\pi}^T \leq \underline{c}^T. \tag{3.1}$$

Für optimales B erfüllt $\underline{\pi}$ außerdem die Bedingung

For an optimal basis B, $\underline{\pi}$ additionally satisfies the condition

$$\underline{b}^T \underline{\pi}^T = \underline{\pi} \cdot \underline{b} = \underline{c}_B A_B^{-1}\underline{b} = \underline{c}_B \underline{x}_B.$$

Ist umgekehrt π eine beliebige Lösung von (3.1), so gilt für eine beliebige zulässige Lösung $\underline{x}$ des LP

If, on the other hand, π is an arbitrary solution of (3.1), then any feasible solution $\underline{x}$ of the LP satisfies

$$\underline{b}^T \underline{\pi}^T = (A\underline{x})^T \underline{\pi}^T = \underline{x}^T (A^T \underline{\pi}^T) \leq \underline{x}^T \underline{c}^T = \underline{c}\,\underline{x}. \tag{3.2}$$

Um das Optimalitätskriterium zu erfüllen, wird man somit das folgende LP lösen wollen:

Therefore we could solve the following LP in order to satisfy the optimality condition:

$$\begin{aligned} & \max \ \underline{b}^T \underline{\pi}^T \\ (\mathbf{D}) \quad & \text{s.t.} \ \ A^T \underline{\pi}^T \ \leq \ \underline{c}^T \\ & \qquad\quad \underline{\pi} \ \gtreqless \ \underline{0}. \end{aligned}$$

(D) heißt das zu (P) **duale LP**. Die Variablen $\pi_1, \dots \pi_m$ sind die **dualen Variablen von (P)**, und die Nebenbedingungen $A_j^T \underline{\pi}^T \leq c_j$ sind die **zu (P) dualen Nebenbedingungen**. Die Bezeichnung $\underline{\pi} \gtreqless \underline{0}$ bedeutet, dass $\underline{\pi}$ nicht vorzeichenbeschränkt ist.

(D) is called the **dual LP** of (P). The variables $\pi_1, \dots, \pi_m$ are called the **dual variables of (P)** and the constraints $A_j^T \underline{\pi}^T \leq c_j$ are called the **dual constraints of (P)**. The notation $\underline{\pi} \gtreqless \underline{0}$ implies that $\underline{\pi}$ is not sign constrained.

Satz 3.1.1.

(a) Das zu (D) duale LP ist (P).

(b) Ein LP der allgemeinen Form

Theorem 3.1.1.

(a) The dual LP of (D) is (P).

(b) An LP in the general form

$$\begin{aligned} & \min \ \underline{c}\,\underline{x} \\ & \text{s.t.} \ \ A^i \underline{x} \ = \ b_i \quad \forall\, i \in M \\ (\mathbf{P}) \qquad & \qquad A^i \underline{x} \ \geq \ b_i \quad \forall\, i \in \overline{M} := \{1, \dots, m\} \setminus M \\ & \qquad\quad\ x_j \ \geq \ 0 \quad\ \ \forall\, j \in \overline{N} \\ & \qquad\quad\ x_j \ \gtreqless \ 0 \quad\ \ \forall\, j \in N := \{1, \dots, n\} \setminus \overline{N} \end{aligned}$$

hat das duale LP

has the dual LP

$$\begin{aligned} & \max \ \underline{b}^T \underline{\pi}^T \\ & \text{s.t.} \ \ A_j^T \underline{\pi}^T \ \leq \ c_j \quad \forall\, j \in \overline{N} \\ (\mathbf{D}) \qquad & \qquad A_j^T \underline{\pi}^T \ = \ c_j \quad \forall\, j \in N \\ & \qquad\qquad\ \pi_i \ \gtreqless \ 0 \quad\ \ \forall\, i \in M \\ & \qquad\qquad\ \pi_i \ \geq \ 0 \quad\ \ \forall\, i \in \overline{M}. \end{aligned}$$

Beweis.

Teil a): Zunächst formulieren wir (D) in Standardform

Proof.

Part a): In a first step we transform (D) into an LP in standard form

$$
\textbf{(D)} \quad \text{s.t.} \quad
\begin{aligned}
\max \quad & \underline{b}^T \pi^T \\
A^T \pi^T & \leq \underline{c}^T \\
\pi & \gtreqless \underline{0}
\end{aligned}
\qquad \Leftrightarrow \qquad
\textbf{(D')} \quad \text{s.t.} \quad
\begin{aligned}
- \min \quad & (-\underline{b}^T)(\pi^+ - \pi^-) \\
A^T(\pi^+ - \pi^-) + \gamma & = \underline{c}^T \\
\pi^+, \pi^-, \gamma & \geq \underline{0}.
\end{aligned}
$$

γ ist dabei der Vektor der Schlupfvariablen, und π^+, π^- sind die Zeilenvektoren der positiven bzw. negativen Anteile der nicht vorzeichenbeschränkten Variablen π_i. Die Dualvariablen zu (D') bezeichnen wir mit $y_1, \ldots, y_n$ und erhalten das zu (D') duale LP

γ denotes the vector of slack variables and π^+, π^- are the row vectors containing the positive and negative components, respectively, of those variables π_i that are not sign constrained. If we denote the dual variables of (D') by $y_1, \ldots, y_n$ we obtain the dual LP of (D') as

$$
\textbf{(P')} \quad \text{s.t.} \quad
\begin{aligned}
- \max \quad & \underline{c}\, \underline{y} \\
(A^T)^T \underline{y} & \leq (-\underline{b}^T)^T \\
(-A^T)^T \underline{y} & \leq (\underline{b}^T)^T \\
\underline{y} & \leq \underline{0}.
\end{aligned}
$$

Wegen $(A^T)^T = A$ und $(\underline{b}^T)^T = \underline{b}$ folgt aus den ersten beiden Ungleichungen

Since $(A^T)^T = A$ and $(\underline{b}^T)^T = \underline{b}$ we can conclude from the first two inequalities that

$$
\underline{b} \leq A(-\underline{y}) = -A\underline{y} \leq \underline{b},
$$

also gilt $A(-\underline{y}) = \underline{b}$. Wenden wir schließlich die Variablentransformation $x_j := -y_j, j = 1, \ldots, n$, an, so ist (P') identisch mit (P).

and thus $A(-\underline{y}) = \underline{b}$. Applying the variable transformation $x_j := -y_j, j = 1, \ldots, n$, yields that (P') equals (P).

Teil b): analog.   ∎

Part b): analogous.   ∎

Die Dualisierung von LPs kann man sich leicht mit Hilfe des folgenden **Tucker-Diagramms** merken:

The following **Tucker diagram** is helpful for remembering the dualization of LPs:

$$
\begin{array}{c}
\overbrace{\quad\;}^{\overline{N}} \quad \overbrace{\quad\;}^{N}
\end{array}
$$

	$\overbrace{x_j \geq 0}^{\overline{N}}$	$\overbrace{x_j \gtreqless 0}^{N}$		primal variables	dual variables
$\min \underline{c}\,\underline{x}$	c_j	c_j			
	$\leq$	$=$			
	$a_{11}\cdots\cdots$	$\cdots\cdots a_{1n}$	$=$	b_i	$\pi_i \gtreqless 0 \quad \big\} \; M$
primal constraints	$\vdots$	$\vdots$			
	$\vdots$	$\vdots$			
	$a_{m1}\cdots\cdots$	$\cdots\cdots a_{mn}$	$\geq$	b_i	$\pi_i \geq 0 \quad \big\} \; \overline{M}$

$$\underbrace{\qquad\qquad\qquad\qquad}_{\text{dual constraints}} \qquad\qquad \max \underline{b}^T \underline{\pi}^T$$

Beispiel 3.1.1. *Das LP*   **Example 3.1.1.** *The LP*

$$
\textbf{(P)} \quad
\begin{aligned}
\min \quad & -2x_1 + 3x_2 \\
\text{s.t.} \quad & -x_1 + x_2 - x_3 && = 1 \\
& 3x_1 - x_2 + x_4 && \geq 8 \\
& x_1, x_3 && \geq 0 \\
& x_2, x_4 && \gtreqless 0
\end{aligned}
$$

hat das duale Programm   *has the dual program*

$$
\textbf{(D)} \quad
\begin{aligned}
\max \quad & \pi_1 + 8\pi_2 \\
\text{s.t.} \quad & -\pi_1 + 3\pi_2 && \leq -2 \\
& \pi_1 - \pi_2 && = 3 \\
& -\pi_1 && \leq 0 \\
& \pi_2 && = 0 \\
& \pi_1 \gtreqless 0, \; \pi_2 \geq 0.
\end{aligned}
$$

Nach der Dualisierung kann man ohne langes Rechnen sofort sagen, dass 3 der optimale Zielfunktionswert von (P) ist, denn aus den Nebenbedingungen lesen wir unmittelbar ab, dass $\underline{\pi} = (3,0)$ die einzige zulässige Lösung für (D) ist. Da $\underline{x} = (0,1,0,9)^T$ zulässig für (P) ist, und $\underline{c}\,\underline{x} = 3 = \underline{b}^T \underline{\pi}^T$ ist, folgt diese Aussage wegen (3.2).

The dualization yields immediately that 3 is the optimal objective function value of (P) since the dual constraints imply that $\underline{\pi} = (3,0)$ is the unique feasible solution of (D). Furthermore, $\underline{x} = (0,1,0,9)^T$ is feasible for (P) with $\underline{c}\,\underline{x} = 3 = \underline{b}^T \underline{\pi}^T$ and thus (3.2) implies this assertion.

<table>
<tr><td>

Übung: *Dualisieren Sie die folgenden LPs:*

</td><td>

Exercise: *Find the dual of the following LPs:*

</td></tr>
</table>

$$(P1) \quad \min\{\underline{c}\,\underline{x} : A\underline{x} \geq \underline{b}\}$$
$$(P2) \quad \min\{\underline{c}\,\underline{x} : A\underline{x} \leq \underline{b}, \ \underline{x} \geq \underline{0}\}$$
$$(P3) \quad \min\{\underline{c}\,\underline{x} : A_1\underline{x} \leq \underline{b}_1, \ A_2\underline{x} = \underline{b}_2, \ \underline{x} \leq \underline{u}, \ \underline{x} \geq \underline{l}\}.$$

<table>
<tr><td>

Variablen, für die nicht $x_i \geq 0$ gefordert wird, gelten dabei als nicht vorzeichenbeschränkt.

</td><td>

Variables for which $x_i \geq 0$ is not explicitly required are interpreted as not sign constrained variables.

</td></tr>
<tr><td>

Allgemein erhalten wir die folgenden Aussagen über die Zielfunktionswerte von (P) und (D):

</td><td>

We can derive the following general statements about the objective values of (P) and (D):

</td></tr>
<tr><td>

Satz 3.1.2. *Sei (P) ein LP in allgemeiner Form (vgl. Satz 3.1.1).*

</td><td>

Theorem 3.1.2. *Let (P) be an LP in general form (cf. Theorem 3.1.1).*

</td></tr>
<tr><td>

(a) **Schwacher Dualitätssatz**

Ist $\underline{x}$ zulässig für (P) und π zulässig für (D), so gilt

</td><td>

(a) **Weak duality theorem**

If $\underline{x}$ is a feasible solution of (P) and if π is a feasible solution of (D), then

</td></tr>
</table>

$$\underline{b}^T \pi^T \leq \underline{c}\,\underline{x}.$$

<table>
<tr><td>

(b) **Starker Dualitätssatz**

(i) Hat eines der beiden LPs ((P) oder (D)) eine endliche Optimallösung, so auch das andere, und die optimalen Zielfunktionswerte sind gleich.

(ii) Ist eines der LPs unbeschränkt, so ist das dazu duale Programm unzulässig.

(iii) (P) und (D) können unzulässig sein.

</td><td>

(b) **Strong duality theorem**

(i) If one of the LPs ((P) or (D)) has a finite optimal solution, then so has the other and the optimal objective function values are equal.

(ii) If one of the LPs is unbounded, then the corresponding dual program is infeasible.

(iii) (P) and (D) may both be infeasible.

</td></tr>
<tr><td>

Beweis.

Teil a): Die Aussage folgt wie (3.2), da im allgemeinen LP $A^i\underline{x} = b_i \ \forall i \in M$ und $A^i\underline{x} \geq b_i \ \forall i \in \overline{M}$, wobei $\pi_i \geq 0 \ \forall i \in \overline{M}$. Somit gilt

</td><td>

Proof.

Part a): The assertion follows analogously to (3.2) since for the LP in general form we have that $A^i\underline{x} = b_i \ \forall i \in M$ and $A^i\underline{x} \geq b_i \ \forall i \in \overline{M}$, where $\pi_i \geq 0 \ \forall i \in \overline{M}$. Hence

</td></tr>
</table>

$$\underline{b}^T \pi^T \leq (A\underline{x})^T \pi^T.$$

Teil b): Ist eines der LPs unbeschränkt, so kann nach a) das dazu duale Programm keine zulässige Lösung haben. Also gilt (ii) und die Endlichkeit der Optimallösungen von (P) und (D) in (i). Die Gleichheit der optimalen Zielfunktionswerte gilt, da es wegen des Hauptsatzes der linearen Optimierung (Satz 2.3.2) in diesem Fall immer eine optimale zulässige Basislösung $\underline{x}$ mit $(\underline{x}_B, \underline{x}_N)$ gibt. Dann ist jedoch, wie zu Beginn des Abschnitts gezeigt, $\underline{c}\,\underline{x} = \underline{b}^T \underline{\pi}^T$ für die dual zulässige Lösung $\underline{\pi} = \underline{c}_B A_B^{-1}$.

Übung: *Zeigen Sie (iii), d.h. finden Sie ein LP, so dass (P) und (D) unzulässig sind.*

■

Nach Satz 3.1.2 können wir die Argumentation im Anschluss an Beispiel 3.1.1 noch mehr vereinfachen. Da (D) eine endliche Optimallösung hat mit Zielfunktionswert $\underline{b}^T \underline{\pi}^T = 3$, ist dieser Wert auch der optimale Zielfunktionswert des primalen LPs. Wir müssen also kein $\underline{x}$ erraten, wie wir das oben getan haben, für das $\underline{c}\,\underline{x} = \underline{b}^T \underline{\pi}^T = 3$ ist.

Man beachte, dass in dem Fall, in dem die optimale Lösung eine Basislösung ist, die entsprechende duale Lösung leicht berechnet werden kann, indem man die Darstellungen

Part b): If one of the LPs is unbounded, Part a) implies that the corresponding dual program cannot have a feasible solution. This proves (ii) of Part b) and the finiteness of the optimal solutions of (P) and (D) in (i). The optimal objective function values are equal since the fundamental theorem of linear programming (Theorem 2.3.2) implies that in this case there always exists an optimal basic feasible solution $\underline{x}$ with $(\underline{x}_B, \underline{x}_N)$. Then $\underline{c}\,\underline{x} = \underline{b}^T \underline{\pi}^T$ for the dual feasible solution $\underline{\pi} = \underline{c}_B A_B^{-1}$ as shown at the beginning of this section.

Exercise: *Prove (iii), i.e., construct an LP for which (P) and (D) are both infeasible.*

■

Using Theorem 3.1.2 we can further simplify the argumentation at the end of Example 3.1.1. Since (D) has a finite optimal solution with objective value $\underline{b}^T \underline{\pi}^T = 3$, this value is also optimal for the primal LP. Thus we don't have to guess a solution $\underline{x}$ with $\underline{c}\,\underline{x} = \underline{b}^T \underline{\pi}^T = 3$ as we have done before.

Observe that, if the optimal solution is a basic solution, the corresponding dual solution can be easily determined using the representation

$$\underline{\pi} = \underline{c}_B A_B^{-1} \quad \text{and} \quad \underline{x}_B = A_B^{-1} \underline{b}$$

benutzt.

Der Zusammenhang zwischen primalem und dualem Programm wird vielleicht noch durch die folgende Überlegung ver-

The interrelation between the primal and the dual program may be additionally illustrated by the following observation:

deutlicht: Betrachten wir das Starttableau eines LPs $\min\{\underline{c}\,\underline{x} : A\underline{x} = \underline{b},\ \underline{x} \geq \underline{0}\}$, in dem oBdA für jede Nebenbedingung eine künstliche Variable eingeführt wurde, d.h.

Consider the starting tableau of an LP $\min\{\underline{c}\,\underline{x} : A\underline{x} = \underline{b},\ \underline{x} \geq \underline{0}\}$ where, wlog, we have introduced an artificial variable for every constraint, i.e.,

$$
T = \begin{array}{c}
\begin{array}{cccc} -z & x_1 \dots x_n & \hat{x}_1 \dots \hat{x}_m & \end{array} \\
\begin{array}{|c|c|c|c|}
\hline
1 & \underline{c} & \underline{0} & 0 \\
\hline
\underline{0} & A & I & \underline{b} \\
\hline
\end{array}
\end{array}
$$

Wie wir uns im Kapitel 2 mehrfach klar gemacht haben, entsteht jedes Tableau $T(B)$, das im Simplexverfahren erzeugt wird, aus T durch Multiplikation von links mit

As discussed several times in Chapter 2, every tableau $T(B)$ can be obtained from T by multiplication from the left with

$$
T_B^{-1} = \begin{pmatrix} 1 & -\underline{c}_B A_B^{-1} \\ \underline{0} & A_B^{-1} \end{pmatrix}
$$

$$
\Rightarrow \qquad T(B) = \begin{array}{|c|c|c|c|}
\hline
1 & \bar{\underline{c}} = \underline{c} - \underline{c}_B A_B^{-1} A & -\underline{c}_B A_B^{-1} & -\underline{c}_B A_B^{-1}\underline{b} \\
\hline
0 & A_B^{-1} \cdot A & A_B^{-1} & A_B^{-1}\underline{b} \\
\hline
\end{array}
$$

$$
= \begin{array}{|c|c|c|c|}
\hline
1 & \bar{\underline{c}} = \underline{c} - \underline{\pi} \cdot A & -\underline{\pi} & -\underline{b}^T \underline{\pi}^T = -\underline{c}_B \underline{x}_B \\
\hline
0 & A_B^{-1} \cdot A & A_B^{-1} & A_B^{-1}\underline{b} \\
\hline
\end{array}
$$

Die Information über primale und duale Lösungen ist also in jedem Simplextableau $T(B)$ vorhanden. Man beachte insbesondere, dass die reduzierten Kosten $\bar{c}_j = c_j - \underline{\pi} \cdot A_j$ die Werte der Schlupfvariablen der dualen Basislösung sind. Der Optimalitätstest ist $\bar{c}_j \geq 0$ $(\forall\, j = 1,\dots,n)$, und genau dann ist $\underline{\pi}$ zulässig für (D) und $\underline{b}^T \underline{\pi}^T = \underline{c}\,\underline{x}$ für die zu B gehörende Basislösung $\underline{x}$.

The information about the primal and dual solutions is thus contained in every simplex tableau $T(B)$. Note especially that the reduced cost values $\bar{c}_j = c_j - \underline{\pi} \cdot A_j$ are the values of the slack variables of the dual basic solution. The optimality test is given by $\bar{c}_j \geq 0$ $(\forall\, j = 1,\dots,n)$. If and only if this condition is satisfied, $\underline{\pi}$ is a feasible solution of (D) and $\underline{b}^T \underline{\pi}^T = \underline{c}\,\underline{x}$ holds for the basic solution $\underline{x}$ corresponding to the basis B.

3.2 Complementary Slackness Conditions

Das folgende notwendige und hinreichende Kriterium kann man oft benutzen, um die Optimalität einer primalen Lösung $\underline{x}$ bzw. einer dualen Lösung $\underline{\pi}$ zu beweisen:

The following necessary and sufficient condition is often used to prove the optimality of a primal solution $\underline{x}$ or of a dual solution $\underline{\pi}$, respectively:

Satz 3.2.1. (Satz vom komplementär-en Schlupf)

Gegeben sei ein LP (P) in allgemeiner Form (vgl. Satz 3.1.1) und das duale LP (D). $\underline{x}$ bzw. $\underline{\pi}$ seien zulässig für (P) bzw. (D). Dann gilt:

Theorem 3.2.1. (Complementary slackness conditions)

Let (P) be an LP in general form (cf. Theorem 3.1.1) and let (D) be its dual. Furthermore, let $\underline{x}$ and $\underline{\pi}$ be feasible solutions of (P) and (D), respectively. Then:

$$\underline{x} \text{ and } \underline{\pi} \text{ are optimal for (P) and (D), respectively}$$
$$\Longleftrightarrow \quad u_i \;:=\; \pi_i(A^i\underline{x} - b_i) = 0 \qquad \forall\, i = 1, \ldots, m \tag{3.3}$$
$$v_j \;:=\; x_j(c_j - A_j^T\underline{\pi}^T) = 0 \quad \forall\, j = 1, \ldots, n. \tag{3.4}$$

Beweis. Nach Definition von (P) und (D) (vgl. Satz 3.1.1 (b)) ist $u_i \geq 0$ ($\forall\, i = 1, \ldots, m$) und $v_j \geq 0$ ($\forall\, j = 1, \ldots, n$). Setzt man

Proof. The definition of (P) and (D) implies that $u_i \geq 0$ ($\forall\, i = 1, \ldots, m$) and $v_j \geq 0$ ($\forall\, j = 1, \ldots, n$) (cf. Theorem 3.1.1 (b)). If we define

$$u := \sum_{i=1}^{m} u_i \quad , \quad v := \sum_{j=1}^{n} v_j,$$

so gilt offensichtlich $u \geq 0$, $v \geq 0$ und

then obviously $u \geq 0$, $v \geq 0$ and

$$u = 0 \quad \Longleftrightarrow \quad (3.3) \text{ is satisfied,}$$
$$v = 0 \quad \Longleftrightarrow \quad (3.4) \text{ is satisfied.}$$

Da   Since

$$u + v = \left(\sum_{i=1}^{m}\pi_i\left(\sum_{j=1}^{n}a_{ij}x_j\right) - \underline{\pi}\,\underline{b}\right) + \left(\underline{c}\,\underline{x} - \sum_{j=1}^{n}x_j\left(\sum_{i=1}^{m}\pi_i a_{ij}\right)\right)$$
$$= \underline{c}\,\underline{x} - \underline{b}^T\underline{\pi}^T$$

gilt: we can conclude that:

$$(3.3) \text{ and } (3.4) \text{ are satisfied} \quad \Longleftrightarrow \quad u + v = 0$$
$$\Longleftrightarrow \quad \underline{c}\,\underline{x} = \underline{b}^T\underline{\pi}^T$$
$$\Longleftrightarrow \quad \underline{x} \text{ is optimal for (P) and } \underline{\pi} \text{ is optimal for (D).}$$

Die letzte Äquivalenz folgt dabei nach dem starken Dualitätssatz (Satz 3.1.2 (b)(i)). ∎

The last equivalence follows from the strong duality theorem (Theorem 3.1.2 (b)(i)). ∎

Ist (P) ein LP in Standardform, so gilt $A^i\underline{x} = b_i$ ($\forall\, i = 1, \ldots, m$) und die Glei-

If (P) is an LP in standard form then $A^i\underline{x} = b_i$ ($\forall\, i = 1, \ldots, m$) and thus equa-

chung (3.3) ist immer erfüllt. Zum Nachweis der Optimalität muss man in diesem Fall nur noch (3.4) nachprüfen.

Man kann die **Komplementaritätsbedingungen** (3.3) und (3.4) auch dazu benutzen, eine optimale primale Lösung zu bestimmen, wenn man eine optimale duale Lösung kennt (oder umgekehrt).

Übung: *Geben Sie sich ein LP mit zwei Restriktionen vor. Lösen Sie dann (D) graphisch und bestimmen Sie die Lösung von (P) mittels Komplementaritätsbedingungen!*

Sei nun (P) ein LP der Form $\min\{\underline{c}\,\underline{x} : A\underline{x} \geq \underline{b}, \underline{x} \geq \underline{0}\}$ und (D) das duale LP $\max\{\underline{b}^T\underline{\pi}^T : A^T\underline{\pi}^T \leq \underline{c}^T, \underline{\pi} \geq \underline{0}\}$, und seien (P') und (D') die zugehörigen LPs in Standardform.

Für die im Simplexverfahren bestimmten primalen Basislösungen $(\underline{x}_B, \underline{x}_N)$ von (P') haben wir jeweils duale Basislösungen von (D'). Wir erinnern uns (vgl. Seite 61), dass (D') die Variablen

tion (3.3) is automatically satisfied. To prove optimality in this case it is sufficient to verify that (3.4) holds.

The **complementary slackness conditions** (3.3) and (3.4) can also be used to obtain a primal optimal solution if a dual optimal solution is known, or vice versa.

Exercise: *Choose an LP with two constraints. Solve its dual (D) graphically and determine the solution of (P) using the complementary slackness conditions!*

Now let (P) be an LP of the form $\min\{\underline{c}\,\underline{x} : A\underline{x} \geq \underline{b}, \underline{x} \geq \underline{0}\}$ and let (D) be the dual LP $\max\{\underline{b}^T\underline{\pi}^T : A^T\underline{\pi}^T \leq \underline{c}^T, \underline{\pi} \geq \underline{0}\}$. Moreover, let (P') and (D') be the corresponding LPs in standard form.

For every primal basic solution $(\underline{x}_B, \underline{x}_N)$ of (P') determined with the Simplex Method, we obtain the corresponding dual basic solution of the LP (D'). Recall (cf. page 61) that (D') has the variables

$$\rho_1 := \bar{c}_1, \ldots, \rho_n := \bar{c}_n \, , \; \rho_{n+1} := \pi_1, \ldots, \rho_{n+m} := \pi_m$$

hat. In dem zu $(\underline{x}_B, \underline{x}_N)$ gehörenden Tableau stehen die Werte $\rho_1, \ldots, \rho_n, \rho_{n+1}, \ldots, \rho_{n+m}$ in der 0-ten Zeile. Die dualen Basisvariablen sind $\rho_j \, (j \in N)$ und die dualen Nichtbasisvariablen sind $\rho_j \, (j \in B)$. Die Indizes der Basis- und Nichtbasisvariablen der primalen bzw. der dualen Basislösung sind also komplementär zueinander.

Übung: *Zeigen Sie, dass die oben konstruierte Lösung*

The values of $\rho_1, \ldots, \rho_n, \rho_{n+1}, \ldots, \rho_{n+m}$ are given in the 0th row of the tableau corresponding to $(\underline{x}_B, \underline{x}_N)$. The dual basic variables are $\rho_j \, (j \in N)$ and the dual nonbasic variables are $\rho_j \, (j \in B)$. Thus the indices of the primal and dual basic solutions are complementary to each other.

Exercise: *Show that the solution constructed above*

$$\rho_j := t_{0j} \quad \forall j = 1, \ldots, n+m$$

in der Tat eine duale Basislösung für

is indeed a dual basic solution of (D'). Un-

(D') ist. Wann ist diese Basislösung dual
zulässig?

der what circumstances is this basic solution dual feasible?

3.3   The Dual Simplex Method

Unter Ausnutzung des Dualitätssatzes
könnten wir ein LP (P) lösen, indem
wir (D) in Standardform überführen und
dann das Simplexverfahren auf (D) anwenden. Die Optimallösung von (P) kann
man dann aus dem letzten Tableau ablesen (wie am Ende des vorherigen Abschnitts gezeigt). Beim **dualen Simplexverfahren** arbeitet man jedoch mit den
ursprünglichen, primalen Tableaus

The duality theorem could be used to
solve an LP by transforming (D) into standard form and then applying the Simplex
Method to (D). The optimal solution of
(P) can be read from the last tableau (as
discussed at the end of the previous section). Nevertheless, the original, primal
tableaus

$$T(B) = \begin{array}{|c|c|c|} \hline 1 & \overline{c} & -z \\ \hline \underline{0} & \tilde{A} := A_B^{-1} \cdot A & \tilde{\underline{b}} \\ \hline \end{array}$$

Wir setzen voraus, dass $T(B)$ dual zulässig
ist, d.h. $\overline{c} \geq \underline{0}$. Ist $T(B)$ auch primal
zulässig, d.h. gilt auch $x_B = \tilde{\underline{b}} \geq \underline{0}$, so
ist $\underline{\pi} = \underline{c}_B A_B^{-1}$ bzw. $(\underline{x}_B, \underline{x}_N)$ eine Optimallösung von (D) bzw. (P).

are used in the **dual Simplex Method**.
We assume that $T(B)$ is dual feasible, i.e.,
$\overline{c} \geq \underline{0}$. If $T(B)$ is additionally primal
feasible, i.e., if also $x_B = \tilde{\underline{b}} \geq \underline{0}$, then
$\underline{\pi} = \underline{c}_B A_B^{-1}$ and $(\underline{x}_B, \underline{x}_N)$ are optimal solutions of (D) and (P), respectively.

Wir pivotieren $T(B)$, falls es ein $\tilde{b}_i < 0$
gibt. Die i-te Zeile ist damit die Pivotzeile. Um die duale Zulässigkeit, also $\overline{c}_j \geq$
$0\ (\forall\ j)$ zu erhalten, bestimmen wir nach
der **dualen Quotientenregel**

We pivot $T(B)$ if there exists $\tilde{b}_i < 0$. In
this case the ith row is chosen as the pivot
row. To remain dual feasible, i.e., $\overline{c}_j \geq$
$0\ (\forall\ j)$, we determine

$$\min\left\{ \frac{\overline{c}_j}{-\tilde{a}_{ij}} : \tilde{a}_{ij} < 0 \right\} \quad \textbf{(dual min ratio rule)},$$

das etwa für $j = s$ angenommen wird. Ei-
ne Pivotoperation mit $-\tilde{a}_{is}$ erhält die duale Zulässigkeit und macht $\tilde{b}_i$ zu einem positiven Wert. Falls das Minimum über ei-
ner leeren Menge gebildet wird, d.h. $\tilde{a}_{ij} \geq$
$0\ (\forall\ j)$, ist (P) unzulässig, da die Gleichung

which is attained for some $j = s$. A pivot
operation with respect to the pivot element $-\tilde{a}_{is}$ preserves dual feasibility and
changes $\tilde{b}_i$ to a positive value. If the minimum is taken over an empty set, i.e.,
$\tilde{a}_{ij} \geq 0\ (\forall\ j)$, then (P) is infeasible since
the constraint

$$\sum_{j=1}^{n} a_{ij} x_j = b_i < 0$$

für kein $\underline{x} \geq \underline{0}$ zu erfüllen ist.	cannot be satisfied with $\underline{x} \geq \underline{0}$.

Insgesamt erhalten wir somit das folgende Verfahren zur Lösung von (P):	Summarizing the discussion above we obtain the following method to solve (P):

ALGORITHM

Dual Simplex Method

(Input) LP $\min\{\underline{c}\underline{x} : A\underline{x} = \underline{b},\ \underline{x} \geq \underline{0}\}$,
basis B so that $\overline{\underline{c}} = \underline{c} - \underline{c}_B A_B^{-1} A \geq \underline{0}$.

(1) Compute the simplex tableau $T(B)$.

(2) If $t_{i\,n+1} \geq 0 \quad \forall\, i = 1, \dots, m$
(STOP), $(\underline{x}_B, \underline{x}_N)$ with $x_{B(i)} = t_{i\,n+1}$, $\underline{x}_N = \underline{0}$ and
objective value $-t_{0\,n+1}$ is an optimal solution of LP.

(3) Choose i with $t_{i\,n+1} < 0$.

(4) If $t_{ij} \geq 0$ $(\forall\, j = 1, \dots, n)$, then   (STOP),   (P) is infeasible.

(5) Determine $s \in \{1, \dots, n\}$ such that

$$\frac{t_{0s}}{-t_{is}} = \min\left\{\frac{t_{0j}}{-t_{ij}} :\ t_{ij} < 0\right\}$$

and pivot with respect to t_{is}.
Goto Step (2).

Beispiel 3.3.1. *Wir lösen das LP*	**Example 3.3.1.** *We solve the LP*

$$\begin{aligned}
\min \quad & x_1 + x_2 + 2x_3 \\
\text{s.t.} \quad & x_1 - x_2 \qquad\quad + x_4 \qquad\quad = -3 \\
& -x_1 + x_2 - x_3 \qquad\quad + x_5 = -1 \\
& x_i \geq \quad 0 \quad \forall\, i \in \{1, \dots, 5\}
\end{aligned}$$

(Input)   For $B = (4, 5)$,

$$T(B) = \begin{array}{|rrrrr|r|}
\hline
1 & 1 & 2 & 0 & 0 & 0 \\
\hline
1 & \boxed{-1} & 0 & 1 & 0 & -3 \\
-1 & 1 & -1 & 0 & 1 & -1 \\
\hline
\end{array}$$

is dual feasible.

Iteration 1: $i = 1$, $s = 2$

$$T(B) \longrightarrow \begin{array}{|rrrrr|r|}
\hline
2 & 0 & 2 & 1 & 0 & -3 \\
\hline
-1 & 1 & 0 & -1 & 0 & 3 \\
0 & 0 & \boxed{-1} & 1 & 1 & -4 \\
\hline
\end{array}$$

Iteration 2: $i = 2$, $s = 3$

$$T(B) \longrightarrow \begin{array}{|ccccc|c|} \hline 2 & 0 & 0 & 3 & 2 & -11 \\ -1 & 1 & 0 & -1 & 0 & 3 \\ 0 & 0 & 1 & -1 & -1 & 4 \\ \hline \end{array}$$

Übung: *Diskutieren Sie den Zusammenhang zwischen Beispiel 3.3.1 und Beispiel 2.2.6. Machen Sie sich anhand dieses Beispiels klar, warum das duale Simplexverfahren nichts anderes ist, als das primale Simplexverfahren angewendet auf eine passende Formulierung von (D).*

Exercise: *Discuss the interrelation between Example 3.3.1 and Example 2.2.6. Using this example, observe that the dual Simplex Method can be interpreted as the primal Simplex Method applied to an appropriate formulation of (D).*

Ein sehr einfaches Verfahren zur Bestimmung einer dual zulässigen Ausgangslösung im Fall, dass $c_j < 0$ ist für mindestens ein j, ist das folgende:

A very simple procedure to determine a dual feasible starting solution in the case that $c_j < 0$ for at least one j is the following:

Wir führen eine künstliche Variable x_{n+1} mit Kostenkoeffizient $c_{n+1} = 0$ und eine zusätzliche Nebenbedingung

We introduce an artificial variable x_{n+1} with cost coefficient $c_{n+1} = 0$, and an additional constraint

$$x_1 + \ldots + x_n + x_{n+1} = b_{m+1}$$

ein, wobei $b_{m+1} = M$ und M eine obere Schranke für $\sum_{i=1}^{n} x_i$ unter allen zulässigen $\underline{x}$ ist. $(x_1, \ldots, x_n, x_{n+1})^T$ ist eine zulässige Lösung des erweiterten Problems nur dann, wenn $(x_1, \ldots, x_n)^T$ eine zulässige Lösung des ursprünglichen Problems ist. Das duale Programm des erweiterten Problems ist

where $b_{m+1} = M$ and M is an upper bound for $\sum_{i=1}^{n} x_i$ for all feasible solutions $\underline{x}$. Then $(x_1, \ldots, x_n, x_{n+1})^T$ is a feasible solution of the extended problem only if $(x_1, \ldots, x_n)^T$ is a feasible solution of the original problem. The dual program of the extended problem is given by

$$\begin{aligned} \max \quad & \underline{b}^T \underline{\pi}^T + \pi_{m+1} b_{m+1} \\ \text{s.t.} \quad & A_j^T \underline{\pi}^T + \pi_{m+1} \leq c_j \quad (\forall\, j = 1, \ldots, n) \\ & \pi_{m+1} \leq 0 \\ & \pi_i \gtrless 0 \quad (\forall\, i = 1, \ldots, m+1). \end{aligned}$$

Man erhält eine dual zulässige Basislösung für das erweiterte LP durch

A dual feasible solution of the extended LP is obtained by

$$\pi_i = 0 \quad (\forall\, i = 1, \ldots, m)$$
$$\pi_{m+1} = \min\{c_j : j \in \{1, \ldots, n\}\} < 0.$$

Übung: *Wie finden Sie eine dual zulässige Lösung, wenn $c_j \geq 0$ ($\forall\, j$)?*

Exercise: *How can a dual feasible solution be found in the case that $c_j \geq 0$ ($\forall\, j$)?*

3.4   The Primal-Dual Simplex Method

Die Idee des primalen Simplexverfahrens ist es, in jeder Iteration die primale Zulässigkeit zu erhalten, bis die Basis auch dual zulässig ist. Die Idee des dualen Simplexverfahrens ist völlig analog. Wir müssen nur die Begriffe "primal" und "dual" vertauschen. Am Ende beider Algorithmen erfüllen die primalen und dualen Lösungen $\underline{x}$ und π die Komplementaritätsbedingungen (3.3) und (3.4).

Im primal-dualen Simplexverfahren erhält man von den drei Bedingungen – primale Zulässigkeit, duale Zulässigkeit, Komplementaritätsbedingungen – immer nur die duale Zulässigkeit und die Komplementaritätsbedingungen. Die primale Lösung ist für das primale Problem nicht zulässig (außer, wenn der Algorithmus stoppt), aber für ein **eingeschränktes primales Problem**.

Wir betrachten, wie üblich, das primale LP in Standardform, und nehmen oBdA an, dass $\underline{b} \geq \underline{0}$, also

The idea of the primal Simplex Method is to maintain primal feasibility in each iteration until the basis becomes also dual feasible. The idea of the dual Simplex Method is completely analogous. We only have to interchange the terms "primal" and "dual". After both algorithms terminate, the primal and dual solutions $\underline{x}$ and π satisfy the complementary slackness conditions (3.3) and (3.4).

Out of the three conditions – primal feasibility, dual feasibility, complementary slackness conditions – only the dual feasibility and the complementary slackness conditions are satisfied throughout the primal-dual Simplex Method. The primal solution is not feasible for the primal problem (unless the algorithm terminates), but it is feasible for a **reduced primal problem**.

As usual we consider a primal LP in standard form, and wlog we assume that $\underline{b} \geq \underline{0}$, i.e.,

$$
\textbf{(P)}\quad
\begin{aligned}
\min\ \ & \underline{c}\,\underline{x} \\
\text{s.t.}\ \ & A\underline{x} \;=\; \underline{b} \;\geq\; \underline{0} \\
& \underline{x} \;\geq\; \underline{0}
\end{aligned}
$$

und das dazugehörige duale LP

and the corresponding dual LP

$$
\textbf{(D)}\quad
\begin{aligned}
\max\ \ & \underline{b}^T \pi^T \\
\text{s.t.}\ \ & A^T \pi^T \;\leq\; \underline{c}^T \\
& \pi \;\gtreqless\; \underline{0}.
\end{aligned}
$$

Die Komplementaritätsbedingung (3.3) ist redundant, so dass die Komplementarität von $\underline{x}$ und π durch

The complementary slackness condition (3.3) is redundant so that the complementarity of $\underline{x}$ and π is given by

$$v_j = x_j(c_j - A_j^T \pi^T) = 0 \qquad (\forall\, j = 1, \dots, n) \tag{3.4}$$

ausgedrückt wird.

Sei π dual zulässig und   Let π be dual feasible and let

$$J := \{ j : A_j^T \pi^T = c_j \}$$

die Indexmenge der sog. **zulässigen Spal-**
ten. Nach dem Satz vom komplementären
Schlupf (Satz 3.2.1) ist diese Lösung π optimal für (D), falls es ein x gibt, so dass

be the index set of the so-called **feasible**
columns. The complementary slackness
conditions (Theorem 3.2.1) imply that this
solution π is optimal for (D) if there exists
a solution x such that

$$\left.\begin{array}{c} A\underline{x} = \underline{b} \\ \text{and} \quad \begin{array}{ll} x_j \geq 0, & \forall\, j \in J \\ x_j = 0, & \forall\, j \notin J \end{array} \quad (\text{i.e., } \underline{x} \text{ and } \pi \text{ satisfy (3.4)}). \end{array}\right\} \text{(i.e., } \underline{x} \text{ is primal feasible)}$$

Wir formulieren nun ein Zulässigkeitsproblem, indem wir alle Variablen x_j, $j \notin J$,
in (P) weglassen:

We now formulate an existence problem
by disregarding all the variables x_j, $j \notin J$
in (P):

Existiert ein $\underline{x} \in \mathbb{R}^{|J|}$, so dass   Does there exist a solution $\underline{x} \in \mathbb{R}^{|J|}$ with

$$\begin{aligned} \sum_{j \in J} x_j \cdot A_j &= \underline{b} \\ x_j &\geq 0 \qquad \forall\, j \in J\ ? \end{aligned}$$

Falls die Antwort zu diesem Problem "Ja"
ist und wir eine solche Lösung $\underline{x}^*$ kennen,
erweitern wir x_j^*, $j \in J$, um $x_j^* = 0, \forall\, j \notin$
J, um primale und duale Zulässigkeit und
Komplementarität zu erfüllen. Falls die
Antwort "Nein" ist, ist π keine optimale
duale Lösung und wir müssen π ändern.

If the answer to this problem is "Yes" and
if we know such a solution $\underline{x}^*$, we can extend x_j^*, $j \in J$ by $x_j^* = 0, \forall\, j \notin J$,
to satisfy primal and dual feasibility and
the complementary slackness conditions.
If the answer is "No", then π is not a dual
optimal solution and we have to improve
π.

Um die obige Existenzfrage konstruktiv
zu beantworten, wenden wir die 1. Phase des Simplexverfahrens an: Wir führen
m künstliche Variablen $\hat{x}_i$, $i = 1, \dots, m$,
ein (evtl. weniger, falls einige der Nebenbedingungen Schlupfvariable haben) und

We apply phase 1 of the Simplex Method
to answer the above question about the
existence of a solution $\underline{x}$ in a constructive
way: We introduce m artificial variables
$\hat{x}_i$, $i = 1, \dots, m$ (maybe less if some of the
constraints already have slack variables)

lösen

and solve

$$
\begin{aligned}
\min \quad & w = \sum_{i=1}^{m} \hat{x}_i \\
\textbf{(RP)} \quad \text{s.t.} \quad & \sum_{j \in J} x_j A_j + \hat{\underline{x}} = \underline{b} \\
& x_j \geq 0 \quad (\forall\, j \in J) \\
& \hat{\underline{x}} \geq \underline{0}.
\end{aligned}
$$

(RP) ist das **eingeschränkte primale Problem**. Die Antwort für unser Existenzproblem ist "Ja", wenn der optimale Zielfunktionswert $w_{\mathrm{opt}} = 0$ ist.

(RP) is the **reduced primal problem**. The answer to our existence problem is "Yes" if the optimal objective function value is $w_{\mathrm{opt}} = 0$.

Behandeln wir also im Folgenden den Fall, dass $w_{\mathrm{opt}} > 0$ ist.

Therefore, we will consider the case that $w_{\mathrm{opt}} > 0$ in the following.

In diesem Fall wissen wir, dass π keine optimale duale Lösung ist. Da nach dem schwachen Dualitätssatz somit

In this case we can conclude that π is not dual optimal. Since the strong duality theorem implies that

$$
\underline{b}^T \pi^T < \min\{\underline{c}\,\underline{x} : A\underline{x} = \underline{b},\ \underline{x} \geq \underline{0}\},
$$

suchen wir eine dual zulässige Lösung $\tilde{\pi}$ mit $\underline{b}^T \pi^T < \underline{b}^T \tilde{\pi}^T$.

we will look for a dual feasible solution $\tilde{\pi}$ satisfying $\underline{b}^T \pi^T < \underline{b}^T \tilde{\pi}^T$.

Wir betrachten dazu das zu (RP) duale Problem

For this purpose consider the dual problem of (RP)

$$
\begin{aligned}
\max \quad & v = \underline{b}^T \underline{\alpha}^T \\
\textbf{(RD)} \quad \text{s.t.} \quad & A_j^T \underline{\alpha}^T \leq 0 \quad \forall\, j \in J \\
& \alpha_i \leq 1 \quad \forall\, i = 1, \dots, m \\
& \alpha_i \gtreqless 0 \quad \forall\, i = 1, \dots, m.
\end{aligned}
$$

Ist $\underline{\alpha}_{\mathrm{opt}}$ die Optimallösung, so wissen wir nach dem starken Dualitätssatz, dass

If $\underline{\alpha}_{\mathrm{opt}}$ is an optimal solution, then the strong duality theorem implies that

$$
\underline{b}^T \underline{\alpha}_{\mathrm{opt}}^T = w_{\mathrm{opt}} > 0.
$$

Somit gilt für

Therefore, we get for

$$
\tilde{\pi} = \pi(\delta) := \pi + \delta \cdot \underline{\alpha}_{\mathrm{opt}}
$$

mit $\delta > 0$:

with $\delta > 0$:

$$\underline{b}^T \tilde{\pi}^T = \underline{b}^T \underline{\pi}^T + \delta \cdot \underline{b}^T \underline{\alpha}_{\text{opt}}^T > \underline{b}^T \underline{\pi}^T.$$

Wir müssen δ jetzt nur noch so wählen, dass $\pi(\delta)$ dual zulässig ist, d.h. es muss gelten

We only have to choose δ such that $\pi(\delta)$ is dual feasible, i.e.,

$$A_j^T \pi(\delta)^T = A_j^T \underline{\pi}^T + \delta \cdot A_j^T \underline{\alpha}_{\text{opt}}^T \leq c_j \quad (\forall \, j = 1, \ldots, n). \tag{3.5}$$

Da $A_j^T \underline{\alpha}_{\text{opt}}^T \leq 0$ $(\forall \, j \in J)$ eine Nebenbedingung von (RD) ist, gilt (3.5) für alle $j \in J$.

Since $A_j^T \underline{\alpha}_{\text{opt}}^T \leq 0$ $(\forall \, j \in J)$ is one of the constraints in (RD), (3.5) is satisfied for all $j \in J$.

<u>1. Fall</u>: $A_j^T \underline{\alpha}_{\text{opt}}^T \leq 0$ $\forall \, j \notin J$.

<u>Case 1</u>: $A_j^T \underline{\alpha}_{\text{opt}}^T \leq 0$ $\forall \, j \notin J$.

Behauptung: (P) ist unzulässig.

Claim: (P) is infeasible.

Beweis: In diesem Fall gilt

Proof: In this case we have

$$A_j^T \underline{\alpha}_{\text{opt}}^T \leq 0 \quad \forall \, j = 1, \ldots, n$$

und (3.5) ist für beliebige $\delta > 0$ erfüllt.

and (3.5) is satisfied for arbitrary values of $\delta > 0$.

Dann folgt jedoch $\underline{b}^T \pi(\delta)^T \xrightarrow{\delta \to \infty} \infty$, und (P) ist nach dem Dualitätssatz unzulässig.

It follows that $\underline{b}^T \pi(\delta)^T \xrightarrow{\delta \to \infty} \infty$ and, due to the duality theorem, (P) has to be infeasible.

<u>2. Fall</u>: $\exists \, j \notin J : A_j^T \underline{\alpha}_{\text{opt}}^T > 0$.

<u>Case 2</u>: $\exists \, j \notin J : A_j^T \underline{\alpha}_{\text{opt}}^T > 0$.

Setze

Set

$$\delta := \min \left\{ \frac{c_j - A_j^T \underline{\pi}^T}{A_j^T \underline{\alpha}_{\text{opt}}^T} : j \notin J, \, A_j^T \underline{\alpha}_{\text{opt}}^T > 0 \right\} > 0.$$

Offensichtlich ist $\pi(\delta)$ weiter dual zulässig, und das Verfahren iteriert mit einer größeren unteren Schranke $\underline{b}^T \pi(\delta)^T$.

Obviously, $\pi(\delta)$ is still dual feasible and the procedure iterates with an increased lower bound $\underline{b}^T \pi(\delta)^T$.

Zusammenfassend erhalten wir das folgende Verfahren zur Lösung von LPs:

Summarizing the discussion above we obtain the following procedure to solve LPs:

ALGORITHM

Primal-Dual Simplex Method

(Input) *(LP)* $\min\{\underline{c}\,\underline{x} : A\underline{x} = \underline{b} \geq \underline{0},\ \underline{x} \geq \underline{0}\}$,
dual feasible solution $\underline{\pi}$.

(1) $J := \{j : A_j^T \underline{\pi}^T = c_j\}$.

(2) *Solve the* **reduced primal LP**

$$\text{(RP)} \qquad \begin{aligned} \min \quad & w = \sum_{i=1}^{m} \hat{x}_i \\ \text{s.t.} \quad & \sum_{j \in J} x_j \cdot A_j + \hat{\underline{x}} = \underline{b} \\ & x_j, \hat{x}_i \geq 0 \quad \forall\, i, j \end{aligned}$$

or its dual

$$\text{(RD)} \qquad \begin{aligned} \max \quad & v = \underline{b}^T \underline{\alpha}^T \\ \text{s.t.} \quad & A_j^T \underline{\alpha}^T \leq 0 \qquad \forall\, j \in J \\ & \alpha_i \leq 1 \qquad \forall\, i = 1, \ldots, m \\ & \alpha_i \geq 0 \qquad \forall\, i = 1, \ldots, m. \end{aligned}$$

<u>Remark:</u> *The optimal basis of the previous iteration can be used as a feasible starting basis in (RP).*

(3) *If $w_{\text{opt}} = v_{\text{opt}} = 0$ for the optimal objective value*
    (STOP),   *for an optimal solution $(x_j)_{j \in J}$ of (RP) set*
        $x_j := 0 \ \forall\, j \notin J$;
        $\underline{x} = (x_j)_{j=1}^n$ *is an optimal solution of (P).*
    Otherwise determine a dual optimal solution $\underline{\alpha}_{\text{opt}}$ of (RD).

(4) *If $A_j^T \underline{\alpha}_{\text{opt}}^T \leq 0 \ \forall\, j \notin J$,*
    (STOP), (D) is unbounded, i.e., (P) is infeasible.
    Otherwise set

$$\delta := \min \left\{ \frac{c_j - A_j^T \underline{\pi}^T}{A_j^T \underline{\alpha}_{\text{opt}}^T} : j \notin J,\ A_j^T \underline{\alpha}_{\text{opt}}^T > 0 \right\}$$

$$\underline{\pi} := \underline{\pi} + \delta \cdot \underline{\alpha}_{\text{opt}}$$

    and goto Step (1)

Es bleibt nur noch, die Gültigkeit des Kommentars in Schritt (2) zu zeigen:

Ist B eine optimale Basis in Iteration k, so sind die reduzierten Kosten von x_j für nicht-künstliche Basisvariablen

It remains to prove the correctness of the remark in Step (2) of the algorithm:

Let B be an optimal basis in iteration k. Then, for a basic variable x_j that is not an artificial variable, the reduced cost is given by

$$0 = 0 - \underline{\alpha}_{\text{opt}} \cdot A_j \; ,$$

da die Kostenkoeffizienten dieser Variablen in der Zielfunktion von (RP) 0 sind. Daher gilt für die neue Duallösung, die in der nächsten Iteration $(k + 1)$ benutzt wird:

since the cost coefficients of these variables are 0 in (RP). Therefore, we obtain for the new dual solution which is used in the next iteration $(k + 1)$:

$$A_j^T \underline{\pi}(\delta)^T = A_j^T \underline{\pi}^T + \delta \cdot \underbrace{A_j^T \underline{\alpha}_{\text{opt}}^T}_{=0} = A_j \underline{\pi}^T = c_j \; , \quad \text{since} \quad j \in J \quad \text{(in iteration } k\text{)}.$$

Also gilt $j \in J$ auch in der Iteration $k + 1$, und alle Spalten von A_B sind in der Iteration zulässig. Damit ist $\overline{x}$ mit

Thus we have $j \in J$ also in iteration $k + 1$ and all the columns of A_B are feasible columns in this iteration. Then the solution $\overline{x}$ with

$$\begin{aligned} \overline{x}_{B(i)} &:= x_{B(i)} \quad i = 1, \ldots, m \\ \overline{x}_i &:= 0 \qquad \forall i \notin B \end{aligned}$$

zulässig für (RP) in der $(k + 1)$-ten Iteration.

is feasible for (RP) in iteration $(k + 1)$.

Der dem primal-dualen Simplex-Algorithmus zugrunde liegende Gedanke – die alternierende Lösung eines Zulässigkeitsproblems (RP) und Aktualisierung (bei gleichzeitiger Verbesserung der unteren Schranke) der dualen Lösung – ist besonders effizient, wenn das Zulässigkeitsproblem durch einen effizienteren Algorithmus als den Simplexalgorithmus beantwortet werden kann.

The basic idea of the primal-dual Simplex Method – the alternating solution of an existence problem (RP) and the update (and simultaneous improvement) of the dual solution – is especially efficient if the existence problem can be solved by a more efficient algorithm than the Simplex Method.

Muss man tatsächlich in jeder Iteration (RP) bzw. (RD) mit dem Simplexverfahren lösen, so ist das primal-duale Verfahren nicht sehr sinnvoll. Im folgenden Beispiel tun wir dies dennoch, um die Arbeitsweise des Algorithmus zu demonstrieren.

If the problems (RP) and (RD), respectively, have to be solved by the Simplex Method in each iteration, the primal-dual method is not very useful. Nevertheless, we will do this in the following example in order to demonstrate the application of the algorithm.

Beispiel 3.4.1. *Wir lösen das LP mit Ausgangstableau*

Example 3.4.1. *We solve the LP with the starting tableau*

$$T = \begin{array}{|ccccc|c|}
0 & 1 & 1 & 3 & 0 & 0 \\
\hline
1 & 1 & 0 & 0 & 0 & 1 \\
-1 & 0 & 1 & 1 & 0 & 0 \\
0 & -1 & -1 & 0 & 1 & 0
\end{array}$$

$\underline{\pi} = \underline{0}$ is dual feasible.

Iteration 1: $A_j^T \cdot \underline{\pi}^T = 0 \quad \forall\, j = 1, ..., 5 \Rightarrow J = \{1, 5\}$

$$
\begin{aligned}
\min \quad & w = \hat{x}_1 + \hat{x}_2 \\
\text{s.t.} \quad & x_1 + \hat{x}_1 = 1 \\
(\text{RP}) \quad & -x_1 + \hat{x}_2 = 0 \\
& x_5 = 0 \\
& x_1, x_5, \hat{x}_1, \hat{x}_2 \geq 0
\end{aligned}
$$

Tableau:

$$
\begin{array}{cccc}
x_1 & x_5 & \hat{x}_1 & \hat{x}_2 \\
\hline
0 & 0 & 1 & 1 & 0 \\
\hline
1 & 0 & 1 & 0 & 1 \\
-1 & 0 & 0 & 1 & 0 \\
0 & 1 & 0 & 0 & 0
\end{array}
\longrightarrow
\begin{array}{cccc}
x_1 & x_5 & \hat{x}_1 & \hat{x}_2 \\
\hline
0 & 0 & 0 & 0 & -1 \\
\hline
1 & 0 & 1 & 0 & 1 \\
-1 & 0 & 0 & 1 & 0 \\
0 & 1 & 0 & 0 & 0
\end{array}
\quad \text{optimal !}
$$

$w_{\text{opt}} = 1 > 0$, optimal basis: $(\hat{1}, \hat{2}, 5)$, $A_B^{-1} = I$

$$\underline{\alpha}_{\text{opt}} = (1, 1, 0) \cdot \begin{pmatrix} 1 & 0 & 0 \\ 0 & 1 & 0 \\ 0 & 0 & 1 \end{pmatrix} = (1, 1, 0)$$

$$A_{\bar{J}}^T \underline{\alpha}_{\text{opt}}^T = \begin{pmatrix} 1 & 0 & -1 \\ 0 & 1 & -1 \\ 0 & 1 & 0 \end{pmatrix} \cdot \begin{pmatrix} 1 \\ 1 \\ 0 \end{pmatrix} = \begin{pmatrix} 1 \\ 1 \\ 1 \end{pmatrix}$$

$$c_{\bar{J}} - A_{\bar{J}}^T \underline{\pi}^T = (1, 1, 3) - \begin{pmatrix} 1 & 0 & -1 \\ 0 & 1 & -1 \\ 0 & 1 & 0 \end{pmatrix} \cdot \begin{pmatrix} 0 \\ 0 \\ 0 \end{pmatrix} = (1, 1, 3)$$

(where $c_{\bar{J}} := (c_j)_{j \in \bar{J}}$, $A_{\bar{J}} := (A_j)_{j \in \bar{J}}$)

$\Rightarrow \quad \delta = \min\{\frac{1}{1}, \frac{1}{1}, \frac{3}{1}\} = 1$

$\underline{\pi} = (0, 0, 0) + 1 \cdot (1, 1, 0) = (1, 1, 0)$

Iteration 2:

$$A^T \underline{\pi}^T = \begin{pmatrix} 1 & -1 & 0 \\ 1 & 0 & -1 \\ 0 & 1 & -1 \\ 0 & 1 & 0 \\ 0 & 0 & 1 \end{pmatrix} \cdot \begin{pmatrix} 1 \\ 1 \\ 0 \end{pmatrix} = \begin{pmatrix} 0 \\ 1 \\ 1 \\ 1 \\ 0 \end{pmatrix}$$

$\Rightarrow \quad \underline{c}^T - A^T \underline{\pi}^T = (0,0,0,2,0)^T$

$\Rightarrow \quad J = \{1,2,3,5\}, \quad \overline{J} = \{4\}$

$\Longrightarrow$ (RP)

	x_1	x_2	x_3	x_5	$\hat{x}_1$	$\hat{x}_2$	
	0	0	0	0	1	1	0
	1	1	0	0	1	0	1
	-1	0	1	0	0	1	0
	0	-1	-1	1	0	0	0

$\longrightarrow$

	0	-1	-1	0	0	0	-1
	1	[1]	0	0	1	0	1
	-1	0	1	0	0	1	0
	0	-1	-1	1	0	0	0

$(*)$

$\longrightarrow$

x_1	x_2	x_3	x_5	$\hat{x}_1$	$\hat{x}_2$	
1	0	-1	0	1	0	0
1	1	0	0	1	0	1
-1	0	[1]	0	0	1	0
1	0	-1	1	1	0	1

optimal, since $w_{\text{opt}} = 0$

(*) Man kann sofort mit diesem Tableau starten, wenn man den Kommentar zu Schritt (2) berücksichtigt und die neuen Spalten wie im revidierten Simplexverfahren berechnet.

(*) We can start immediately with this tableau if we consider the remark made in Step (2) of the algorithm and determine the new columns as in the revised Simplex Method.

Nach Pivotieren mit t_{23} erhalten wir als primale Basislösung

After a pivot operation with respect to the pivot element t_{23} we obtain as primal basic solution

$$\underline{x}_B = \begin{pmatrix} x_2 \\ x_3 \\ x_5 \end{pmatrix} = \begin{pmatrix} 1 \\ 0 \\ 1 \end{pmatrix}, \quad \underline{x}_N = \begin{pmatrix} x_1 \\ x_4 \end{pmatrix} = \begin{pmatrix} 0 \\ 0 \end{pmatrix}$$

d.h. $\underline{x} = (0,1,0,0,1)^T$ ist eine Optimallösung des LP.

i.e., $\underline{x} = (0,1,0,0,1)^T$ is an optimal solution of the LP.

Chapter 4

Interior Point Methods: Karmarkar's Projective Algorithm

4.1   Basic Ideas

Um sehr große LPs mit vielen Variablen und Nebenbedingungen zu lösen ist es von elementarer Bedeutung, **effiziente** Algorithmen und Lösungsverfahren zur Verfügung zu haben. Um die Effizienz verschiedener Algorithmen miteinander vergleichen zu können, führen wir deshalb den Begriff der **Komplexität** von Algorithmen ein.

Ein Algorithmus hat die **Komplexität** $O(g(n, m, L))$ falls es eine (ausreichend große) Konstante C gibt, so dass die Gesamtzahl elementarer Rechenoperationen (Additionen, Multiplikationen, Vergleiche, usw.), die durch den Algorithmus ausgeführt werden, nie größer als $C \cdot g(n, m, L)$ ist. Dabei ist $g(n, m, L)$ eine Funktion, die von der Größe eines gegebenen Problems abhängt, also zum Beispiel von der Anzahl der Variablen n, der Anzahl der Nebenbedingungen m, und einer oberen Schranke für die Anzahl der zur Speicherung der Eingabedaten $A, \underline{b}$ und $\underline{c}$ benötigten Bits L.

Man unterscheidet dabei insbesondere zwischen **polynomialen Algorithmen**, deren Komplexität in Abhängigkeit von

If we want to solve large LPs with many variables and many constraints it is of primary importance to have **efficient** algorithms and solution concepts available. In order to compare the efficiency of different algorithms we therefore introduce the concept of the **complexity** of an algorithm.

An algorithm is of the **order of complexity** $O(g(n, m, L))$ if, for some (sufficiently large) constant C, the total number of elementary operations (additions, multiplications, comparisons, etc.) required by the algorithm is never more than $C \cdot g(n, m, L)$. Here, $g(n, m, L)$ is a function of the size of the problem which can, for example, be specified by the number of variables n, the number of constraints m and L, an upper bound on the number of bits needed to encode the input $A, \underline{b}$ and $\underline{c}$ of the problem.

In particular, we distinguish between **polynomial algorithms** with a complexity that can be represented by a polyno-

der Größe der Eingabedaten polynomial wächst, und **exponentiellen Algorithmen**, bei denen die Anzahl der benötigten Rechenoperationen nur durch eine exponentielle Funktion von der Größe der Eingabedaten beschrieben werden kann.

mial of the size of the input data, and **exponential algorithms** with a running time that grows exponentially depending on the size of the input data.

Der folgende Vergleich verschiedener Komplexitätsklassen verdeutlicht den Unterschied zwischen polynomialem und exponentiellem Wachstum der Anzahl der Rechenoperationen in Abhängigkeit von einer Eingabegröße n.

The following comparison of time complexities illustrates the difference between a polynomial and an exponential growth of the number of elementary operations required by an algorithm depending on one input parameter n.

n	n^2	n^3	2^n
5	25	125	32
10	100	1000	1024
15	225	3375	32768
20	400	8000	1048576
25	625	15625	33554432
30	900	27000	1073741824
35	1225	42875	34359738368
⋮	⋮	⋮	⋮

Innere Punkte Verfahren zur Lösung von Linearen Programmen sind in der Geschichte der Linearen Programmierung eine relativ neue Entdeckung. Im Folgenden geben wir einen groben Überblick über die Entwicklung der Linearen Programmierung im 20. Jahrhundert.

Interior point methods for solving linear programming problems are a relatively new development in the history of linear programming. In the following we give a brief overview over the achievements in the field of linear programming in the 20th century.

1947. George Dantzig entdeckt den Simplex Algorithmus.

1947. George Dantzig discovers the Simplex Algorithm.

1960. Effiziente Implementierungen des Simplex Algorithmus sind verfügbar.

1960. Efficient implementations of the Simplex Method become available.

1971. Klee und Minty geben ein Beispiel, in dem der Simplex Algorithmus alle Basislösungen durchläuft. Für $0 < \varepsilon < \frac{1}{2}$ basiert das entsprechende LP auf dem folgendermaßen definierten Polyeder:

1971. Klee and Minty give an example in which the Simplex Algorithm is passing through all basic feasible solutions. For $0 < \varepsilon < \frac{1}{2}$ the corresponding LP is based on the following polyhedron:

$$\min \quad -x_n$$

$$
\begin{aligned}
\text{s.t.} \quad x_1 &\geq 0 \\
x_1 &\leq 1 \\
x_2 &\geq \varepsilon x_1 \\
x_2 &\leq 1 - \varepsilon x_1 \\
x_3 &\geq \varepsilon x_2 \\
x_3 &\leq 1 - \varepsilon x_2 \\
&\vdots \\
x_n &\geq \varepsilon x_{n-1} \\
x_n &\leq 1 - \varepsilon x_{n-1}.
\end{aligned}
$$

Die zulässigen Lösungen dieses LPs bilden einen leicht verzerrten Einheitswürfel im $\mathbb{R}^n$, und nach geeigneter Umformulierung benötigt der Simplex Algorithmus $2^n - 1$ Iterationen zur Lösung dieses LPs.

The set of feasible solutions of this LP is a slightly perturbed unit cube in $\mathbb{R}^n$ and, after an appropriate reformulation, the Simplex Method needs $2^n - 1$ iterations to solve this LP.

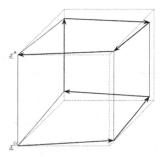

Abbildung 4.1.1. *Verzerrter Einheitswürfel im $\mathbb{R}^3$. Die Pfeile illustrieren einen Lösungsweg des Simplex Algorithmus, der alle Extrempunkte des Würfels benutzt bis er die Optimallösung erreicht.*

Figure 4.1.1. *Perturbed unit cube in $\mathbb{R}^3$. The arrows illustrate a solution path of the Simplex Method which visits all the extreme points of the cube before it reaches the optimal solution.*

1979. Khachiyan entwickelt den ersten polynomialen Algorithmus zur Lösung von LPs, den **Ellipsoid Algorithmus**. Die Idee dieses Verfahrens ist, ein gegebenes LP auf eine Folge von Zulässigkeitsproblemen zu reduzieren, wobei das zulässige Gebiet in einem Ellipsoid eingeschlossen ist. Obwohl der Ellipsoid Algorithmus polynomial ist, hat er sich in der Praxis als ineffizient erwiesen.

1979. Khachiyan develops the first polynomial algorithm to solve LPs, the **Ellipsoid Algorithm**. The idea of this procedure is to reduce a given LP to a sequence of feasibility problems where the feasible region is fully contained in an ellipsoid. Even though the Ellipsoid Method is polynomial, it turned out to be computationally inefficient in practice.

1984. Karmarkar führt **innere Punkte Verfahren** ein, die sowohl eine polynomiale Komplexität besitzen, als auch effizient in der Praxis arbeiten.

1984. Karmarkar introduces **interior-point algorithms** that have polynomial complexity and that are computationally efficient in practice.

Seither wurden viele verschiedene Versionen von innere Punkte Verfahren entwickelt und erfolgreich in der Praxis angewendet.

Since then, many different versions of interior point algorithms have been developed and successfully applied in practical applications.

Die dem Algorithmus von Karmarkar zugrundeliegende Idee ist, sich im **Inneren** des zulässigen Polyeders zu bewegen (in einer die Zielfunktion verbessernden Richtung) - und nicht entlang des Randes des zulässigen Gebietes wie im Simplex Algorithmus (siehe Abbildung 4.1.2).

The basic idea of Karmarkar's Algorithm is to move through the **interior** of the feasible polyhedron (in some descent direction improving the objective function value) - and not along the boundary of the feasible region as in the Simplex Algorithm (see Figure 4.1.2).

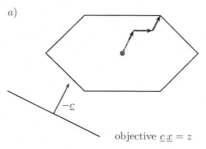
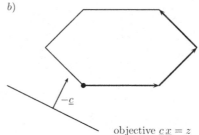
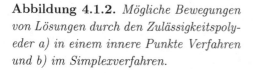

a)   b)

objective $\underline{c}\,\underline{x} = z$ objective $\underline{c}\,\underline{x} = z$

Abbildung 4.1.2. *Mögliche Bewegungen von Lösungen durch den Zulässigkeitspolyeder a) in einem innere Punkte Verfahren und b) im Simplexverfahren.*

Figure 4.1.2. *Possible movement of solutions through the feasible polyhedron a) in an interior point algorithm and b) in the Simplex Algorithm.*

Dabei könnte eine Lösung $\underline{x}$ des LPs wesentlich verbessert werden, indem man einen Schritt in die Richtung des steilsten Abstiegs (des negativen Gradienten der Zielfunktion) $-\underline{c}$ durchführt, falls $\underline{x}$ nahe dem Zentrum der zulässigen Menge liegt. Dies ist dagegen in der Regel nicht möglich, wenn $\underline{x}$ dicht am oder auf dem Rand der zulässigen Menge liegt (siehe Abbildung 4.1.3).

Being in the interior of the feasible set, the current solution $\underline{x}$ could be improved substantially by moving in the direction of $-\underline{c}$, i.e., in the direction of steepest descent (the negative gradient of the objective function), if this solution is near the center of the feasible set. This is, however, in general not possible if $\underline{x}$ is located on or near the boundary of the feasible set (see Figure 4.1.3).

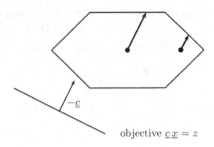

objective $\underline{c}\,\underline{x} = z$

Abbildung 4.1.3. *Bewegung in Richtung des steilsten Abstiegs mit wesentlicher bzw. marginaler Verbesserung.*

Um diese Idee umzusetzen, werden iterativ die folgenden Schritte durchgeführt:

(1) Der Lösungsraum wird mit Hilfe einer projektiven Transformation so transformiert, dass

    (a) die aktuelle Lösung $\underline{x}$ in das Zentrum eines modifizierten Polyeders projiziert wird,

    (b) aber ohne das gegebene Problem wesentlich zu verändern.

(2) Anschließend finden wir eine verbesserte Lösung, indem wir einen Schritt in die Richtung des projizierten steilsten Abstiegs machen, aber nicht ganz bis zum Rand der zulässigen Menge, da wir weiterhin im Inneren des Polyeders bleiben wollen.

(3) Das modifizierte Polyeder und die verbesserte Lösung werden in das ursprüngliche · Zulässigkeitspolyeder zurück projiziert.

Figure 4.1.3. *Steepest descent movement with substantial and marginal improvement, respectively.*

Following these ideas, we iteratively apply the following steps:

(1) The solution space is transformed, using a projective transformation, such that

    (a) the current solution $\underline{x}$ is projected to the center of a modified polyhedron,

    (b) but without changing the problem in any essential way.

(2) Then we find an improved solution by moving in the direction of the projected steepest descent, but not all the way to the boundary of the feasible set since we want to remain in the interior of the polyhedron.

(3) The modified polyhedron and the improved solution is projected back to the original feasible polyhedron.

Zur Umsetzung dieser Ideen sind einige einschränkende Annahmen über das gegebene LP erforderlich. Wir werden später sehen, wie ein gegebenes LP so umformuliert werden kann, dass diese Annahmen erfüllt sind.

In order to realize these ideas, some restricting assumptions concerning the given LP are necessary. We will see later how a given LP can be modified such that these assumptions are satisfied.

1) Das LP hat die Form

1) The LP is of the form

$$
\begin{aligned}
\min \quad & \underline{c}\,\underline{x} \\
\text{s.t.} \quad A\underline{x} &= \underline{0} \\
\underline{e}\,\underline{x} &= 1 \\
\underline{x} &\geq \underline{0},
\end{aligned}
\tag{4.1}
$$

wobei $\underline{x} \in \mathbb{R}^n$, A eine $m \times n$ Matrix mit Rang$(A){=}m$ ist, und $\underline{e} = (1,\ldots,1) \in \mathbb{R}^n$. Die Nebenbedingung $\underline{e}\,\underline{x} = 1$ wird als **Normalisierungsbedingung** bezeichnet, und den zulässigen Bereich dieses LPs bezeichnen wir mit P. Außerdem nehmen wir an, dass alle Komponenten von $\underline{c}$, A und $\underline{b}$ ganzzahlig sind.

where $\underline{x} \in \mathbb{R}^n$, A is an $m \times n$ matrix with rank$(A){=}m$, and $\underline{e} = (1,\ldots,1) \in \mathbb{R}^n$. The constraint $\underline{e}\,\underline{x} = 1$ is called the **normalization constraint**, and the feasible set of this LP is denoted by P. Furthermore we assume that all the components of $\underline{c}$, A and $\underline{b}$ are integer.

2) Ein zulässiger innerer Punkt $\underline{x}^0$ ist bekannt. Insbesondere gilt $x_j^0 > 0$ für alle $j = 1,\ldots,n$.

2) A feasible interior point $\underline{x}^0$ is known. In particular, $x_j^0 > 0$ for all $j = 1,\ldots,n$.

3) Der optimale Zielfunktionswert ist bekannt *und* er ist gleich 0.

3) The optimal objective value is known *and* it is equal to 0.

Beispiel 4.1.1. *Für $n = 3$ und $m = 1$ definiert die Normalisierungsbedingung zusammen mit den Nichtnegativitätsbedingungen $\underline{x} \geq \underline{0}$ einen Simplex S, der in Abbildung 4.1.4 als gekipptes Dreieck dargestellt ist. Die Nebenbedingung $A\underline{x} = \underline{0}$ definiert eine Hyperebene durch den Ursprung, die den Simplex S im zulässigen Gebiet P schneidet.*

Example 4.1.1. *For $n = 3$ and $m = 1$, the normalization constraint together with the nonnegativity constraints $\underline{x} \geq \underline{0}$ defines the simplex S which is given by the tilted triangle in Figure 4.1.4. The constraint $A\underline{x} = \underline{0}$ defines a hyperplane passing through the origin which intersects the simplex S in the feasible set P.*

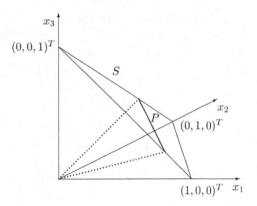

Abbildung 4.1.4. *Simplex S und zulässige Menge P in einem Beispiel mit n = 3 und m = 1.*

Figure 4.1.4. *The simplex S and the feasible set P in an example with n = 3 and m = 1.*

4.2 One Iteration of Karmarkar's Projective Algorithm

Auf dem Weg durch das Innere des zulässigen Polyeders wird in jeder Iteration des Algorithmus von Karmarkar ein neuer Punkt bestimmt, der den Zielfunktionswert verbessert und der weiterhin im Inneren des Polyeders liegt. Um in Iteration k eine möglichst große Verbesserung der Zielfunktion zu erreichen, wird dabei zunächst das Problem mit Hilfe einer projektiven Transformation so transformiert, dass die augenblickliche Lösung $\underline{x}^k$ in die Mitte des Polyeders projiziert wird. Anschließend wird ein Schritt in die Richtung des steilsten Abstiegs durchgeführt, und der neue Punkt wird zurück auf seine Position $\underline{x}^{k+1}$ im ursprünglichen Polyeder projiziert.

In each iteration of the Algorithm of Karmarkar, a new iterate $\underline{x}^k$ is determined while moving on a path through the interior of the feasible polyhedron. The new solution $\underline{x}^k$ improves the objective function value and remains at the same time in the interior of the polyhedron. To achieve a considerable and satisfactory improvement of the objective function in iteration k of the procedure, the problem is first transformed using a projective transformation so that the current point $\underline{x}^k$ is projected to the center of the transformed polyhedron. Then a step in the direction of steepest descent is performed, and finally the new point is transformed back to its position $\underline{x}^{k+1}$ in the original polyhedron.

4.2.1 Projective Transformation

Sei $\underline{x}^k$ die Lösung in Iteration k des Algorithmus. Insbesondere sei $x_i^k > 0$, $\forall\, i = 1,\ldots,n$. Zunächst wird das Problem so transformiert, dass $\underline{x}^k$ im Zentrum des modifizierten Zulässigkeitspolyeders liegt:

Zunächst wird auf den Vektor $\underline{x}^k$ eine **af-**

Let $\underline{x}^k$ be a solution in the interior of P obtained in iteration k of the algorithm. In particular, $x_i^k > 0$, $\forall\, i = 1,\ldots,n$. We first transform the problem in such a way that $\underline{x}^k$ lies in the center of the modified feasibly polyhedron:

In a first step, an **affine scaling** is applied

fine Skalierung angewendet. Er wird auf $\underline{e}^T = (1, \ldots, 1)^T$ abgebildet und dann mit dem Faktor $\frac{1}{n}$ skaliert, so dass die Summe seiner Komponenten 1 ergibt.
Mit

to the vector $\underline{x}^k$. It is mapped to $\underline{e}^T = (1, \ldots, 1)^T$ and then scaled by the factor $\frac{1}{n}$ such that the sum of its components is equal to 1.
With

$$D^k := \operatorname{diag}(\underline{x}^k) = \begin{pmatrix} x_1^k & & & 0 \\ & x_2^k & & \\ & & \ddots & \\ 0 & & & x_n^k \end{pmatrix} \quad \Rightarrow \quad (D^k)^{-1} = \begin{pmatrix} \frac{1}{x_1^k} & & & 0 \\ & \frac{1}{x_2^k} & & \\ & & \ddots & \\ 0 & & & \frac{1}{x_n^k} \end{pmatrix}$$

ergibt sich die projektive Transformation $T : P \to \mathbb{R}^n$ als

the projective transformation $T : P \to \mathbb{R}^n$ is given by

$$T(\underline{x}) := \frac{(D^k)^{-1}\underline{x}}{\underline{e}\,(D^k)^{-1}\underline{x}}, \qquad \forall\, \underline{x} \in P.$$

Dabei ist $(D^k)^{-1}\underline{x}$ eine affine Transformation, die anschließend skaliert beziehungsweise auf die Menge $S = \{\underline{x} : \underline{e}\,\underline{x} = 1,\ \underline{x} \geq \underline{0}\}$ projiziert wird. Es gilt

Observe, that $(D^k)^{-1}\underline{x}$ is an affine transformation which is then scaled, or projected, onto $S = \{\underline{x} : \underline{e}\,\underline{x} = 1,\ \underline{x} \geq \underline{0}\}$. We have

$$T(\underline{x})_i = \frac{1}{\sum_{j=1}^n \frac{x_j}{x_j^k}} \cdot \frac{x_i}{x_i^k},$$

$$T(\underline{x}^k) = (\frac{1}{n}, \ldots, \frac{1}{n})^T.$$

Da das transformierte Polyeder nur Punkte enthält, deren Komponentensumme 1 ergibt, wird $\underline{x}^k$ tatsächlich in das Zentrum des transformierten Polyeders projiziert.

Since the transformed polyhedron only contains points whose components sum up to 1, $\underline{x}^k$ is indeed projected to the center of the transformed polyhedron.

Die inverse Transformation T^{-1} ergibt sich als

The inverse transformation T^{-1} is given by

$$T^{-1}(\underline{y}) = \frac{D^k \underline{y}}{\underline{e}\,D^k \underline{y}}, \qquad \forall\, \underline{y} = T(\underline{x}),\ \underline{x} \in P,$$

denn für alle zulässigen Lösungen $\underline{x} \in P$ gilt

since, for all feasible solutions $\underline{x} \in P$,

$$T^{-1}(T(\underline{x})) \quad = \quad T^{-1}\left(\frac{(D^k)^{-1}\underline{x}}{\underline{e}\,(D^k)^{-1}\underline{x}}\right)$$

$$= \quad D^k \cdot \frac{(D^k)^{-1}\underline{x}}{\underline{e}\,(D^k)^{-1}\underline{x}} \cdot \left[\frac{1}{\underline{e}\,D^k\,\frac{(D^k)^{-1}\underline{x}}{\underline{e}\,(D^k)^{-1}\underline{x}}}\right]$$

$$= \quad \frac{\underline{x}}{\underline{e}\,(D^k)^{-1}\underline{x}} \cdot \frac{\underline{e}\,(D^k)^{-1}\underline{x}}{\underline{e}\,\underline{x}}$$

$$\overset{\underline{e}\,\underline{x}=1}{=} \quad \underline{x}.$$

Wenden wir die projektive Transformation T nun auf das gegebene LP an, so erhalten wir ein Optimierungsproblem mit nichtlinearer Zielfunktion:	If the projective transformation T is applied to the given LP, we obtain an optimization problem with a nonlinear objective function:

$$\min \quad \underline{c}\,T^{-1}(\underline{y}) = \frac{\underline{c}\,D^k\,\underline{y}}{\underline{e}\,D^k\,\underline{y}}$$

$$\text{s.t.} \quad A\,\frac{D^k\,\underline{y}}{\underline{e}\,D^k\,\underline{y}} \quad = \quad \underline{0} \tag{4.2}$$

$$\underline{e}\,\frac{D^k\,\underline{y}}{\underline{e}\,D^k\,\underline{y}} \quad = \quad 1 \tag{4.3}$$

$$\frac{D^k\,\underline{y}}{\underline{e}\,D^k\,\underline{y}} \quad \geq \quad \underline{0}. \tag{4.4}$$

In dieser Formulierung des transformierten Optimierungsproblems ist die Nebenbedingung (4.3) redundant und kann weggelassen werden. Um das Problem zu linearisieren und weiter zu vereinfachen, betrachten wir zunächst den Ausdruck $\underline{e}\,D^k\,\underline{y}$ für solche $\underline{y} = T(\underline{x})$ mit $\underline{x} \in P$. Aus der Nebenbedingung $\underline{e}\,\underline{x} = 1$ folgt $\underline{x} \neq \underline{0}$ und damit

In this formulation of the transformed optimization problem the constraint (4.3) is redundant and can be omitted. To linearize and to simplify the problem we consider the term $\underline{e}\,D^k\,\underline{y}$ for all $\underline{y} = T(\underline{x})$ with $\underline{x} \in P$. The constraint $\underline{e}\,\underline{x} = 1$ implies that $\underline{x} \neq \underline{0}$ and thus

$$\underline{e}\,D^k\,\underline{y} \quad = \quad \underline{e}\,D^k\,T(\underline{x}) \quad = \quad \underline{e}\,D^k\,\frac{(D^k)^{-1}\underline{x}}{\underline{e}\,(D^k)^{-1}\underline{x}} \quad = \quad \frac{\underline{e}\,\underline{x}}{\underline{e}\,(D^k)^{-1}\underline{x}} \quad > \quad 0, \tag{4.5}$$

da D^k, $(D^k)^{-1}$ und $\underline{x}$ nur nichtnegative Komponenten enthalten.

since D^k, $(D^k)^{-1}$ and $\underline{x}$ contain only nonnegative components.

Wenn wir außerdem ausnutzen, dass das transformierte Problem nichts anderes als eine äquivalente Formulierung des Aus-

If we additionally use the fact that the transformed problem is nothing else but a different representation of the original

gangsproblems ist und damit die gleiche Optimallösung $z^* = 0$ hat, kann die
nichtlineare Zielfunktion äquivalent als
min $\underline{c} D^k \underline{y}$ geschrieben werden.

problem and thus has the same optimal
solution value $z^* = 0$, the nonlinear objective function can be equivalently written
as min $\underline{c} D^k \underline{y}$.

Mit derselben Begründung kann (4.2)
durch die Bedingung $A D^k \underline{y} = \underline{0}$ ersetzt
werden, und (4.4) durch $\underline{y} \geq \underline{0}$.

Analogously, (4.5) is used to rewrite (4.2)
as $A D^k \underline{y} = \underline{0}$ and (4.4) as $\underline{y} \geq \underline{0}$.

Abschließend fügen wir noch die für alle
$\underline{y} = T(\underline{x})$ redundante Nebenbedingung

Finally, we add the for all $\underline{y} = T(\underline{x})$ redundant constraint

$$\underline{e}\,\underline{y} \;=\; \underline{e}\,T(\underline{x}) \;=\; \underline{e}\,\frac{(D^k)^{-1}\,\underline{x}}{\underline{e}\,(D^k)^{-1}\,\underline{x}} \;=\; 1$$

hinzu und erhalten die folgende Darstellung des transformierten Problems:

and obtain the following representation of
the transformed problem:

$$\begin{aligned}
\min \;\; & \underline{c}\, D^k \underline{y} \\
\text{s.t.} \;\; A D^k \underline{y} \;&=\; \underline{0} & (4.6)\\
\underline{e}\,\underline{y} \;&=\; 1 & (4.7)\\
\underline{y} \;&\geq\; \underline{0}. & (4.8)
\end{aligned}$$

Dieses LP hat die gleiche Form wie das
Ausgangsproblem. Die Nebenbedingungen
(4.7) und (4.8) definieren wiederum einen
$(n-1)$-dimensionalen Simplex, den wir im
Folgenden mit $S_{\underline{y}}$ bezeichnen werden. Insbesondere ist

Note that this LP has the same format
as the original LP. The constraints (4.7)
and (4.8) analogously define an $(n-1)$-
dimensional simplex which we will refer to
as $S_{\underline{y}}$. In particular,

$$\underline{y}^k \;=\; T(\underline{x}^k) \;=\; \left(\frac{1}{n}, \ldots, \frac{1}{n}\right)^T$$

eine zulässige Lösung des transformierten
LPs, die im Zentrum von $S_{\underline{y}}$ liegt.

is a feasible solution of the transformed LP
that lies at the center of $S_{\underline{y}}$.

Beispiel 4.2.1. *Wendet man die projektive Transformation auf das Problem aus
Beispiel 4.1.1 an, so liegt $\underline{y}^k = T(\underline{x}^k) =
(\frac{1}{3}, \frac{1}{3}, \frac{1}{3})^T$ im Zentrum des transformier-
ten zulässigen Polyeders $\tilde{P}$, und zwar unabhängig von der Ausgangslösung $\underline{x}^k$.*

Example 4.2.1. *If the projective transformation is applied to the problem given
in Example 4.1.1, the point $\underline{y}^k = T(\underline{x}^k) =
(\frac{1}{3}, \frac{1}{3}, \frac{1}{3})^T$ lies at the center of the trans-
formed feasible polyhedron $\tilde{P}$, independent
of the current solution $\underline{x}^k$.*

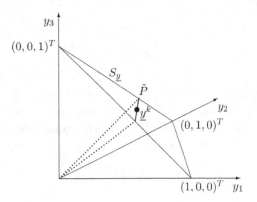

Abbildung 4.2.1. *Simplex $S_{\underline{y}}$ und zulässige Menge $\tilde{P}$ mit $\underline{y}^k = (\frac{1}{3}, \frac{1}{3}, \frac{1}{3})^T$ nach Anwendung der projektiven Transformation.*

Figure 4.2.1. *The simplex $S_{\underline{y}}$ and the feasible set $\tilde{P}$ containing $\underline{y}^k = (\frac{1}{3}, \frac{1}{3}, \frac{1}{3})^T$ after the application of the projective transformation.*

4.2.2 Moving in the Direction of Steepest Descent

Um den Zielfunktionswert der Lösung $\underline{y}^k$ im transformierten Problem zu verbessern, wird ein Schritt in die Richtung des steilsten Abstiegs, also in die Richtung des negativen Gradienten der Zielfunktion, durchgeführt. Zur Vereinfachung der Schreibweise formulieren wir zunächst das transformierte LP neu:

To improve the objective function value of the solution $\underline{y}^k$ in the transformed problem we now want to move in the direction of steepest descent, i.e., in the direction of the negative gradient of the objective function. In order to facilitate the notation we rewrite the transformed LP as

$$
\begin{aligned}
\min \quad & \tilde{\underline{c}}\,\underline{y} \\
\text{s.t.} \quad & \tilde{A}\,\underline{y} \;=\; \tilde{\underline{b}} \\
& \underline{y} \;\geq\; \underline{0},
\end{aligned}
$$

mit   where

$$
\tilde{\underline{c}} \;:=\; \underline{c}\,D^k,
$$

$$
\tilde{A} \;:=\; \begin{pmatrix} & A\,D^k & \\ 1 & \cdots & 1 \end{pmatrix}, \quad \tilde{\underline{b}} := \begin{pmatrix} 0 \\ \vdots \\ 0 \\ 1 \end{pmatrix}.
$$

Die Richtung des negativen Gradienten der Zielfunktion ist durch $-\tilde{\underline{c}}$ gegeben. Diese Richtung ist jedoch im Allgemeinen keine zulässige Richtung, d.h. für $\underline{y}^{k+1} := \underline{y}^k - \delta \cdot \tilde{\underline{c}}$, $\delta > 0$ gilt im Allgemeinen

The direction of the negative gradient is given by $-\tilde{\underline{c}}$. However, $-\tilde{\underline{c}}$ is in general not a feasible direction, i.e., for $\underline{y}^{k+1} := \underline{y}^k - \delta \cdot \tilde{\underline{c}}$, $\delta > 0$ we get in general that

$$\tilde{A}\,\underline{y}^{k+1} \;=\; \tilde{A}\,\underline{y}^k - \delta\,\tilde{A}\,\underline{\tilde{c}} \;\neq\; \underline{\tilde{b}}.$$

Um im nächsten Schritt wiederum eine zulässige Lösung $\underline{y}^{k+1}$ zu erhalten, müssen wir die **orthogonale Projektion** $\underline{\tilde{c}}_p$ von $\underline{\tilde{c}}$ auf die zulässige Menge $\tilde{P}$ benutzen, also

In order to obtain a feasible solution $\underline{y}^{k+1}$ in the next iteration, we have to use the **orthogonal projection** $\underline{\tilde{c}}_p$ of $\underline{\tilde{c}}$ onto the feasible set $\tilde{P}$, i.e.,

$$\underline{\tilde{c}}_p \in \left\{ \underline{y} \in \mathbb{R}^n : \tilde{A}\,\underline{y} = \underline{0} \right\}.$$

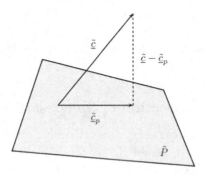

Abbildung 4.2.2. *Orthogonale Projektion von $\underline{\tilde{c}}$ auf $\underline{\tilde{c}}_p$ in $\tilde{P}$.*

Figure 4.2.2. *Orthogonal projection of $\underline{\tilde{c}}$ onto $\underline{\tilde{c}}_p$ in $\tilde{P}$.*

Da der Vektor $\underline{\tilde{c}} - \underline{\tilde{c}}_p$ senkrecht zu der Menge $\left\{ \underline{y} \in \mathbb{R}^n : \tilde{A}\,\underline{y} = \underline{0} \right\}$ ist, kann $\underline{\tilde{c}} - \underline{\tilde{c}}_p$ als Linearkombination der Zeilen in $\tilde{A}$ geschrieben werden:

The vector $\underline{\tilde{c}} - \underline{\tilde{c}}_p$ is orthogonal to the set $\left\{ \underline{y} \in \mathbb{R}^n : \tilde{A}\,\underline{y} = \underline{0} \right\}$, and therefore $\underline{\tilde{c}} - \underline{\tilde{c}}_p$ can be written as a linear combination of the rows in $\tilde{A}$:

$$\exists\, \underline{\lambda} \in \mathbb{R}^{m+1} \;:\; \underline{\tilde{c}}^T - \underline{\tilde{c}}_p^T = \tilde{A}^T \cdot \underline{\lambda} \tag{4.9}$$

Durch die Multiplikation von Gleichung (4.9) mit $\tilde{A}$ erhält man $\tilde{A}\,\underline{\tilde{c}}^T = \tilde{A}\tilde{A}^T \cdot \underline{\lambda}$, da $\tilde{A}\,\underline{\tilde{c}}_p^T = \underline{0}$ ist. Somit gilt

Multiplying (4.9) with $\tilde{A}$ yields $\tilde{A}\,\underline{\tilde{c}}^T = \tilde{A}\tilde{A}^T \cdot \underline{\lambda}$ since $\tilde{A}\,\underline{\tilde{c}}_p^T = \underline{0}$. Hence we get

$$\underline{\lambda} \;=\; (\tilde{A}\tilde{A}^T)^{-1}\tilde{A}\,\underline{\tilde{c}}^T.$$

Dabei ist zu beachten, dass die Matrix $\tilde{A}^T$ im Allgemeinen nicht quadratisch und daher nicht invertierbar ist. Dahingegen wissen wir aus der Linearen Algebra, dass die

Note, that the matrix $\tilde{A}^T$ is in general not a quadratic matrix and therefore not invertible. However, we know from linear algebra that the inverse of the quadratic

Inverse der quadratischen Matrix $(\tilde{A}\tilde{A}^T)$ für jede Matrix $\tilde{A}$ mit vollem Zeilenrang existiert.

matrix $(\tilde{A}\tilde{A}^T)$ exists for every matrix $\tilde{A}$ of full row rank.

Wiedereinsetzen der Lösung für $\underline{\lambda}$ in (4.9) ergibt

Substituting the solution for $\underline{\lambda}$ into (4.9) yields

$$\begin{aligned} \tilde{\underline{c}}_p^T &= \tilde{\underline{c}}^T - \tilde{A}^T(\tilde{A}\tilde{A}^T)^{-1}\tilde{A}\,\tilde{\underline{c}}^T \\ &= (I - \tilde{A}^T(\tilde{A}\tilde{A}^T)^{-1}\tilde{A})\,\tilde{\underline{c}}^T. \end{aligned}$$

Nachdem wir die Abstiegsrichtung als $-\tilde{\underline{c}}_p$ bestimmt haben, müssen wir nun die Frage beantworten, wie weit wir in diese Richtung gehen können ohne das zulässige Polyeder zu verlassen.

Having determined the descent direction as $-\tilde{\underline{c}}_p$, we have to answer the question of how far we can move in this direction without leaving the feasible polyhedron.

Um Unzulässigkeit zu vermeiden, definieren wir eine n-dimensionale Kugel $B(\underline{y}^k, r) := \{\underline{y} \in \mathbb{R}^n : \|\underline{y} - \underline{y}^k\| \le r\}$ mit Mittelpunkt $\underline{y}^k = \left(\frac{1}{n}, \ldots, \frac{1}{n}\right)^T$. Dabei wird der Radius r so bestimmt, dass die Schnittmenge von $B(\underline{y}^k, r)$ und $S_{\underline{y}}$ eine $(n-1)$-dimensionale Kugel ist, die ganz im Simplex $S_{\underline{y}}$ liegt.

To avoid infeasibility we define an n-dimensional ball $B(\underline{y}^k, r) := \{\underline{y} \in \mathbb{R}^n : \|\underline{y} - \underline{y}^k\| \le r\}$ with center $\underline{y}^k = \left(\frac{1}{n}, \ldots, \frac{1}{n}\right)^T$. It's radius r is determined such that the intersection of $B(\underline{y}^k, r)$ with $S_{\underline{y}}$ is an $(n-1)$-dimensional ball that lies completely in the simplex $S_{\underline{y}}$.

Der Radius r kann demzufolge maximal dem Abstand zwischen $\underline{y}^k$ und dem Mittelpunkt einer der Facetten von $S_{\underline{y}}$ entsprechen, also zum Beispiel dem Abstand zwischen $\underline{y}^k$ und dem Punkt $\left(\frac{1}{n-1}, \ldots, \frac{1}{n-1}, 0\right)^T$.

Therefore the radius r can maximally be equal to the distance between $\underline{y}^k$ and the center of one of the facets of $S_{\underline{y}}$, for example the distance between $\underline{y}^k$ and the point $\left(\frac{1}{n-1}, \ldots, \frac{1}{n-1}, 0\right)^T$.

$$\begin{aligned} r &\le \sqrt{\left(\frac{1}{n} - \frac{1}{n-1}\right)^2 + \ldots + \left(\frac{1}{n} - \frac{1}{n-1}\right)^2 + \left(\frac{1}{n} - 0\right)^2} \\ &= \sqrt{(n-1) \cdot \left(\frac{1}{n(n-1)}\right)^2 + \frac{1}{n^2}} \\ &= \frac{1}{\sqrt{n(n-1)}}. \end{aligned}$$

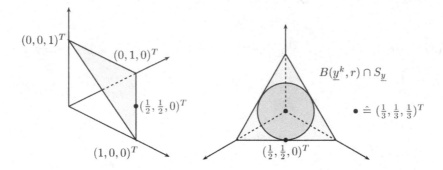

Abbildung 4.2.3. *Bestimmung der Kugel $B(\underline{y}^k, r)$ mit Radius r.*

Figure 4.2.3. *Computation of the ball $B(\underline{y}^k, r)$ with radius r.*

Wir können also einen Schritt der Länge αr mit $0 < \alpha < 1$ in die Richtung $-\underline{\tilde{c}}_p$ machen, ohne die Zulässigkeit der augenblicklichen Lösung zu verlieren. Der neue Punkt $\underline{y}^{k+1}$ ergibt sich als

Therefore, we can move in the direction $-\underline{\tilde{c}}_p$ across a distance αr with $0 < \alpha < 1$ without losing feasibility. This operation results in a new iterate $\underline{y}^{k+1}$ given by

$$\underline{y}^{k+1} := \underline{y}^k - \alpha r \cdot \frac{\underline{\tilde{c}}_p^T}{\|\underline{\tilde{c}}_p\|}.$$

4.2.3   Inverse Transformation

Abschließend muss die neue Lösung $\underline{y}^{k+1}$ in das ursprüngliche Polyeder zurücktransformiert werden. Die Ausgangslösung für die nächste Iteration ergibt sich somit als

Finally the new solution $\underline{y}^{k+1}$ has to be transformed back to its position in the original polyhedron. The starting solution for the next iteration is therefore given by

$$\underline{x}^{k+1} = T^{-1}(\underline{y}^{k+1}).$$

4.3   The Algorithm and its Polynomiality

Im Algorithmus von Karmarkar wird die in Abschnitt 4.2 beschriebene Iteration wiederholt, bis ein vorgegebenes Abbruchkriterium erfüllt ist. Da die letzte Lösung immer noch im Inneren des zulässigen Polyeders liegt, wird diese abschließend so modifiziert, dass eine nahegelegene zulässige Basislösung gefunden wird.

The iteration discussed in Section 4.2 is repeated in the Algorithm of Karmarkar until some given stopping criterion is satisfied. Since the final iterate still lies in the interior of the feasible polyhedron, it has to be modified so that finally a basic feasible solution in its neighborhood is determined.

ALGORITHM

Karmarkar's Projective Algorithm

(Input) • *LP, with optimal objective value 0 and integer $A, \underline{b}, \underline{c}$, in the form*

$$(LP) \quad \begin{aligned} \min \quad & \underline{c}\,\underline{x} \\ \text{s.t.} \quad A\,\underline{x} &= \underline{0} \\ \underline{e}\,\underline{x} &= 1 \\ \underline{x} &\geq \underline{0}, \end{aligned}$$

- *interior feasible point $\underline{x}^0$,*
- *large integer L*
  step length $0 < \alpha < 1$ and $r = \dfrac{1}{\sqrt{n(n-1)}}$.

(1) **Stopping criterion:**
  If $\underline{c}\,\underline{x}^k < 2^{-L}$, goto Step (5).

(2) **Projective transformation:**
  Transform (LP) to

$$(\overline{LP}) \quad \begin{aligned} \min \quad & \underline{c}\,D^k\,\underline{y} \\ \text{s.t.} \quad A\,D^k\,\underline{y} &= \underline{0} \\ \underline{e}\,\underline{y} &= 1 \\ \underline{y} &\geq \underline{0}. \end{aligned}$$

Let $\quad \underline{\tilde{c}} := \underline{c}\,D^k, \quad \tilde{A} := \begin{pmatrix} A\,D^k \\ 1\cdots 1 \end{pmatrix}, \quad \tilde{b} := \begin{pmatrix} 0 \\ 1 \end{pmatrix}, \quad \underline{y}^k := (\tfrac{1}{n}, \ldots, \tfrac{1}{n})^T.$

(3) **Move in the direction of steepest descent:**
  Determine $\underline{\tilde{c}}_p^T := (I - \tilde{A}^T(\tilde{A}\tilde{A}^T)^{-1}\tilde{A})\,\underline{\tilde{c}}^T$, and set

$$\underline{y}^{k+1} := \underline{y}^k - \alpha\,r\,\frac{\underline{\tilde{c}}_p^T}{\|\underline{\tilde{c}}_p\|}.$$

(4) **Inverse transformation:**
  Determine

$$\underline{x}^{k+1} := \frac{D^k\,\underline{y}^{k+1}}{\underline{e}\,D^k\,\underline{y}^{k+1}}.$$

Set $k := k + 1$ and goto Step (1).

(5) **Optimal rounding:**
  Given $\underline{x}^k$, determine a basic feasible solution $\underline{x}^*$ with $\underline{c}\,\underline{x}^* \leq \underline{c}\,\underline{x}^k < 2^{-L}$ using a purification scheme (see Section 4.4) and STOP.

Bevor wir auf Schritt (5) genauer eingehen, wollen wir zunächst die Zahl der Rechenoperationen des Algorithmus von Karmarkar abschätzen.

Before we discuss Step (5) in more detail we will first compute a bound on the number of elementary operations needed by the Algorithm of Karmarkar.

Satz 4.3.1. *Sei*

Theorem 4.3.1. *Let*

$$L := \lceil 1 + \log(1 + |c^{\max}|) + \log(|\det^{\max}|) \rceil,$$
$$\alpha := \frac{n-1}{3n},$$

wobei

where

$$|c^{\max}| := \max_{j=1,\ldots,n} |c_j|$$
$$|\det^{\max}| := \max \left\{ |\det(\hat{A}_B)| : \hat{A}_B \text{ basis matrix of } \hat{A} = \begin{pmatrix} A \\ \underline{e} \end{pmatrix} \right\}.$$

$|\det^{\max}|$ *schätzt den Betrag des größten numerischen Wertes der Determinante von allen Basen von (4.1) ab.*

$|\det^{\max}|$ *is therefore the largest numerical value of the determinant of any basis of (4.1).*

Dann finden die Schritte (1)-(4) des Algorithmus von Karmarkar eine Lösung $\underline{x}^k$ mit Zielfunktionswert

Then steps (1)-(4) of Karmarkar's Algorithm find a solution $\underline{x}^k$ with objective value

$$\underline{c}\,\underline{x}^k < 2^{-L}$$

mit einer Komplexität von $O(n^{3.5}L)$.

with a complexity of $O(n^{3.5}L)$.

Beweis.
Die folgenden Abschnitte stellen die Beweisidee dar, verzichten aber in einigen Punkten auf die ausführliche Darstellung aller technischen Details.

Proof.
We will give an outline of the proof explaining the main ideas but omitting some of the technical details.

OBdA sei $\underline{x}^0 = (\frac{1}{n}, \ldots, \frac{1}{n})^T$ die gegebene Startlösung des Problems.

Wlog we assume that the initial interior solution is given by the point $\underline{x}^0 = (\frac{1}{n}, \ldots, \frac{1}{n})^T$.

Die Komplexität einer Iteration des Algorithmus wird durch die Bestimmung des Vektors $\tilde{\underline{c}}_p$ dominiert. In der oben gegebenen Formulierung hat eine Iteration des Verfahrens die Komplexität $O(n^3)$. Da sich von einer Iteration zur nächsten nur die Elemente der Diagonalmatrix D^k ändern, kann die inverse Matrix in der Berechnung der Projektion $\tilde{\underline{c}}_p$ des Gradientenvektors aber auch in jeder Iteration

The complexity of one iteration of the algorithm is dominated by the computation of the vector $\tilde{\underline{c}}_p$. In the above formulation the complexity of one iteration is $O(n^3)$. Since the only change from one iteration to the next occurs in the diagonal matrix D^k, the inverse matrix in the calculation of the gradient projection $\tilde{\underline{c}}_p$ can be updated rather than recomputed in each iteration, allowing for an improved complexity

aktualisiert (und nicht jedesmal neu berechnet) werden, was zu einer verbesserten Komplexität von $O(n^{2.5})$ führt.

of $O(n^{2.5})$.

Damit bleibt zu zeigen, dass die Anzahl k der Iterationen, die nötig sind um eine Lösung $\underline{x}^k$ mit $\underline{c}\,\underline{x}^k < 2^{-L}$ zu finden, durch $O(nL)$ abgeschätzt werden kann.

It remains to show that the number of iterations k needed to obtain a solution $\underline{x}^k$ with $\underline{c}\,\underline{x}^k < 2^{-L}$ can be bounded by $O(nL)$.

Aus der Definition von L und $\underline{x}^0$ folgt $\underline{c}\,\underline{x}^0 < 2^L$. Wir wollen also den ursprünglichen Wert der Zielfunktion $\underline{c}\,\underline{x}^0$ soweit reduzieren, dass nach k Iterationen gilt

Since the definition of L and $\underline{x}^0$ implies that $\underline{c}\,\underline{x}^0 < 2^L$ we thus want to reduce the original value $\underline{c}\,\underline{x}^0$ of the objective function such that after k iterations

$$\frac{\underline{c}\,\underline{x}^k}{\underline{c}\,\underline{x}^0} < 2^{-2L} = 2^{-\frac{k\delta\cdot\ln 2}{n}}, \tag{4.10}$$

wobei in $2^{-2L} = 2^{-\frac{k\delta\cdot\ln 2}{n}}$, $\delta > 0$ eine nicht weiter spezifizierte Konstante ist. Es ist zu bemerken, dass in dieser Situation die Lösung mit der gewünschten Genauigkeit nach höchstens $k = \frac{2nL}{\delta\cdot\ln 2} = O(nL)$ Iterationen erreicht wird.

where in $2^{-2L} = 2^{-\frac{k\delta\cdot\ln 2}{n}}$, $\delta > 0$ is an unspecified constant. Note, that in this situation a solution with the desired accuracy is indeed obtained after at most $k = \frac{2nL}{\delta\cdot\ln 2} = O(nL)$ iterations.

Um die Existenz solch einer Konstanten $\delta > 0$ zu zeigen, wird die **Potentialfunktion**

In order to show the existence of such a constant $\delta > 0$ we consider the **potential function**

$$
\begin{aligned}
f(\underline{x}) &= \sum_{i=1}^{n} \ln\left(\frac{\underline{c}\,\underline{x}}{x_i}\right) \\
&= n\ln(\underline{c}\,\underline{x}) - \sum_{i=1}^{n}\ln(x_i) \tag{4.11}
\end{aligned}
$$

betrachtet und bewiesen, dass

and prove

$$f(\underline{x}^{j+1}) \le f(\underline{x}^j) - \delta \quad \forall\, j = 0,\ldots,k-1. \tag{4.12}$$

Bevor die Details des Beweises untersucht werden, überzeugen wir uns davon, dass (4.12) die Gleichung (4.10) impliziert.

Before we discuss the details of this proof we convince ourselves that (4.12) implies (4.10).

Der Wert von $\sum_{i=1}^{n}\ln(x_i)$ ist maximal für $\underline{x}^0 = (\frac{1}{n},\ldots,\frac{1}{n})^T$, also in der ersten Itera-

The term $\sum_{i=1}^{n}\ln(x_i)$ is maximal for $\underline{x}^0 = (\frac{1}{n},\ldots,\frac{1}{n})^T$, i.e., in the first iteration of the

tion des Verfahrens, da $\underline{e}\,\underline{x} = 1$ ist für alle zulässigen Lösungen $\underline{x}$. Wird nun $f(\underline{x})$ in jeder Iteration um eine Konstante $\delta > 0$ reduziert (und damit um einen Betrag von mindestens $k\delta$ nach k Iterationen, beginnend bei $\underline{x}^0$), so folgt damit, dass auch $n\ln(\underline{c}\,\underline{x})$ in k Iterationen um mindestens $k\delta$ reduziert wird, d.h.

procedure, since all the feasible solutions $\underline{x}$ satisfy $\underline{e}\,\underline{x} = 1$. This implies that if $f(\underline{x})$ is reduced by a constant $\delta > 0$ in each iteration (and thus by at least $k\delta$ after k iterations, starting from $\underline{x}^0$), then also $n\ln(\underline{c}\,\underline{x})$ is reduced by at least $k\delta$ over the k iterations, i.e.,

$$n \cdot \ln(\underline{c}\,\underline{x}^k) \leq n \cdot \ln(\underline{c}\,\underline{x}^0) - k\delta$$

wobei dies äquivalent zu (4.10) ist.

which is equivalent to (4.10).

Nun kommen wir zum Beweis von (4.12).

Now we prove (4.12).

Um die Verbesserung der Ersatzfunktion f in einer beliebigen Iteration j des Verfahrens abschätzen zu können, müssen wir zunächst die projektive Transformation T auf f anwenden:

In order to approximate the improvement of the potential function f in an arbitrary iteration j of the procedure, we first have to apply the projective transformation T to the function f:

$$
\begin{aligned}
f(\underline{x}) &= f(T^{-1}(\underline{y})) = f\left(\frac{D^j\,\underline{y}}{\underline{e}\,D^j\,\underline{y}}\right) \\
&= n\ln\left(\underline{c}\,\frac{D^j\,\underline{y}}{\underline{e}\,D^j\,\underline{y}}\right) - \sum_{i=1}^{n}\ln\left(\frac{x_i^j y_i}{\underline{e}\,D^j\,\underline{y}}\right) \\
&= n\ln(\underline{c}\,D^j\,\underline{y}) - n\ln(\underline{e}\,D^j\,\underline{y}) - \sum_{i=1}^{n}\ln(x_i^j) - \sum_{i=1}^{n}\ln(y_i) + \sum_{i=1}^{n}\ln(\underline{e}\,D^j\,\underline{y}) \\
&= \underbrace{n\ln(\underline{c}\,D^j\,\underline{y}) - \sum_{i=1}^{n}\ln(y_i)}_{=:g(\underline{y})} - \underbrace{\sum_{i=1}^{n}\ln(x_i^j)}_{=\text{ constant}}.
\end{aligned}
$$

Wenn $g(\underline{y}^j)$ mit $\underline{y}^j = T(\underline{x}^j)$ in Iteration j um einen Betrag von δ reduziert wird, dann wird auch $f(\underline{x}^j)$ um δ reduziert. Dabei ist $\underline{y}^j = (\frac{1}{n}, \ldots, \frac{1}{n})^T$ für alle $j = 0, \ldots, k-1$.

If $g(\underline{y}^j)$ with $\underline{y}^j = T(\underline{x}^j)$ drops by δ in iteration j, then so does $f(\underline{x}^j)$. Recall that $\underline{y}^j = (\frac{1}{n}, \ldots, \frac{1}{n})^T$ for all $j = 0, \ldots, k-1$.

In Schritt (3) des Verfahrens wird die derzeitige Lösung $\underline{y}^j$ um die Entfernung αr in die Richtung des steilsten Abstiegs $-\tilde{\underline{c}}_p$ verschoben, wobei $0 < \alpha < 1$ und $r = \frac{1}{\sqrt{n(n-1)}}$. Um die dadurch erzielte Verbesserung für die Funktion $g(\underline{y})$ abzuschätzen,

In Step (3) of the procedure the current point $\underline{y}^j$ is moved a distance αr in the direction of steepest descent $-\tilde{\underline{c}}_p$, where $0 < \alpha < 1$ and $r = \frac{1}{\sqrt{n(n-1)}}$. To find an estimate for the resulting improvement in $g(\underline{y})$ we consider the following problem re-

betrachten wir die folgende Relaxation des Problems:

laxation:

Jede zulässige Lösung $\underline{y}$ des Problems muss in dem Simplex $S_{\underline{y}}$ liegen. Wir erhalten eine Relaxation des Problems, indem wir die Nichtnegativitätsbedingungen $\underline{y} \geq \underline{0}$ durch die schwächere Bedingung

Since every feasible solution $\underline{y}$ of the problem has to be located within the simplex $S_{\underline{y}}$, we obtain a problem relaxation if we replace the nonnegativity constraints $\underline{y} \geq \underline{0}$ by the weaker constraint

$$\underline{y} \in B(\underline{y}^j, R) = \{\underline{y} \in \mathbb{R}^n : \|\underline{y} - \underline{y}^j\| \leq R\}$$

ersetzen. Dabei ist R der Radius eines n-dimensionalen Balls, dessen Schnitt mit der Hyperebene $\underline{e}\,\underline{y} = 1$ den Simplex $S_{\underline{y}}$ enthält. Der Radius R dieses Balls entspricht dem Abstand zwischen dem Mittelpunkt $(\frac{1}{n}, \ldots, \frac{1}{n})^T$ von $S_{\underline{y}}$ und einem beliebigen Extrempunkt von $S_{\underline{y}}$, also zum Beispiel dem Punkt $(1, 0, \ldots, 0)^T$:

Here, R is the radius of an n-dimensional ball the intersection of which with the hyperplane $\underline{e}\,\underline{y} = 1$ circumscribes the simplex $S_{\underline{y}}$. We can determine R as the distance between the center $(\frac{1}{n}, \ldots, \frac{1}{n})^T$ of $S_{\underline{y}}$ and one of the extreme points of $S_{\underline{y}}$, for example, the point $(1, 0, \ldots, 0)^T$:

$$
\begin{aligned}
R &= \sqrt{(\frac{1}{n} - 1)^2 + (\frac{1}{n} - 0)^2 + \cdots + (\frac{1}{n} - 0)^2} \\
&= \sqrt{\frac{1}{n^2} - \frac{2}{n} + 1 + \frac{(n-1)}{n^2}} = \sqrt{\frac{n-1}{n}} \\
&< n \cdot r.
\end{aligned}
$$

Die Menge der zulässigen Lösungen des Ausgangsproblems ist vollständig in der des relaxierten Problems enthalten. Der optimale Zielfunktionswert dieser Problemrelaxation ist somit eine untere Schranke für den des Ausgangsproblems.

The set of feasible solutions of the original problem is completely contained in that of the problem relaxation. Therefore the optimal objective value of the relaxed problem is a lower bound for that of the original problem.

Aufgrund der Linearität der Zielfunktion $\underline{c}\,D^j\,\underline{y}$ legen wir in jeder Iteration mindestens einen Anteil von $\frac{\alpha r}{R}$ des Weges zu einer Optimallösung des relaxierten Problems zurück, wobei $\frac{\alpha r}{R} > \frac{\alpha r}{nr} = \frac{\alpha}{n}$ gilt. Für das Ausgangsproblem bedeutet dies, dass der Zielfunktionswert $\underline{c}\,D^j\,\underline{y}^j$, der im optimalen Punkt Null ist, in jeder Iteration auf einen Wert von höchstens $\underline{c}\,D^j\,\underline{y}^j\,(1 - \frac{\alpha}{n})$ reduziert wird. Es folgt

Due to the linearity of the objective function $\underline{c}\,D^j\,\underline{y}$, we move in each iteration at least $\frac{\alpha r}{R}$ parts of the way to the optimal solution in this problem relaxation, where $\frac{\alpha r}{R} > \frac{\alpha r}{nr} = \frac{\alpha}{n}$. Consequently, the objective value $\underline{c}\,D^j\,\underline{y}^j$ of the original problem, which is zero at the optimal point, is reduced to at most $\underline{c}\,D^j\,\underline{y}^j\,(1 - \frac{\alpha}{n})$ in each iteration. Hence,

$$n \ln(\underline{c}\, D^j\, \underline{y}^{j+1}) \;\leq\; n \ln\left(\underline{c}\, D^j\, \underline{y}^j \left(1 - \frac{\alpha}{n}\right)\right) \;\leq\; n \ln(\underline{c}\, D^j\, \underline{y}^j\, e^{-\frac{\alpha}{n}}) \;=\; n \ln(\underline{c}\, D^j\, \underline{y}^j) - \alpha.$$

Der Wert des ersten Ausdrucks in $g(\underline{y})$ wird also in jeder Iteration mindestens um einen Betrag von α reduziert.

The value of the first expression in $g(\underline{y})$ is thus reduced at least by a value of α in each iteration.

Es bleibt zu zeigen, dass α so gewählt werden kann, dass der zweite Term $-\sum_{i=1}^{n} \ln(y_i)$ in $g(\underline{y})$ die Reduktion im ersten Term nicht aufhebt.

It remains to show that α can be chosen such that the second expression $-\sum_{i=1}^{n} \ln(y_i)$ in $g(\underline{y})$ does not offset the reduction in the first expression.

Da wir in jeder Iteration j von dem Punkt $\underline{y}^j = (\frac{1}{n}, \dots, \frac{1}{n})^T$ ausgehen, gilt $\sum_{i=1}^{n} \ln(y_i^j) = \sum_{i=1}^{n} \ln(\frac{1}{n})$, und damit

Since we start from the point $\underline{y}^j = (\frac{1}{n}, \dots, \frac{1}{n})^T$ in each iteration j, we have $\sum_{i=1}^{n} \ln(y_i^j) = \sum_{i=1}^{n} \ln(\frac{1}{n})$ and hence

$$
\begin{aligned}
g(\underline{y}^{j+1}) \;&=\; n \ln(\underline{c}\, D^j\, \underline{y}^{j+1}) \;-\; \sum_{i=1}^{n} \ln(y_i^{j+1}) \\
&\leq\; n \ln(\underline{c}\, D^j\, \underline{y}^j) - \alpha \;-\; \sum_{i=1}^{n} \ln(y_i^j) \;-\; \left[\sum_{i=1}^{n} \ln(y_i^{j+1}) - \sum_{i=1}^{n} \ln\left(\frac{1}{n}\right)\right] \\
&=\; g(\underline{y}^j) - \alpha - \sum_{i=1}^{n} \ln(n\, y_i^{j+1}).
\end{aligned}
$$

Für die neue Lösung $\underline{y}^{j+1}$ gilt $\|y^{j+1} - (\frac{1}{n}, \dots, \frac{1}{n})^T\| \leq \alpha r$ und $\underline{e}\, y^{j+1} = 1$. Karmarkar konnte zeigen, dass für jeden Punkt mit diesen Eigenschaften

The new solution y^{j+1} satisfies $\|y^{j+1} - (\frac{1}{n}, \dots, \frac{1}{n})^T\| \leq \alpha r$ and $\underline{e}\, y^{j+1} = 1$. Karmarkar proved that any such point also satisfies

$$-\sum_{i=1}^{n} \ln(n\, y_i^{j+1}) \;\leq\; \frac{\beta^2}{2(1-\beta)}$$

gilt, wobei $\beta = \alpha\sqrt{\frac{n}{n-1}}$ ist. Es folgt

where $\beta = \alpha\sqrt{\frac{n}{n-1}}$. We obtain

$$g(\underline{y}^{j+1}) \;\leq\; g(\underline{y}^j) - \alpha + \frac{\beta^2}{2(1-\beta)} \qquad \text{with } \beta = \alpha\sqrt{\frac{n}{n-1}}.$$

Für große Werte von n gilt $\alpha \approx \beta$, und die Funktion $g(\underline{y})$ wird in jeder Iteration des Verfahrens um einen Wert von mindestens $\delta \approx \alpha - \frac{\alpha^2}{2(1-\alpha)}$ reduziert. Für kleine Werte von α (z.B. $\alpha = \frac{1}{3}$) ist δ positiv, und die Behauptung ist bewiesen. ∎

For large values of n we have $\alpha \approx \beta$. Thus, the function $g(\underline{y})$ is reduced by a value of at least $\delta \approx \alpha - \frac{\alpha^2}{2(1-\alpha)}$ in each iteration of the algorithm. Since δ is positive for small values of α (e.g. $\alpha = \frac{1}{3}$), this completes the proof. ∎

4.4   A Purification Scheme

Satz 4.4.1. *Sei $\underline{x}^k$ mit $\underline{c}\,\underline{x}^k < 2^{-L}$ die nach k Iterationen gefundene Lösung von Karmarkar's Algorithmus. Dann kann eine zulässige Basislösung $\underline{x}^*$ mit $\underline{c}\,\underline{x}^* \leq \underline{c}\,\underline{x}^k$ in polynomialer Zeit bestimmt werden.*

Theorem 4.4.1. *Let $\underline{x}^k$ be a final iterate after k iterations of the Algorithm of Karmarkar with $\underline{c}\,\underline{x}^k < 2^{-L}$. Then a basic feasible solution $\underline{x}^*$ satisfying $\underline{c}\,\underline{x}^* \leq \underline{c}\,\underline{x}^k$ can be found in polynomial time.*

Beweis.
Wir werden Satz 4.4.1 ganz ähnlich wie den Hauptsatz der linearen Optimierung, Satz 2.3.2 auf Seite 32, beweisen.

Proof.
We will prove Theorem 4.4.1 similarly to the fundamental theorem of linear programming, Theorem 2.3.2 on page 32.

Sei dazu $\underline{x}^k$ mit $\underline{c}\,\underline{x}^k < 2^{-L}$ eine nach k Iterationen gefundene zulässige Lösung des LPs

Let $\underline{x}^k$ with $\underline{c}\,\underline{x}^k < 2^{-L}$ be a feasible solution of the LP

$$\begin{aligned} \min \quad & \underline{c}\,\underline{x} \\ \text{s.t.} \quad & \hat{A}\,\underline{x} = \hat{\underline{b}} \\ & \underline{x} \geq \underline{0} \end{aligned} \qquad \text{with} \quad \hat{A} = \begin{pmatrix} A \\ \underline{e} \end{pmatrix}, \quad \hat{\underline{b}} = \begin{pmatrix} 0 \\ 1 \end{pmatrix}.$$

Wie im Beweis von Satz 2.3.1 auf Seite 30 nehmen wir an, dass oBdA die Variablen in $\underline{x}^k$ so nummeriert sind, dass

found after k iterations of the algorithm. As in the proof of Theorem 2.3.1 we assume that wlog the variables in $\underline{x}^k$ are indexed such that

$$x_i^k \begin{cases} > 0 & i = 1, \dots, l \\ = 0 & \text{for} \quad i = l+1, \dots, n. \end{cases}$$

Wegen $\hat{\underline{b}} \neq \underline{0}$ gilt $1 \leq l \leq n$.

Since $\hat{\underline{b}} \neq \underline{0}$ we know that $1 \leq l \leq n$.

Sind die zu den l positiven Komponenten von $\underline{x}^k$ gehörenden Spalten von $\hat{A}$, $(\hat{A}_1, \dots, \hat{A}_l) =: \hat{A}_L$, linear unabhängig, so ist $\underline{x}^k$ eine zulässige Basislösung und die Behauptung ist gezeigt.

If the l columns of $\hat{A}$ corresponding to the positive components of $\underline{x}^k$, $(\hat{A}_1, \dots, \hat{A}_l) =: \hat{A}_L$, are linearly independent, then $\underline{x}^k$ is a basic feasible solution and the desired result follows.

Sonst existiert $\underline{\alpha} = (\alpha_1, \dots, \alpha_l)^T \neq \underline{0}$, so dass

Otherwise there exists $\underline{\alpha} = (\alpha_1, \dots, \alpha_l)^T \neq \underline{0}$ with

$$\hat{A}_L \cdot \underline{\alpha} = \hat{A}_L \cdot (\delta\underline{\alpha}) = \underline{0} \qquad \forall \delta \in \mathbb{R}.$$

Wie im Beweis von Satz 2.3.1 bezeichnen wir mit $\underline{x}^k(\delta)$ den Vektor

As in the proof of Theorem 2.3.1 we denote by $\underline{x}^k(\delta)$ the vector

$$x^k(\delta)_j = \begin{cases} x_j^k + \delta\alpha_j & \text{if } j \in \{1, \ldots, l\} \\ 0 & \text{otherwise,} \end{cases} \qquad \delta \in \mathbb{R}.$$

Für $\delta = \delta_1 =: \max\{-\frac{x_j^k}{\alpha_j} : \alpha_j > 0\} < 0$
oder $\delta = \delta_2 := \min\{-\frac{x_j^k}{\alpha_j} : \alpha_j < 0\} > 0$ gilt
$\delta \in \mathbb{R}$. Die entsprechende Lösung $\underline{x}^k(\delta)$
hat höchstens $l-1$ positive Komponenten.
Außerdem gilt

For $\delta = \delta_1 := \max\{-\frac{x_j^k}{\alpha_j} : \alpha_j > 0\} < 0$ or
$\delta = \delta_2 := \min\{-\frac{x_j^k}{\alpha_i} : \alpha_j < 0\} > 0$ we have
$\delta \in \mathbb{R}$. The corresponding solution $\underline{x}^k(\delta)$
has at most $l-1$ positive components and
additionally satisfies

$$\begin{aligned} \hat{A}\,\underline{x}^k(\delta) &= \hat{b}, \\ \underline{x}^k(\delta) &\geq \underline{0}, \\ \text{and} \quad \underline{c} \cdot \underline{x}^k(\delta) &= \underline{c} \cdot \underline{x}^k + \delta\,(\alpha_1 c_1 + \cdots + \alpha_l c_l). \end{aligned}$$

Ist $\alpha_1 c_1 + \cdots + \alpha_l c_l > 0$, so wählen wir $\delta = \delta_1 < 0$ (in diesem Fall ist $\delta_1 \in \mathbb{R}$, oder das Problem wäre unbeschränkt). Ist $\alpha_1 c_1 + \cdots + \alpha_l c_l < 0$, so wählen wir mit derselben Argumentation $\delta = \delta_2 > 0$. Anschließend gilt $\underline{c}\,\underline{x}^k(\delta_j) \leq \underline{c}\,\underline{x}^k$ für das gewählte δ_j, und $\underline{x}^k(\delta_j)$ hat höchstens noch $l - 1$ positive Komponenten.

We choose $\delta = \delta_1 < 0$ if $\alpha_1 c_1 + \cdots + \alpha_l c_l > 0$ (in this case $\delta_1 \in \mathbb{R}$, or the problem is unbounded). Using the same argument, we choose $\delta = \delta_2 > 0$ if $\alpha_1 c_1 + \cdots + \alpha_l c_l < 0$. For the chosen δ_j we obtain that $\underline{c}\,\underline{x}^k(\delta_j) \leq \underline{c}\,\underline{x}^k$, and $\underline{x}^k(\delta_j)$ has at most $l - 1$ positive components.

Durch iterative Anwendung dieses Verfahrens erhalten wir wegen $\hat{b} \neq \underline{0}$ nach spätestens $l - 1$ Iterationen eine zulässige Basislösung $\underline{x}^*$ mit $\underline{c}\,\underline{x}^* \leq \underline{c}\,\underline{x}^k$. Da jede Iteration eine polynomiale Anzahl von elementaren Operationen benötigt, folgt die Behauptung.   ∎

An iterative application of this procedure yields a basic feasible solution $\underline{x}^*$ with $\underline{c}\,\underline{x}^* \leq \underline{c}\,\underline{x}^k$ after at most $l - 1$ iterations (recall that $\hat{b} \neq \underline{0}$). Since each iteration requires a polynomial number of elementary operations, the result follows.   ∎

Das im Beweis von Satz 4.4.1 entwickelte Purifikationsschema hat polynomiale Komplexität und findet unter den gegebenen Voraussetzungen sogar eine optimale zulässige Basislösung des gegebenen LPs:

The purification scheme described in the proof of Theorem 4.4.1 works in polynomial time and determines, given all the assumptions are satisfied, an optimal solution of the LP:

Satz 4.4.2. *Die durch das Purifikationsschema in Satz 4.4.1 gefundene zulässige Basislösung $\underline{x}^*$ mit $\underline{c}\,\underline{x}^* < 2^{-L}$ ist eine optimale Lösung von LP.*

Theorem 4.4.2. *The basic feasible solution $\underline{x}^*$ with $\underline{c}\,\underline{x}^* < 2^{-L}$ as found by the purification scheme introduced in Theorem 4.4.1 is an optimal solution of LP.*

Beweis.

Jede Basislösung $\underline{x}$ mit $(\underline{x}_B, \underline{x}_N)$ eines LP erfüllt $\underline{x}_B = A_B^{-1}\underline{b}$ und $\underline{x}_N = \underline{0}$. Der zugehörige Zielfunktionswert ergibt sich bei Benutzung der Kramer'schen Regel zur Bestimmung von A_B^{-1} als

Proof.

Every basic solution $\underline{x}$ with $(\underline{x}_B, \underline{x}_N)$ of an LP satisfies $\underline{x}_B = A_B^{-1}\underline{b}$ and $\underline{x}_N = \underline{0}$. Using Cramer's rule for the determination of A_B^{-1}, the corresponding objective function value can be evaluated as

$$\underline{c}\,\underline{x} = \underline{c}_B\,\underline{x}_B = \underline{c}_B\,A_B^{-1}\,\underline{b} = \underline{c}_B \cdot \frac{\mathrm{Adj}(A_B)}{\det(A_B)} \cdot \underline{b}, \tag{4.13}$$

wobei $\mathrm{Adj}(A_B)$ die adjungierte Matrix von A_B bezeichnet. Da alle Komponenten von $\underline{c}_B$, $\mathrm{Adj}(A_B)$ und $\underline{b}$ ganzzahlig sind, kann $\underline{c}\,\underline{x}$ geschrieben werden als

where $\mathrm{Adj}(A_B)$ denotes the adjoint matrix of A_B. Since all the components of $\underline{c}_B$, $\mathrm{Adj}(A_B)$ and $\underline{b}$ are integer, $\underline{c}\,\underline{x}$ can be equivalently written as

$$\underline{c}\,\underline{x} = \frac{\mathrm{num}(B)}{|\det(A_B)|},$$

wobei $\mathrm{num}(B)$ der ganzzahlige Zähler des Ausdrucks (4.13) ist, der lediglich von der Wahl der Basis B abhängt. Wegen $|\det(A_B)| \leq |\det^{\max}| < 2^L$ folgt

where $\mathrm{num}(B)$ is the integer numerator of the expression (4.13) which only depends on the choice of the basis B. $|\det(A_B)| \leq |\det^{\max}| < 2^L$ implies that

$$\underline{c}\,\underline{x} = \frac{\mathrm{num}(B)}{|\det(A_B)|} > \mathrm{num}(B) \cdot 2^{-L} \qquad \text{if} \qquad \mathrm{num}(B) \neq 0.$$

Da wir angenommen haben, dass die Optimallösung des gegebenen LPs gleich Null ist, hat jede nicht optimale zulässige Basislösung einen Zielfunktionswert von $\underline{c}\,\underline{x} > 1 \cdot 2^{-L}$. Also ist $\underline{c}\,\underline{x}^*$ optimal und $\underline{c}\,\underline{x}^* = 0$. ∎

Since we assumed that the optimal solution of the given LP is equal to zero, every non-optimal basic feasible solution has an objective value of $\underline{c}\,\underline{x} > 1 \cdot 2^{-L}$. Therefore $\underline{c}\,\underline{x}^*$ is optimal and $\underline{c}\,\underline{x}^* = 0$. ∎

Sätze 4.3.1 und 4.4.2 beweisen, dass mit dem Algorithmus von Karmarkar ein gegebenes LP mit einer polynomialen Komplexität gelöst werden kann.

Theorems 4.3.1 and 4.4.2 show that a given LP can be solved with a polynomial time complexity if the Algorithm of Karmarkar is used.

Wie wir am Beispiel von Klee-Minty gesehen haben, kann der Simplex Algorithmus in ungünstigen Fällen eine Komplexität von $O(2^n)$ haben, die exponentiell mit der Größe der Eingabedaten wächst. Trotz dieses negativen theoretischen Er-

Recall that we have seen from the Klee-Minty example that the Simplex Method, in some cases, can have a complexity of $O(2^n)$, which grows exponentially with respect to the size of the input data. Despite this negative theoretical result, the

gebnisses hat sich das Simplexverfahren bei praktischen Beispielen als sehr effizient erwiesen. Insbesondere konnte gezeigt werden, dass auch das Simplexverfahren im statistischen Mittel eine polynomiale Komplexität besitzt.

Simplex Method generally performs very well in practical applications. Moreover, it could be shown that the running time of the Simplex Method is in fact polynomial in the statistical average.

4.5   Converting a Given LP into the Required Format

Gegeben sei ein LP in Standardform

Given an LP in standard form

$$
\begin{aligned}
\min \quad & \underline{c}\,\underline{x} \\
\text{s.t.} \quad & A\underline{x} = \underline{b} \\
& \underline{x} \geq \underline{0}
\end{aligned}
$$

mit ganzzahligen $\underline{c}$, A, $\underline{b}$.

with integer $\underline{c}$, A, $\underline{b}$.

1. Schritt: Für eine bekannte obere Schranke Q für die Summe der Variablen wird die redundante Nebenbedingung $\sum_{j=1}^{n} x_j \leq Q$ zu dem System von Nebenbedingungen hinzugefügt. Nach Einführung einer Schlupfvariablen x_{n+1} erhält man

Step 1: The redundant constraint $\sum_{j=1}^{n} x_j \leq Q$ is added to the system of constraints, where Q is some known upper bound on the sum of the variables. Introducing a slack variable x_{n+1} yields

$$
\underline{e}\,\underline{x} + x_{n+1} = Q; \quad x_{n+1} \geq 0.
$$

2. Schritt: Die Nebenbedingungen $A\underline{x} = \underline{b}$ werden durch Einführung einer weiteren Variablen $x_{n+2} = 1$ homogenisiert:

Step 2: The constraints $A\underline{x} = \underline{b}$ are homogenized by introducing an additional variable $x_{n+2} = 1$:

$$
A\underline{x} - \underline{b}\,x_{n+2} = \underline{0}; \quad x_{n+2} = 1.
$$

Somit erhalten wir das äquivalente LP

Therefore we obtain the equivalent LP

$$
\begin{aligned}
\min \quad & \underline{c}\,\underline{x} \\
\text{s.t.} \quad & A\underline{x} - \underline{b}\,x_{n+2} = \underline{0} && \text{(a)} \\
& \underline{e}\,\underline{x} + x_{n+1} + x_{n+2} = Q+1 && \text{(b)} \\
& x_{n+2} = 1 && \text{(c)} \\
& \underline{x} \geq \underline{0},\ x_{n+1} \geq 0,\ x_{n+2} \geq 0 && \text{(d)}
\end{aligned}
$$

Wenn man (b) zu $\frac{\underline{e}\,\underline{x}+x_{n+1}+x_{n+2}}{Q+1} = 1$ transformiert und in (c) einsetzt, dann erhält man dazu äquivalente Gleichungen $x_{n+2} =$

Transforming (b) to $\frac{\underline{e}\,\underline{x}+x_{n+1}+x_{n+2}}{Q+1} = 1$ and inserting in (c) yields the equivalent equation $x_{n+2} = \frac{\underline{e}\,\underline{x}+x_{n+1}+x_{n+2}}{Q+1}$ or $\underline{e}\,\underline{x} + x_{n+1} -$

$\frac{\underline{e}\,\underline{x}+x_{n+1}+x_{n+2}}{Q+1}$ bzw. $\underline{e}\,\underline{x}+x_{n+1}-Qx_{n+2}=0$, $\qquad$ $Qx_{n+2}=0$, such that we can rewrite the

so dass man das LP schreiben kann als $\qquad$ LP as

$$\begin{aligned} \min \quad & \underline{c}\,\underline{x} \\ \text{s.t.} \quad & A\underline{x} - \underline{b}\,x_{n+2} = \underline{0} \\ & \underline{e}\,\underline{x} + x_{n+1} - Q\,x_{n+2} = 0 \\ & \underline{e}\,\underline{x} + x_{n+1} + x_{n+2} = Q+1 \\ & \underline{x} \geq \underline{0},\ x_{n+1} \geq 0,\ x_{n+2} \geq 0. \end{aligned}$$

3. Schritt: Eine Variablentransformation mit $y_j := \frac{x_j}{Q+1}$, $j = 1,\ldots,n+2$, ergibt ein äquivalentes LP in der benötigten Form:

Step 3: A variable transformation with $y_j := \frac{x_j}{Q+1}$, $j = 1,\ldots,n+2$, yields an equivalent LP in the required format:

$$\begin{aligned} \min \quad & \underline{c}\,\underline{y} \\ \text{s.t.} \quad & A\underline{y} - \underline{b}\,y_{n+2} = \underline{0} \\ & \underline{e}\,\underline{y} + y_{n+1} - Q\,y_{n+2} = 0 \\ & \underline{e}\,\underline{y} + y_{n+1} + y_{n+2} = 1 \\ & \underline{y} \geq \underline{0},\ y_{n+1} \geq 0,\ y_{n+2} \geq 0. \end{aligned}$$

Um einen zulässigen inneren Punkt $\underline{y}^0$ dieses LPs zu bestimmen, führen wir zunächst eine künstliche Variable y_{n+3} ein mit Zielfunktionskoeffizient $M >$ $\max\{c_iQ : i = 1,\ldots,n\}$. Die Koeffizienten von y_{n+3} in den Nebenbedingungen werden so gewählt, dass der Punkt $(y_1,\ldots,y_{n+3})^T = (\frac{1}{n+3},\ldots,\frac{1}{n+3})^T$ für das resultierende LP zulässig ist:

In order to determine an interior feasible point $\underline{y}^0$ of this LP, we first introduce an artificial variable y_{n+3} with objective coefficient $M > \max\{c_iQ : i = 1,\ldots,n\}$. The coefficients of y_{n+3} in the constraints are selected such that the point $(y_1,\ldots,y_{n+3})^T = (\frac{1}{n+3},\ldots,\frac{1}{n+3})^T$ is feasible for the resulting LP:

$$\begin{aligned} \min \quad & \underline{c}\,\underline{y} + M\,y_{n+3} \\ \text{s.t.} \quad & A\underline{y} - \underline{b}\,y_{n+2} - (A\underline{e} - \underline{b})\,y_{n+3} = \underline{0} \\ & \underline{e}\,\underline{y} + y_{n+1} - Q\,y_{n+2} - (n+1-Q)\,y_{n+3} = 0 \\ & \underline{e}\,\underline{y} + y_{n+1} + y_{n+2} + y_{n+3} = 1 \\ & y_j \geq 0,\ j = 1,\ldots,n+3. \end{aligned}$$

Dieses LP hat eine Optimallösung mit $y_{n+3}^* = 0$, falls das ursprüngliche Problem zulässig ist.

This LP has an optimal solution with $y_{n+3}^* = 0$ if the original problem is feasible.

Es bleibt der Fall zu berücksichtigen, dass der optimale Zielfunktionswert des gegebenen LPs nicht bekannt (und ungleich Null) ist. In diesem Fall kann ein primal-dualer Zulässigkeitsansatz auf das gegebene LP angewendet werden. Wie wir in Kapitel 3 gesehen haben, sind ein primales LP und das entsprechende duale LP gege-

It remains to consider the case where the optimal solution value of the given LP is not known (and not equal to zero). In this case a primal-dual feasibility approach can be applied. As we have seen in Chapter 3, a primal LP and its dual are given by

ben durch

$$
\begin{array}{ll}
\min & \underline{c}\,\underline{x} \\
(P) \quad \text{s.t.} & A\underline{x} = \underline{b} \\
& \underline{x} \geq \underline{0}
\end{array}
\qquad\qquad
\begin{array}{ll}
\max & \underline{b}^T\pi^T \\
(D) \quad \text{s.t.} & A^T\pi^T \leq \underline{c}^T \\
& \pi \gtreqless \underline{0}.
\end{array}
$$

Optimallösungen $\underline{x}$ von (P) und π von (D) erfüllen $\underline{c}\,\underline{x} - \underline{b}^T\pi^T = 0$ und

Optimal solutions $\underline{x}$ of (P) and π of (D) satisfy $\underline{c}\,\underline{x} - \underline{b}^T\pi^T = 0$, and

$$
\begin{array}{rcl}
A\underline{x} &=& \underline{b} \\
\underline{x} &\geq& \underline{0} \\
A^T\pi^T &\leq& \underline{c}^T \\
\pi &\gtreqless& \underline{0}.
\end{array}
$$

Nachdem wir dieses System mit der Zielfunktion $\underline{c}\,\underline{x} - \underline{b}^T\pi^T$ in Standardform überführt haben, können wir die oben beschriebene Transformation anwenden, um ein äquivalentes LP in der gewünschten Form zu erhalten.

By making $\underline{c}\,\underline{x} - \underline{b}^T\pi^T$ the objective function and transforming this system into standard form, we can apply the same transformations as above to obtain an equivalent LP in the desired format.

Falls das originale LP eine Optimallösung besitzt, so hat das so transformierte LP die Optimallösung 0. Außerdem liefert die Optimallösung des transformierten LPs eine primale und eine duale Optimallösung $\underline{x}^*$ und π^* des gegebenen LPs.

We can conclude that, if the original LP has an optimal solution, then the new LP has the optimal solution 0. Also, the optimal solution of the transformed LP yields $\underline{x}^*$ and π^*, i.e., primal and dual optimal solutions of the original LP.

Chapter 5

Introduction to Graph Theory and Shortest Spanning Trees

5.1 Introduction to Graph Theory

In diesem Abschnitt führen wir einige Grundbegriffe der Graphentheorie ein. Die Darstellungsform dieses Abschnittes ist stichwortartig, da es die Hauptaufgabe ist, die später benutzte Bezeichnungsweise einzuführen. Weiterführende Einzelheiten findet man in Lehrbüchern der Graphentheorie.

Some of the basic concepts of graph theory will be introduced in this section. Since our main objective is to introduce the notation that will be used later on, the presentation is very brief. For further details we refer to textbooks about graph theory.

Graph $G = (V, E)$: Tupel mit nichtleerer, endlicher **Knotenmenge** $V = \{v_1, \ldots, v_n\}$ und **Kantenmenge** $E = \{e_1, \ldots, e_m\}$. Jede Kante hat zwei **Endknoten** und wird mit $e = [v_i, v_j]$ oder $e = [i, j]$ bezeichnet.

Graph $G = (V, E)$: Finite nonempty set of **vertices** (**nodes**) $V = \{v_1, \ldots, v_n\}$ and **edges** (**arcs**) $E = \{e_1, \ldots, e_m\}$. Each edge is defined by two **endpoints** and is denoted by $e = [v_i, v_j]$ or $e = [i, j]$.

Digraph $G = (V, E)$: Wie Graph, aber jede Kante $e \in E$ hat eine Richtung, d.h. $e = (v_i, v_j)$ oder $e = (i, j)$, wobei v_i der **Anfangspunkt** $t(e)$ und v_j die **Spitze** $h(e)$ von e ist. $t(e)$ und $h(e)$ sind die **Endpunkte** von e.

Digraph or **directed graph** $G = (V, E)$: As graph, but now a direction is associated with every edge $e \in E$, i.e., $e = (v_i, v_j)$ or $e = (i, j)$ where v_i is the **tail** $t(e)$ and v_j is the **head** $h(e)$ of e. $t(e)$ and $h(e)$ are the **endpoints** of e.

Adjazenzmatrix $AD = AD(G)$: $n \times n$-Matrix mit

Adjacency matrix $AD = AD(G)$: $n \times n$-matrix defined by

$$a_{ij} = \begin{cases} 1 & \text{if } [i, j] \in E \text{ (or } (i, j) \in E, \text{ respectively, for digraphs)} \\ 0 & \text{otherwise.} \end{cases}$$

Inzidenzvektor A_e, $e \in E$: Bei Graphen:

Incidence vector A_e, $e \in E$: For graphs:

$$i^{\text{th}} \text{ component of } A_e = \begin{cases} 1 & \text{if } i \text{ endpoint of } e \\ 0 & \text{otherwise.} \end{cases}$$

Bei Digraphen: For digraphs:

$$i^{\text{th}} \text{ component of } A_e = \begin{cases} 1 & \text{if } i = t(e) \\ -1 & \text{if } i = h(e) \\ 0 & \text{otherwise.} \end{cases}$$

Inzidenzmatrix $A = A(G)$: $n \times m$-Matrix mit Spalten $(A_e)_{e \in E}$.

Incidence matrix $A = A(G)$: $n \times m$-matrix with columns $(A_e)_{e \in E}$.

Die Zeilen von A sind linear abhängig, falls G ein Digraph ist, da $\sum_{i=1}^{n} A^i = \underline{0}$. Wir streichen im Folgenden oft die eine Zeile von A. Falls die so modifizierte Matrix vollen Zeilenrang hat nennen wir sie **Vollrang-Inzidenzmatrix**.

The rows of A are linearly dependent in the case that G is a digraph, since $\sum_{i=1}^{n} A^i = \underline{0}$. Therefore we will often remove some row of A. If the resulting matrix has full rank it is called the **full-rank incidence matrix**.

Weg $P = (v_{i_1}, \ldots, v_{i_p}, v_{i_{p+1}}, \ldots, v_{i_{l+1}})$: Folge von Knoten mit

Path $P = (v_{i_1}, \ldots, v_{i_p}, v_{i_{p+1}}, \ldots, v_{i_{l+1}})$: Sequence of vertices with

$$\begin{cases} e_{i_p} = [v_{i_p}, v_{i_{p+1}}] \in E & \text{for graphs} \\ e_{i_p} = (v_{i_p}, v_{i_{p+1}}) \in E \text{ or } (v_{i_{p+1}}, v_{i_p}) \in E & \text{for digraphs} \end{cases}$$

und $e_{i_p} \neq e_{i_{p+1}}$ $\forall p = 1, \ldots, l$.

and $e_{i_p} \neq e_{i_{p+1}}$ $\forall p = 1, \ldots, l$.

l ist die **Länge von P**.

l is the **length of P**.

P heißt **einfach**, falls $v_{i_p} \neq v_{i_q} \, \forall \, p, q \in \{1, \ldots, l+1\}$ mit $p \neq q$, $\{p, q\} \neq \{1, l+1\}$.

P is called a **simple path** if $v_{i_p} \neq v_{i_q} \, \forall \, p, q \in \{1, \ldots, l+1\}$ with $p \neq q$, $\{p, q\} \neq \{1, l+1\}$.

Bei Digraphen definieren wir   For digraphs we define

$$P^+ := \{e_{i_p} = (v_{i_p}, v_{i_{p+1}})\}$$
$$P^- := \{e_{i_p} = (v_{i_{p+1}}, v_{i_p})\}.$$

Diweg oder **gerichteter Weg**: Weg mit $P^- = \emptyset$.

Dipath (directed path):   Path with $P^- = \emptyset$.

Kreis (bzw. **Dikreis**) C: Weg (bzw. Di-

Cycle (dicycle (directed cycle), re-

weg) mit $v_{i_{l+1}} = v_{i_1}$.

spectively) C: Path (dipath, respectively) with $v_{i_{l+1}} = v_{i_1}$.

Zusammenhängende (Di-)Graphen: Je zwei Knoten in G sind durch einen Weg verbunden.

Connected (di-)graphs: Every pair of vertices in G is connected by a path.

Trennende Kantenmenge (eines zusammenhängenden (Di-)Graphen G): $Q \subset E$, so dass $G \setminus Q := (V, E \setminus Q)$ nicht zusammenhängend ist.

Disconnecting set of edges (of a connected (di-)graph G): $Q \subset E$ so that $G \setminus Q := (V, E \setminus Q)$ is not connected.

Schnitt in G: Trennende Menge Q, die minimal ist, d.h. keine echte Teilmenge von Q ist trennend. Jeder Schnitt lässt sich schreiben als $Q = (X, \overline{X})$, wobei $X \subset V$, $\overline{X} := V \setminus X$ und $(X, \overline{X})$ die Menge aller Kanten mit einem Endknoten in X und dem anderen in $\overline{X}$ ist. Bei Digraphen hat man

Cut in G: Disconnecting set Q that is minimal, i.e., there does not exist a subset of Q that is disconnecting. Every cut can be written as $Q = (X, \overline{X})$, where $X \subset V$, $\overline{X} := V \setminus X$ and $(X, \overline{X})$ is the set of all edges with one endpoint in X and the other endpoint in $\overline{X}$. For digraphs we obtain

$$Q^+ := \{e = (i,j) \in Q : i \in X, j \in \overline{X}\}$$
$$Q^- := \{e = (i,j) \in Q : i \in \overline{X}, j \in X\}.$$

Unter(di-)graph von G: $G' = (V', E')$ mit $V' \subset V$, $E' \subset E$.

Sub(di-)graph of G: $G' = (V', E')$ with $V' \subset V$, $E' \subset E$.

Spannender Unter(di-)graph: Unter-(di-)graph G' mit $V' = V$.

Spanning sub(di-)graph: Sub(di-)graph G' with $V' = V$.

G azyklisch: G enthält keinen (Di-)Kreis.

G acyclic: G does not contain a (di-)cycle.

Baum: Zusammenhängender Graph, der keine Kreise enthält.

Tree: Connected graph that does not contain any cycles.

Spannender Baum T von G: Baum, der spannender Untergraph von G ist.

Spanning tree T of G: A tree that is a spanning subgraph of G.

Blatt (eines Baumes): Knoten, der Endpunkt genau einer Kante ist.

Leaf (of a tree): A vertex that is the endpoint of exactly one edge.

Lässt man in einem Digraphen G alle Richtungspfeile weg und ist der sich ergebende Graph ein (spannender) Baum,

If we ignore the directions of the edges in a digraph G and if the resulting graph is a (spanning) tree, then we call the digraph

so nennen wir den Digraphen G selber einen (spannenden) Baum. Blätter von G sind Blätter des zugeordneten ungerichteten Graphen.

G itself a (spanning) tree. The leaves of G are the leaves of the corresponding undirected graph.

Beispiel 5.1.1. *Im Folgenden geben wir ein Beispiel je eines Graphen und eines Digraphen und Beispiele für die oben eingeführten Begriffe:*

Example 5.1.1. *In the following we give an example of a graph and a digraph to illustrate the definitions introduced above:*

	graph G	digraph G
adjacency matrix	$AD = \begin{pmatrix} 0 & 1 & 1 & 1 \\ 1 & 0 & 0 & 1 \\ 1 & 0 & 0 & 1 \\ 1 & 1 & 1 & 0 \end{pmatrix}$	$AD = \begin{pmatrix} 0 & 1 & 1 & 0 \\ 0 & 0 & 1 & 1 \\ 0 & 0 & 0 & 1 \\ 0 & 0 & 0 & 0 \end{pmatrix}$
incidence matrix (a full-rank incidence matrix is obtained by removing the last row)	$A = \begin{pmatrix} 1 & 1 & 1 & 0 & 0 \\ 1 & 0 & 0 & 1 & 0 \\ 0 & 1 & 0 & 0 & 1 \\ 0 & 0 & 1 & 1 & 1 \end{pmatrix}$	$A = \begin{pmatrix} 1 & 1 & 0 & 0 & 0 \\ -1 & 0 & 1 & 1 & 0 \\ 0 & -1 & -1 & 0 & 1 \\ 0 & 0 & 0 & -1 & -1 \end{pmatrix}$
path: not simple	$P = (1,2,4,1,3)$, $l = 4$	$P = (1,2,4,3,2,4)$, $l = 5$ $P^+ = \{(1,2),(2,4)\}$ $P^- = \{(3,4),(2,3)\}$
simple	$P = (1,2,4,3)$, $l = 3$	$P = (1,2,4,3)$, $l = 3$ $P^+ = \{(1,2),(2,4)\}$ $P^- = \{(3,4)\}$
dipath		$P = (1,2,3,4)$
cycle	$C = (1,2,4,1)$	$C = (1,2,3,1)$
dicycle		does not exist
connectivity	is connected	is connected
disconnecting set of edges	$Q = \{[1,3],[3,4],[1,4]\}$	$Q = \{(1,2),(1,3),(3,4)\}$
cut	$Q = \{[1,3],[3,4]\} = (X,\overline{X})$ with $X = \{3\}$, $\overline{X} = \{1,2,4\}$	$Q = \{(1,3),(2,3),(2,4)\}$ $= (X,\overline{X})$ with $X = \{1,2\}$, $\overline{X} = \{3,4\}$; $Q^+ = Q$, $Q^- = \emptyset$

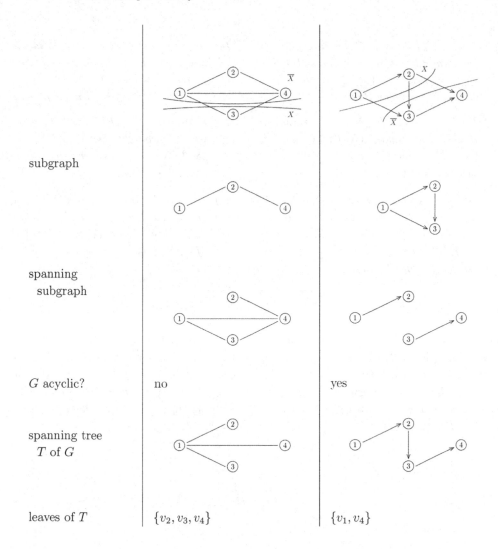

subgraph			
spanning subgraph			
G acyclic?	no	yes	
spanning tree T of G			
leaves of T	$\{v_2, v_3, v_4\}$	$\{v_1, v_4\}$	

Bäume und spannende Bäume haben folgende wichtige Eigenschaften:

Satz 5.1.1. *Sei $T = (V, E(T))$ ein spannender Baum von $G = (V, E)$. Dann gilt:*

(a) *T hat mindestens 2 Blätter.*

(b) *T hat genau $n - 1$ Kanten.*

(c) *Je zwei Knoten sind in T durch genau einen Weg verbunden.*

(d) *$T + e := (V, E(T) \cup \{e\})$ enthält genau einen Kreis $(\forall\, e \in E \setminus E(T))$.*

Trees and spanning trees have the following important properties:

Theorem 5.1.1. *Let $T = (V, E(T))$ be a spanning tree of $G = (V, E)$. Then:*

(a) *T has at least 2 leaves.*

(b) *T has exactly $n - 1$ edges.*

(c) *Every pair of vertices in T is connected by exactly one path.*

(d) *$T + e := (V, E(T) \cup \{e\})$ contains exactly one cycle $(\forall\, e \in E \setminus E(T))$.*

(e) Ist $e \in E \setminus E(T)$ und C der eindeutig bestimmte Kreis in $T + e$, so ist $T + e \setminus f := (V, E(T) \cup \{e\} \setminus \{f\})$, $\forall f \in C$, ein spannender Baum.

(f) $T \setminus e := (V, E(T) \setminus \{e\})$ zerfällt in zwei Unterbäume $(X, E(X))$ und $(\overline{X}, E(\overline{X}))$ und $Q = (X, \overline{X})$ ist ein Schnitt in G $(\forall e \in E(T))$.

(g) Ist $e \in E(T)$ und $Q = (X, \overline{X})$ der gemäß (f) eindeutig bestimmte Schnitt in G, so ist $T \setminus e + f := (V, E(T) \setminus \{e\} \cup \{f\})$, $\forall f \in (X, \overline{X})$, ein spannender Baum.

Beweis. Übung.

Beispiel 5.1.2. *Ist* T *der spannende Baum des Digraphen* G *aus Beispiel 5.1.1, so enthält* $T + (2, 4)$ *den Kreis* $C = (2, 3, 4, 2)$. *Lässt man irgendeine Kante von* C *wieder weg, etwa* $(3, 4)$, *so erhält man* $\tilde{T} = T + (2, 4) \setminus (3, 4)$:

(e) If $e \in E \setminus E(T)$ and if C is the uniquely defined cycle in $T + e$, then $T + e \setminus f := (V, E(T) \cup \{e\} \setminus \{f\})$, $\forall f \in C$, is a spanning tree.

(f) $T \setminus e := (V, E(T) \setminus \{e\})$ consists of two subtrees $(X, E(X))$ and $(\overline{X}, E(\overline{X}))$. Furthermore, $Q = (X, \overline{X})$ is a cut in G $(\forall e \in E(T))$.

(g) If $e \in E(T)$ and if $Q = (X, \overline{X})$ is the uniquely defined cut in G (cf. (f)), then $T \setminus e + f := (V, E(T) \setminus \{e\} \cup \{f\})$, $\forall f \in (X, \overline{X})$, is a spanning tree.

Proof. Exercise.

Example 5.1.2. *Let* T *be the spanning tree of the digraph* G *given in Example 5.1.1. Then* $T + (2, 4)$ *contains the cycle* $C = (2, 3, 4, 2)$. *If we remove an arbitrary edge of* C, *e.g.* $(3, 4)$, *then we obtain* $\tilde{T} = T + (2, 4) \setminus (3, 4)$:

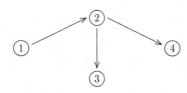

also wieder einen spannenden Baum von G.

Lässt man in $\tilde{T}$ *die Kante* $e = (2, 3)$ *weg, so erhält man den Schnitt* $Q = (X, \overline{X})$ *mit* $X = \{1, 2, 4\}$, $\overline{X} = \{3\}$, *also* $Q = \{(1, 3), (2, 3), (3, 4)\}$. *Fügt man etwa* $f = (1, 3)$ *wieder zu* $T \setminus e$ *hinzu, so erhält man* $\hat{T} = T \setminus e + f$:

which is again a spanning tree of G.

If we remove the edge $e = (2, 3)$ *in* $\tilde{T}$ *we obtain the cut* $Q = (X, \overline{X})$ *with* $X = \{1, 2, 4\}$, $\overline{X} = \{3\}$ *and thus* $Q = \{(1, 3), (2, 3), (3, 4)\}$. *If we insert, e.g., * $f = (1, 3)$ *in* $T \setminus e$, *we obtain* $\hat{T} = T \setminus e + f$:

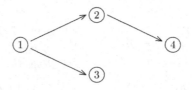

| also wieder einen spannenden Baum von G. | and thus again a spanning tree of G. |

5.2 Shortest Spanning Trees

In diesem Abschnitt betrachten wir die Kosten $c_e \in \mathbb{R}$ für alle $e \in E$ eines gegebenen Graphen $G = (V, E)$. Unser Ziel ist es, einen spannenden Baum $T = (V, E(T))$ mit minimalen Kosten

In this section we consider in a given graph $G = (V, E)$ costs $c_e \in \mathbb{R}$ for all $e \in E$ and want to find a spanning tree $T = (V, E(T))$ with minimum cost

$$c(T) := \sum_{e \in E(T)} c_e$$

zu finden.

Um ein wohldefiniertes Problem zu erhalten, nehmen wir oBdA an, dass der Graph zusammenhängend ist. (Dabei gibt es einen einfachen Weg, um diese Annahme zu erreichen: Man fügt zusätzliche Kanten $[i, j]$ für alle $i, j \in V$ mit $i \neq j$ und $[i, j] \notin E$ ein und ordnet diesen Kanten die Kosten $c_{ij} = \infty$ zu.)

In order to have a well-posed problem we assume wlog that the graph is connected. (An easy way to satisfy this assumption is to add additional edges $[i, j]$ for all $i, j \in V$ with $i \neq j$ and $[i, j] \notin E$ and assign costs $c_{ij} = \infty$ to these edges.)

Ein Baum T mit minimalen Kosten $c(T)$ heißt **kürzester spannender Baum (SST)** oder **minimaler spannender Baum**. Das SST-Problem ist eines der leichtesten Probleme der Netzwerkoptimierung, weil es mittels einer sogenannten **Greedy-Methode** gelöst werden kann.

A tree T for which $c(T)$ is minimum is called a **shortest spanning tree (SST)** or **minimum spanning tree**. The SST problem is one of the easiest network optimization problems, since it can be solved by the so-called **greedy approach**.

Eine Menge $\mathcal{F} = \{T_1, \ldots, T_K\}$ von Bäumen $T_k = (V_k, E_k)$ deren Knoten disjunkt sind (d.h. $V_l \cap V_k = \emptyset$ für $l \neq k$ und $[i, j] \in E_k$ impliziert $i \in V_k$ und $j \in V_k$) heißt **Wald** von G. Falls $V = \bigcup_{k=1}^{K} V_k$, dann ist $\mathcal{F}$ ein **spannender Wald**.

A node-disjoint set $\mathcal{F} = \{T_1, \ldots, T_K\}$ of trees $T_k = (V_k, E_k)$ (i.e., $V_l \cap V_k = \emptyset$ for $l \neq k$ and $[i, j] \in E_k$ implies $i \in V_k$ and $j \in V_k$) is called a **forest** in G. If $V = \bigcup_{k=1}^{K} V_k$, then $\mathcal{F}$ is a **spanning forest**.

Satz 5.2.1. *Sei* $\mathcal{F} = \{T_1, \ldots, T_K\}$ *ein spannender Wald von G, und sei $\mathcal{T}$ die Menge aller spannenden Bäume $T =$ $(V, E(T))$ von G, so dass $\bigcup\limits_{k=1}^{K} E_k \subseteq E(T)$. Falls $e = [i, j] \in E$ eine Kante mit $i \in V_1$ und $j \notin V_1$ und minimalen Kosten ist, dann besitzt das Problem*

Theorem 5.2.1. *Let* $\mathcal{F} = \{T_1, \ldots, T_K\}$ *be a spanning forest of G and let $\mathcal{T}$ be the set of spanning trees $T = (V, E(T))$ of G satisfying $\bigcup\limits_{k=1}^{K} E_k \subseteq E(T)$. If $e = [i, j] \in E$ is a minimum cost edge with $i \in V_1$ and $j \notin V_1$, then the problem*

$$\min\{c(T) : T \in \mathcal{T}\}$$

einen optimalen Baum, der die Kante $[i, j]$ enthält.

has an optimal tree containing the edge $[i, j]$.

Beweis.
Angenommen es sei $\tilde{T} \in \mathcal{T}$, so dass $e \in E \setminus E(\tilde{T})$. Nach Satz 5.1.1 (d) gilt: der Graph $\tilde{T} + e$ enthält einen eindeutigen Kreis C und e ist eine der Kanten in C. Weil $\tilde{T}$ ein Baum ist, muss mindestens eine andere Kante $\tilde{e} = [\tilde{i}, \tilde{j}] \in C$ (und damit in $E(\tilde{T})$) existieren, so dass $\tilde{i} \in V_1$ und $\tilde{j} \notin V_1$ ist (siehe Abbildung 5.2.1).

Proof.
Suppose $\tilde{T} \in \mathcal{T}$ such that $e \in E \setminus E(\tilde{T})$. By Theorem 5.1.1 (d) the graph $\tilde{T} + e$ contains a unique cycle C and e is one of the edges in C. Since $\tilde{T}$ is a tree there must be some other edge $\tilde{e} = [\tilde{i}, \tilde{j}] \in C$ (and thus in $E(\tilde{T})$) such that $\tilde{i} \in V_1$ and $\tilde{j} \notin V_1$ (see Figure 5.2.1).

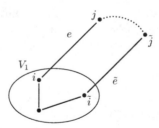

Abbildung 5.2.1. *Kreis C in $\tilde{T} + [i, j]$.*

Figure 5.2.1. *Cycle C in $\tilde{T} + [i, j]$.*

Nach Satz 5.1.1 (e) ist $T = \tilde{T} \setminus \tilde{e} + e$ wieder ein spannender Baum mit $T \in \mathcal{T}$. Da $c_e \leq c_{\tilde{e}}$ erhalten wir

By Theorem 5.1.1 (e), $T = \tilde{T} \setminus \tilde{e} + e$ is again a spanning tree with $T \in \mathcal{T}$ and – since $c_e \leq c_{\tilde{e}}$ – we get

$$c(T) = c(\tilde{T}) - c_{\tilde{e}} + c_e \leq c(\tilde{T}).$$

∎

Wenn man Satz 5.2.1 iterativ auf spannende Wälder anwendet und mit dem isolierten Knoten Wald $\mathcal{F} := \{T_1, \ldots, T_n\}$ mit $T_i := \{\{i\}, \emptyset\}$ beginnt, ergibt sich die Gültigkeit des folgenden Algorithmus.

By iteratively applying Theorem 5.2.1 to spanning forests starting with the isolated node forest $\mathcal{F} := \{T_1, \ldots, T_n\}$ with $T_i := \{\{i\}, \emptyset\}$ we obtain the validity of the following algorithm.

ALGORITHM

(Algorithm of Prim)

(Input) Connected graph $G = (V, E)$, cost c_e for all $e \in E$

(Output) Shortest spanning tree $T = (V, E(T))$

(1) Set

$$w_{ij} := \begin{cases} c_e & \text{if } e = [i, j] \in E \\ \infty & \text{otherwise} \end{cases}$$

and $V_1 := \{v_1\}$, $E_1 = \emptyset$.

(2) While $V_1 \neq V$ do
  Choose $e = [i, j] \in E$ with $i \in V_1, j \notin V_1$ and c_{ij} minimal.
  Set $V_1 := V_1 \cup \{j\}$, $E_1 = E_1 \cup \{e\}$ and iterate.

(3) Output $T = (V, E(T))$ with $E(T) = E_1$.

Die Korrektheit des Algorithmus folgt durch Induktion aus Satz 5.2.1.

The correctness of the algorithm follows by induction from Theorem 5.2.1.

$$\mathcal{F} := \{(V_1, E_1), (\{j\}, \emptyset) : j \notin V_1\}$$

ist in jeder Iteration ein spannender Wald.

is a spanning forest in each iteration.

Die Komplexität des Algorithmus ist $O(n^2)$ wobei $n := |V|$, weil in jeder Iteration eine Kante hinzuaddiert wird und jede Iteration $O(n)$ Rechenschritte benötigt.

The complexity of the algorithm is $O(n^2)$ where $n := |V|$, since one edge is added in each iteration and each iteration can be done using $O(n)$ operations.

Beispiel 5.2.1.

Example 5.2.1.

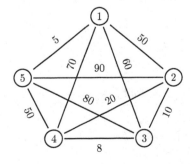

Abbildung 5.2.2. *Graph $G = (V, E)$ mit Kosten c_e.*

Figure 5.2.2. *Graph $G = (V, E)$ with cost c_e.*

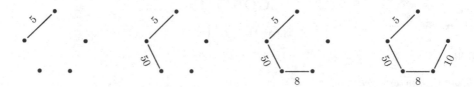

Abbildung 5.2.3. *Folge der spannenden Wälder, die durch Prim's Algorithmus bestimmt werden.*

Figure 5.2.3. *Sequence of spanning forests produced by Prim's Algorithm.*

Es ist anzumerken, dass die Komplexitätsschranke $O(n^2)$ unabhängig von der Anzahl der Kanten in G ist. Dies ist dann unvorteilhaft, wenn G dünn ist, d.h. wenn $|E| = m$ viel kleiner als $\frac{1}{2}(n(n-1))$ (der maximalen Anzahl an Kanten) ist.

Note that the complexity bound $O(n^2)$ is independent of the number of edges in G. This is a disadvantage if G is sparse, i.e., if $|E| = m$ is much smaller than $\frac{1}{2}(n(n-1))$ (the maximal number of edges).

Beim nächsten Algorithmus legen wir mehr Gewicht auf die Anzahl der Kanten von G.

In the next algorithm we put more emphasis on the number of edges in G.

ALGORITHM

(Algorithm of Kruskal)

(Input) Connected graph $G = (V, E)$, cost c_e for all $e \in E$

(Output) Shortest spanning tree $T = (V, E(T))$

(1) Sort the edges of E such that $c(e_1) \leq \ldots \leq c(e_m)$ with $m = |E|$.

(2) $T = (V(T), E(T))$ with $V(T) = E(T) = \emptyset$

(3) While $|E(T)| < n - 1$ do

> Choose $e = [i, j] \in E$ such that $T + e$ does not contain a cycle and c_e is minimal with this property.
>
> Set $V(T) = V(T) \cup \{i, j\}$, $E(T) = E(T) \cup \{e\}$ and iterate

(4) Output T

Beispiel 5.2.2. *Wir benutzen den Graph sowie die Kosten von Abbildung 5.2.2.*

Example 5.2.2. *We use the graph and costs of Figure 5.2.2.*

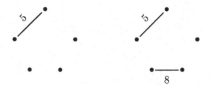

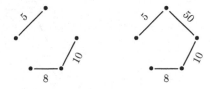

Abbildung 5.2.4. *Folge von spannenden Wäldern, die durch den Algorithmus von Kruskal bestimmt werden.*

Figure 5.2.4. *Sequence of spanning forests produced by the Algorithm of Kruskal.*

Die Gültigkeit des Algorithmus folgt induktiv, wenn man Satz 5.2.1 benutzt. Dazu ist zu bemerken, dass die Nummerierung der Bäume $T_1, \ldots, T_K$ willkürlich ist. Um Satz 5.2.1 anwenden zu können, wird die Knotenmenge neu als $V_1 := V_l$ indiziert, falls eine Kante $e = [i, j]$ in Schritt 3 durch $i \in V_l, j \in V_k$ gewählt wurde. Die Komplexität des Algorithmus ist $O(m \log m)$, d.h. die gleiche Komplexität, die für das Sortieren von $\{c_e : e \in E\}$ gebraucht wird.

The correctness of the algorithm follows again by using Theorem 5.2.1 inductively. Notice that the numbering of the trees $T_1, \ldots, T_K$ is arbitrary such that, if the edge $e = [i, j]$ chosen in Step 3 has $i \in V_l, j \in V_k$, we renumber $V_1 := V_l$ to apply Theorem 5.2.1. The complexity of the algorithm is $O(m \log m)$, i.e., the same complexity which is required for the sorting of the set $\{c_e : e \in E\}$.

Die Algorithmen von Prim und Kruskal sind Beispiele für Greedy-Typ Algorithmen, bei denen eine zulässige Lösung eines Problems (hier ein spannender Baum) durch einen iterativen Prozess konstruiert wird. Dabei wird in jeder Iteration jeweils der beste mögliche Kandidat (hier eine Kante) zu einer partiellen Lösung hinzugefügt.

The algorithms of Prim and Kruskal are examples of greedy-type algorithms, in which a feasible solution of a problem (here a spanning tree) is constructed by an iterative process in which in each iteration always the best possible candidate (here an edge) is added to a partial solution.

Diese Methode findet immer eine optimale Lösung, falls die Menge der Lösungen einem sogenannten **Matroid** entspricht. Im Allgemeinen führen Greedy-Methoden jedoch zu nicht-optimalen Lösungen, wie das folgende Beispiel der k-Kardinalitätsbäume zeigt.

This approach always finds an optimal solution if the set of solutions corresponds to a so-called **matroid**. In general, greedy approaches provide non-optimal solutions as the following example of k-cardinality trees shows.

Beispiel 5.2.3. *Finde einen Baum T in G = (V, E) mit |E(T)| = 3 und minimalen Kosten in dem Graph von Abbildung 5.2.5.*

Example 5.2.3. *Find a tree T in G = (V, E) with |E(T)| = 3 and minimum cost in the graph of Figure 5.2.5.*

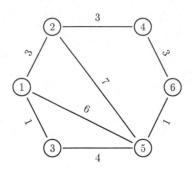

Abbildung 5.2.5. *Graph G = (V, E) mit Kosten c_e.*

Figure 5.2.5. *Graph G = (V, E) with cost c_e.*

Greedy-Algorithmen vom Prim-Typ ersetzen in Schritt 2 "while $V_1 \neq V$" durch "while $|E(T)| < 3$".

Greedy algorithms of the Prim type will replace in Step 2 "while $V_1 \neq V$" by "while $|E(T)| < 3$".

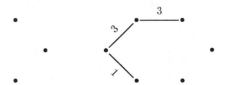

Abbildung 5.2.6. *Folge von spannenden Wäldern, die durch Prim's Algorithmus bestimmt werden, wenn man als Abbruchkriterium |E(T)| = 3 wählt.*

Figure 5.2.6. *Sequence of spanning forests produced by Prim's Algorithm with stopping criterion |E(T)| = 3.*

Solch ein Algorithmus bestimmt einen Baum T mit dem Gewicht c(T) = 7, wobei T' mit E(T') = {[1,3],[3,5],[5,6]} die Kosten c(T) = 6 < 7 hat.

Such an algorithm will produce a tree T with weight c(T) = 7, whereas T' with E(T') = {[1,3],[3,5],[5,6]} has cost c(T) = 6 < 7.

Es ist unwahrscheinlich, dass irgendwann ein polynomialer Algorithmus für das k-Kardinalitätsproblem gefunden werden kann, da man beweisen kann, dass es zur Klasse der sogenannten NP-schweren Probleme gehört.

It is unlikely, that we will ever find a polynomial algorithm for the k-cardinality tree problem since it can be proven that it belongs to the class of the so-called NP-hard problems.

Chapter 6

Shortest Path Problems

6.1 Shortest Dipaths with Nonnegative Costs

Wir betrachten einen Digraphen $G = (V, E)$ mit nichtnegativen Kosten $c(e) = c_{ij}$ ($\forall\ e = (i,j) \in E$). Um die Bezeichnung im Folgenden zu vereinfachen, setzen wir $c_{ij} := \infty$, falls $(i,j) \notin E$. Für einen beliebig, aber fest gewählten Knoten $s \in V$ betrachten wir das **Kürzeste Diweg Problem (KDP)**:

Finde für alle $i \in V \setminus \{s\}$ einen Diweg P_{si} von s nach i mit minimalen Kosten $c(P_{si}) := \sum_{e \in P_{si}} c(e)$. Man nennt $c(P_{si})$ auch die **Entfernung** von s nach i in G bzgl. der Kosten $c(e), e \in E$.

Wir lösen das KDP mit dem Dijkstra Algorithmus, der auf folgendem Ergebnis beruht:

Satz 6.1.1. *Sei d_i die Entfernung von s nach i in G (wobei $d_s := 0$ gesetzt wird), und seien $i_1 = s, i_2, \ldots, i_p$ Knoten mit den p kleinsten Entfernungen von s, d.h. $d_{i_1} = d_s = 0 \leq d_{i_2} \leq \ldots \leq d_{i_p} \leq d_i$ ($\forall\ i \notin \{i_1, \ldots, i_p\} =: X_p$). Dann erhält man i_{p+1} durch*

Consider a digraph $G = (V, E)$ with nonnegative costs $c(e) = c_{ij}$ ($\forall\ e = (i,j) \in E$) associated with the edges in G. To simplify further notation we define $c_{ij} := \infty$ for all $(i,j) \notin E$. For an arbitrary, but fixed vertex $s \in V$ we consider the **shortest dipath problem (SDP)**:

For all $i \in V \setminus \{s\}$, find a dipath P_{si} from s to i, the cost $c(P_{si}) := \sum_{e \in P_{si}} c(e)$ of which is minimal among all paths. $c(P_{si})$ is called the **distance** from s to i in G with respect to the cost function $c(e), e \in E$.

The SDP can be solved using the Algorithm of Dijkstra which is based on the following result:

Theorem 6.1.1. *Denote by d_i the distance from s to i in G (where $d_s := 0$ by definition), and let $i_1 = s, i_2, \ldots, i_p$ be vertices with the p smallest distances from s, i.e., $d_{i_1} = d_s = 0 \leq d_{i_2} \leq \ldots \leq d_{i_p} \leq d_i$ ($\forall\ i \notin \{i_1, \ldots, i_p\} =: X_p$). Then we obtain i_{p+1} as*

$$d_{i_{p+1}} = \min_{q=1,\ldots,p}\ \min_{i \notin \{i_1,\ldots,i_p\}} (d_{i_q} + c_{i_q,i}). \tag{6.1}$$

Beweis. (Induktion über p.)

$\underline{p = 1}$: Da für $i \neq s$ jeder Weg P_{si} minde-

Proof. (By induction with respect to p.)

$\underline{p = 1}$: Let $i \neq s$. Since every path P_{si}

stens eine Kante enthält und alle $c(e) \geq 0$, gilt für alle $i \neq s$

contains at least one edge and since $c(e) \geq 0$ for all edges $e \in E$, we obtain for all $i \neq s$ that

$$
\begin{aligned}
c(P_{si}) = \sum_{e \in P_{si}} c(e) \;&\geq\; c(e_1) \qquad \text{where } e_1 \text{ is the first edge in } P_{si}, \text{ i.e., } t(e_1) = s \\
&\geq\; \min_{i \neq s} c_{si} \\
&=\; d_{i_2}.
\end{aligned}
$$

Also kann i_2 nach (6.1) bestimmt werden.

Thus i_2 can be determined using (6.1).

$\underline{p \to p+1}$: Sei $i \notin X_p = \{i_1, \ldots, i_p\}$ und sei $P_{si} = (q_1 = s, \ldots, q_k, q_{k+1}, \ldots, i)$ ein kürzester Diweg von s nach i, so dass (q_k, q_{k+1}) die erste Kante in P_{si} ist mit $q_k \in X_p$ und $q_{k+1} \notin X_p$. Dann gilt:

$\underline{p \to p+1}$: Let $i \notin X_p = \{i_1, \ldots, i_p\}$ and let $P_{si} = (q_1 = s, \ldots, q_k, q_{k+1}, \ldots, i)$ be a shortest dipath from s to i, such that (q_k, q_{k+1}) is the first edge in P_{si} with $q_k \in X_p$ and $q_{k+1} \notin X_p$. Then:

$$
\begin{aligned}
c(P_{si}) \;&\geq\; \sum_{l=1}^{k-1} c(q_l, q_{l+1}) + c(q_k, q_{k+1}) \qquad \text{since } c(e) \geq 0 \quad \forall\, e \in E \\
&\geq\; d_{q_k} + c_{q_k, q_{k+1}} \qquad\qquad\qquad \text{due to the definition of } d_{q_k} \\
&\geq\; d_{i_{p+1}}.
\end{aligned}
$$

∎

Der Algorithmus von Dijkstra besteht aus einer $(n-1)$-fachen Anwendung von (6.1), wobei man mit $X_1 = \{i_1\} = \{s\}$ beginnt. In Iteration p werden bei der Berechnung von (6.1) die Kanten in Q^+ betrachtet, wobei $Q = (X_p, \overline{X}_p)$. Um (6.1) effizient zu berechnen, wird jedem Knoten $i \in \overline{X}_p$ ein vorläufiger Wert ρ_i zugewiesen, ausgehend von

In the Algorithm of Dijkstra, recursion (6.1) is applied $(n-1)$ times, starting with $X_1 = \{i_1\} = \{s\}$. During the computation of (6.1) in iteration p we consider the edges in Q^+, where $Q = (X_p, \overline{X}_p)$. In order to compute (6.1) efficiently, a tentative label ρ_i is assigned to every vertex $i \in \overline{X}_p$, starting with

$$
\rho_i := \begin{cases} c_{si} & \text{if } (s,i) \in E \\ \infty & \text{otherwise} \end{cases}
$$

in der 1. Iteration. In Iteration p aktualisiert man dann für jedes $i \in \overline{X}_p$ den Wert von ρ_i:

in iteration 1. In iteration p, the value of ρ_i is updated for every $i \in \overline{X}_p$:

$$
\begin{aligned}
\rho_i := \min_{q=1,\ldots,p} (d_{i_q} + c_{i_q, i}) \;&=\; \min \left\{ \min_{q=1,\ldots,p-1} (d_{i_q} + c_{i_q, i}), d_{i_p} + c_{i_p, i} \right\} \\
&=\; \min \left\{ \rho_i, d_{i_p} + c_{i_p, i} \right\}.
\end{aligned}
$$

Da die Kardinalität $|X_p|$ von X_p in jeder Iteration um 1 größer wird, gibt es maximal $n-1$ Iterationen. Insgesamt erhalten

Since the cardinality $|X_p|$ of X_p increases by 1 in each iteration the algorithm terminates after at most $n-1$ iterations. Sum-

wir den folgenden Algorithmus, in dem wir mit pred(i) den Vorgänger von Knoten i in P_{si} bezeichnen:

marizing the discussion above, we obtain the following algorithm, where we denote the predecessor of the vertex i in P_{si} by pred(i):

ALGORITHM

Algorithm of Dijkstra (Label Setting Algorithm)

(Input) $G = (V, E)$ digraph with cost $c(e) \geq 0$ $(\forall \, e \in E)$.

(1) Set $d_i := \infty$ $(\forall \, i = 1, \ldots, n)$, $d_s := 0$, pred(s) := 0, $p := 1$.
   Set
$$X_p := \{s\}$$
$$\rho_i := \begin{cases} c_{si} & \text{if } (s, i) \in E \\ \infty & \text{otherwise} \end{cases} \quad \forall \, i \in \overline{X}_p$$
$$\text{pred}(i) = s \qquad \forall \, i \in \overline{X}_p$$

(2) Determine i_{p+1} with $\rho_{i_{p+1}} = \min\limits_{i \in \overline{X}_p} \rho_i$ and set $d_{i_{p+1}} := \rho_{i_{p+1}}$.

   If $\rho_{i_{p+1}} = \infty$ *(STOP)*, dipaths from s to i, $\forall \, i \in \overline{X}_p$, do not exist.

(3) Set $X_{p+1} := X_p \cup \{i_{p+1}\}$,
   $p := p + 1$.
   If $p = n$ *(STOP)*, all shortest dipaths P_{si} are known.

(4) For all $i \in \overline{X}_p$ do
$$\text{If } \rho_i > d_{i_p} + c_{i_p,i} \text{ set } \rho_i := d_{i_p} + c_{i_p,i}$$
$$\text{pred}(i) := i_p.$$

   Goto Step (2).

Die Gültigkeit des Algorithmus folgt, da die Schritte (2) und (4) der Berechnung von i_{p+1} in (6.1) entsprechen. Da der Algorithmus maximal $(n-1)$ Iterationen hat, und die Schritte (2) und (4) in jeder Iteration höchstens $O(n)$ Operationen zur Komplexität beitragen, erhalten wir das folgende Ergebnis:

The correctness of the algorithm follows since Steps (2) and (4) correspond to the calculation of i_{p+1} in (6.1). Since the algorithm terminates after at most $(n-1)$ iterations and Steps (2) and (4) contribute in each iteration at most $O(n)$ operations to the complexity of the algorithm, we obtain the following result:

Satz 6.1.2. *Der Dijkstra Algorithmus löst das Kürzeste Diweg Problem bzgl. nichtnegativer Kosten $c(e) \geq 0$ mit einer Komplexität von $O(n^2)$.*

Theorem 6.1.2. *The Algorithm of Dijkstra solves the shortest dipath problem with respect to nonnegative costs $c(e) \geq 0$ with a complexity of $O(n^2)$.*

Beispiel 6.1.1. *Wir bestimmen kürzeste Diwege von $s = v_1$ nach v_i, $i = 2, \ldots, 6$, im Digraphen*

Example 6.1.1. *We determine shortest dipaths from $s = v_1$ to v_i, $i = 2, \ldots, 6$, in the digraph*

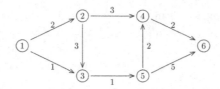

wobei die Kantenbewertungen die Kosten $c(e)$ *sind.*		*where the edge labels define the costs* $c(e)$.

Den Dijkstra Algorithmus kann man durch folgende Tabelle darstellen. Der im Schritt (2) gefundene Knoten i_{p+1} *ist jeweils eingerahmt.*	*The Algorithm of Dijkstra is illustrated in the following table. The vertex found in Step (2) of the algorithm is identified by a box.*

p		v_2	v_3	v_4	v_5	v_6	X_{p+1}
1	ρ_i	2	$\boxed{1}$	∞	∞	∞	$\{v_1, v_3\}$
	pred(i)	1	1	1	1	1	
2	ρ_i	$\boxed{2}$	$-$	∞	2	∞	$\{v_1, v_3, v_2\}$
	pred(i)	1	$-$	1	3	1	
3	ρ_i	$-$	$-$	5	$\boxed{2}$	∞	$\{v_1, v_3, v_2, v_5\}$
	pred(i)	$-$	$-$	2	3	1	
4	ρ_i	$-$	$-$	$\boxed{4}$	$-$	7	$\{v_1, v_3, v_2, v_5, v_4\}$
	pred(i)	$-$	$-$	5	$-$	5	
5	ρ_i	$-$	$-$	$-$	$-$	$\boxed{6}$	$\{v_1, v_3, v_2, v_5, v_4, v_6\}$
	pred(i)	$-$	$-$	$-$	$-$	4	*(STOP)*

Die kürzesten Diwege P_{si} *erhält man durch Zurückverfolgen der Markierungen* pred(i). *Wir bestimmen etwa* $P_{s6} = P_{16}$	*The shortest dipaths* P_{si} *are obtained by following the labels* pred(i) *backwards. We determine, e.g.,* $P_{s6} = P_{16}$

last vertex	6
last but 1-st vertex	pred(6) = 4
last but 2-nd vertex	pred(4) = 5
last but 3-rd vertex	pred(5) = 3
last but 4-th vertex	pred(3) = 1 = s.

Also ist $P_{16} = (1, 3, 5, 4, 6)$.	*Thus* $P_{16} = (1, 3, 5, 4, 6)$.

Der Algorithmus von Dijkstra ist ein **label setting** Algorithmus, da in jeder Iteration für einen Knoten i_{p+1} die vorläufige Markierung (labeling) $\rho_{i_{p+1}}$ auf den endgültigen Wert $d_{i_{p+1}}$ gesetzt wird (label setting), der also in folgenden Iterationen nicht mehr korrigiert wird.	The Algorithm of Dijkstra is a **label setting** algorithm since in every iteration the preliminary label $\rho_{i_{p+1}}$ (labeling) is set to its final value $d_{i_{p+1}}$ for some vertex i_{p+1} (label setting) which is not corrected in the following iterations.

Am Ende des Algorithmus enthält der Untergraph $T = (V', E')$ mit $V' := \{i : d_i < \infty\}$ und $E' := \{(\text{pred}(j), j) : j \in V'\}$ keine Kreise. T ist ein Baum mit der Eigenschaft, dass für jedes $i \in V'$ ein eindeutig bestimmter (vgl. Satz 5.1.1 (c)) Weg von s nach i existiert. Dieser Weg ist nach Konstruktion von T ein Diweg – der kürzeste Diweg von s nach i. T nennen wir den **Kürzesten Diwege Baum mit Wurzel s**. T ist ein spannender Baum, falls $d_i < \infty$, $\forall i \in V$.

When the algorithm terminates, the subgraph $T = (V', E')$ with $V' := \{i : d_i < \infty\}$ and $E' := \{(\text{pred}(j), j) : j \in V'\}$ contains no cycle. The tree T has the property that there exists a uniquely defined path from s to i for every $i \in V'$ (cf. Theorem 5.1.1 (c)). We can conclude from the way T is constructed that this path is a dipath – the shortest dipath from s to i. T is called the **shortest dipath tree with root s**. T is a spanning tree if $d_i < \infty \ \forall i \in V$.

Beispiel 6.1.2. *Der Kürzeste Diwege Baum mit Wurzel 1 in Beispiel 5.1.2 ist*

Example 6.1.2. *In Example 5.1.2, the shortest dipath tree with root 1 is given by*

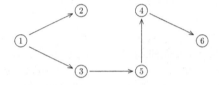

Man überzeugt sich leicht, dass nach Definition der Kanten in E' gilt:

It is easy to verify that the definition of the edges in E' implies that:

$$d_j = d_i + c_{ij} \quad \forall \ (i, j) \in E'.$$

6.2 Shortest Dipaths with Negative Costs

Wir haben in der Herleitung des Dijkstra Algorithmus (Satz 6.1.1) gesehen, dass die Eigenschaft $c(e) \geq 0$ von entscheidender Bedeutung für die Gültigkeit des Algorithmus ist. Der folgende Satz beschreibt eine Situation, in der man Kosten mit $c(e) \gtreqless 0$ auf nicht negative Kosten transformieren kann.

In the development of the Algorithm of Dijkstra (Theorem 6.1.1) we have seen that the property $c(e) \geq 0$ plays a central role for the correctness of the algorithm. The following theorem describes a situation in which a problem with costs $c(e) \gtreqless 0$ can be transformed into a problem with nonnegative costs.

Satz 6.2.1. *Sei π_i, $i \in V$, eine reellwertige Bewertung der Knoten, so dass*

Theorem 6.2.1. *Let π_i, $i \in V$, be a real-valued vertex labeling satisfying*

$$\pi_j - \pi_i \leq c_{ij} \quad \forall \ (i, j) \in E. \tag{6.2}$$

Dann ist P_{si} ein kürzester Diweg bzgl. der Kosten $c(e)$ genau dann, wenn P_{si} ein kürzester Diweg bzgl. der nicht negativen Kosten $c'_{ij} := c_{ij} + \pi_i - \pi_j$ ($\forall$ $(i,j) \in E$) ist.

Then the dipath P_{si} is a shortest dipath with respect to the costs $c(e)$ if and only if P_{si} is a shortest dipath with respect to the nonnegative costs $c'_{ij} := c_{ij} + \pi_i - \pi_j$ ($\forall$ $(i,j) \in E$).

Beweis. Offensichtlich gilt für jeden Weg P von s nach i, $i \in V \setminus \{s\}$:

Proof. Obviously, every path P from s to i, $i \in V \setminus \{s\}$, satisfies:

$$c'(P) = \sum_{(k,l) \in P} (c_{kl} + \pi_k - \pi_l) = c(P) + \pi_s - \pi_i.$$

Also unterscheiden sich die Kosten nur um die Konstante $\pi_s - \pi_i$, und es folgt die Behauptung. ∎

Thus the costs differ only by the constant term $\pi_s - \pi_i$ which immediately yields the statement of the theorem. ∎

Hat man eine Knotenbewertung π gefunden, die (6.2) erfüllt, so erfüllt jede Knotenbewertung $(\pi_i + \delta)_{i=0}^n$ ebenfalls (6.2) $\forall$ $\delta \in \mathbb{R}$. Also können wir oBdA voraussetzen, dass $\pi_s = 0$ ist. Bzgl. der transformierten Kosten c'_{ij} kann man nun den Dijkstra Algorithmus anwenden.

Once a vertex labeling π is found which satisfies (6.2), every vertex labeling $(\pi_i + \delta)_{i=0}^n$ also satisfies (6.2) $\forall$ $\delta \in \mathbb{R}$. Therefore, we can assume wlog that $\pi_s = 0$. Now the Algorithm of Dijkstra can be applied using the transformed costs c'_{ij}.

Satz 6.2.1 ist in manchen Situationen sehr nützlich, in denen wir ein π kennen, das (6.2) erfüllt (vgl. Abschnitt 6.3). Im Allgemeinen ist jedoch die Bestimmung eines solchen π schwer. Der folgende Satz stellt einen Zusammenhang zwischen den π_i, $i \in V$, die (6.2) erfüllen, und den Entfernungen d_i her.

Theorem 6.2.1 can be very useful in certain situations in which we know a vertex labeling π that satisfies (6.2) (cf. Section 6.3). Unfortunately, the determination of such a vertex labeling is difficult in general. The following theorem gives an interrelation between those π_i, $i \in V$, that satisfy (6.2) and the distances d_i.

Satz 6.2.2. *Sei π_i, $i \in V$, eine Bewertung der Knoten. Dann gilt*

Theorem 6.2.2. *Let π_i, $i \in V$, be a vertex labeling. Then*

$$\pi_j \leq \pi_i + c_{ij} \qquad \forall\ (i,j) \in E \tag{6.2}$$

$$\pi_s = 0 \tag{6.3}$$

and   there exists a dipath from s to i in G with cost π_i ($\forall$ $i = 1, \dots, n$) $\qquad$ (6.4)

genau dann, wenn $\pi_i = d_i$ ($\forall$ $i = 1, \dots, n$).

if and only if $\pi_i = d_i$ ($\forall$ $i = 1, \dots, n$).

Beweis.

„⇒": Wegen (6.4) gilt $\pi_i \geq d_i$ ($\forall\ i = 1,\ldots,n$). Es bleibt also $\pi_i \leq d_i$ zu zeigen. Sei dazu P ein beliebiger Diweg von s nach i, etwa $P = (s = i_1,\ldots,i_l = i)$. Nach (6.2) und (6.3) gilt

Proof.

„⇒": (6.4) implies that $\pi_i \geq d_i$ ($\forall\ i = 1,\ldots,n$). It remains to show that also $\pi_i \leq d_i$. Let P be an arbitrary dipath from s to i, i.e., $P = (s = i_1,\ldots,i_l = i)$. We can conclude from (6.2) and (6.3) that

$$\pi_{i_l} \leq c_{i_{l-1},i_l} + \pi_{i_{l-1}} \leq \ldots \leq \sum_{p=1}^{l-1} c_{i_p,i_{p+1}} + \pi_s = \sum_{p=1}^{l-1} c_{i_p,i_{p+1}}$$

d.h. $\pi_{i_l} \leq c(P)$. Insbesondere gilt dies für $P = P_{si}$ und es folgt $\pi_i \leq d_i$.

i.e., $\pi_{i_l} \leq c(P)$. In particular, this is true for $P = P_{si}$ and it follows that $\pi_i \leq d_i$.

„⇐": Ist $\pi_i = d_i$ ($\forall\ i = 1,\ldots,n$), so gilt offensichtlich (6.3) und (6.4). Wäre (6.2) für ein $(i,j) \in E$ verletzt, d.h. $d_j > d_i + c_{ij}$, so wäre für $P = P_{si} \cup \{(i,j)\}$ $c(P) = c(P_{si}) + c_{ij} = d_i + c_{ij} < d_j$ im Widerspruch zur Definition von d_j.

„⇐": If $\pi_i = d_i$ ($\forall\ i = 1,\ldots,n$), then (6.3) and (6.4) are obviously satisfied. If (6.2) were violated for some $(i,j) \in E$, i.e., $d_j > d_i + c_{ij}$, we would get for $P = P_{si} \cup \{(i,j)\}$ the cost $c(P) = c(P_{si}) + c_{ij} = d_i + c_{ij} < d_j$, contradicting the definition of d_j. ∎

∎

Insbesondere folgt aus Satz 6.2.2, dass es keine **negativen Dikreise** in G geben darf, d.h. Dikreise C mit $\sum_{(i,j) \in C} c_{ij} < 0$. Wäre nämlich C ein solcher Dikreis, so folgte nach (6.2) der Widerspruch

We can conclude from Theorem 6.2.2 that G must not have any **negative dicycles**, i.e., dicycles C with $\sum_{(i,j) \in C} c_{i,j} < 0$. If there would exist a dicycle C with this property, then (6.2) would imply the contradiction

$$0 = \sum_{(i,j) \in C} (d_j - d_i) \leq \sum_{(i,j) \in C} c_{ij} < 0.$$

Dieses Ergebnis ist plausibel, da im Falle eines negativen Dikreises C das Kürzeste Diweg Problem nicht sinnvoll gestellt ist: Durch mehrfaches Durchlaufen von C kann man die Kosten von Diwegen beliebig klein machen.

This result is plausible since in the case that a negative dicycle exists, the shortest dipath problem is kind of senseless: The costs of dipaths can be made infinitely small by iteratively passing through the cycle C.

Die Idee zur Lösung des Kürzesten Diweg Problems mit Kosten $c(e) \gtrless 0$ ist nun die Folgende: Wir starten mit π, das (6.3) und (6.4) erfüllt und suchen Kanten (i,j), die (6.2) verletzen, d.h. mit $\pi_j > \pi_i + c_{ij}$. Falls keine solche existiert, gilt nach Satz 6.2.2

The idea to solve the shortest dipath problem with costs $c(e) \gtrless 0$ is the following: Starting with a vertex labeling π that satisfies (6.3) and (6.4) we search for edges (i,j) in G that violate (6.2), i.e., edges (i,j), for which $\pi_j > \pi_i + c_{ij}$. If no edge

$\pi_i = d_i$. Sonst aktualisieren wir $\pi_j := \pi_i + c_{ij}$, wobei (6.3) und (6.4) erhalten bleiben.

with this property exists then Theorem 6.2.2 implies that $\pi_i = d_i$. Otherwise we update $\pi_j := \pi_i + c_{ij}$ so that (6.3) and (6.4) remain valid.

Da alle Markierungen im Verlaufe des Algorithmus immer wieder korrigiert werden, nennen wir Algorithmen, die auf dieser Idee basieren, **label correcting** Algorithmen. Diese Algorithmen können auf Kosten $c(e) \geqq 0$ angewendet werden und berechnen entweder die Entfernungen d_i, $i = 1, \ldots, n$ (wobei evtl. $d_i = \infty$ für einige $i \in V$, für die kein Diweg von s nach i existiert) oder bestimmen einen negativen Dikreis.

Since all vertex labels are corrected over and over again during the algorithm, algorithms that are based on this idea are called **label correcting** algorithms. These algorithms can be applied to problems with costs $c(e) \geqq 0$. They determine either the distances d_i, $i = 1, \ldots, n$ (allowing the case that $d_i = \infty$ for some $i \in V$ for which no dipath from s to i exists) or they detect a negative dicycle in G.

ALGORITHM

Label Correcting Algorithm

(Input) $G = (V, E)$ *digraph with costs* $c(e) \geqq 0$ $(\forall\, e \in E)$,

$E = \{e_1, \ldots, e_m\}$ *list of edges (arbitrarily sorted).*

(1) Set $\pi_s^1 = 0$,

$$\pi_i^1 := \begin{cases} c_{si} & \text{if } (s,i) \in E \\ \infty & \text{otherwise,} \end{cases} \quad (\forall\, s \neq i \in \{1, \ldots, n\}),$$

$\text{pred}(i) = s$ $(\forall\, i = 1, \ldots, n)$,

$p = 1$.

(2) Set $\pi_i^{p+1} := \pi_i^p \;\forall i = 1, \ldots, n$.

For $l = 1$ *to* m *do*

If $e_l = (i,j)$ *and* $\pi_j^{p+1} > \pi_i^p + c_{ij}$,

set $\pi_j^{p+1} := \pi_i^p + c_{ij}$ *and* $\text{pred}(j) := i$.

(3) If $\underline{\pi}^p = \underline{\pi}^{p+1}$ *(STOP),* $d_i = \pi_i^p$; *the dipaths* P_{si} *can be determined using the labels* $\text{pred}(i)$.

If $\underline{\pi}^p \neq \underline{\pi}^{p+1}$ *and* $p < n - 1$, *set* $p := p + 1$ *and goto Step (2).*

If $\underline{\pi}^p \neq \underline{\pi}^{p+1}$ *and* $p = n - 1$ *(STOP),* *choose* i *with* $\pi_i^p \neq \pi_i^{p+1}$. *Using the labels* $\text{pred}(i)$, *a negative dicycle* C *can be obtained.*

Satz 6.2.3. *Der Label Correcting Algorithmus berechnet nach* $O(n \cdot m)$ *Operationen die Entfernungen* d_i, $i = 1, \ldots, n$, *oder bestimmt einen negativen Dikreis.*

Theorem 6.2.3. *The Label Correcting Algorithm determines the distances* d_i, $i = 1, \ldots, n$, *after* $O(n \cdot m)$ *operations or it detects a negative dicycle.*

Beweis. Nach Definition von π_i^1 können wir π_i^1 als Kosten des Weges (s, i) in einem Digraphen interpretieren, der aus G durch Hinzufügen von Kanten (s, i) mit $(s, i) \notin E$ und $c_{si} = \infty$ hervorgeht. Da in diesem erweiterten Graphen $c(P_{si}) < \infty$ genau dann, wenn P_{si} ein Diweg im ursprünglichen Digraphen ist, hat diese Erweiterung keinen Einfluss auf das Kürzeste Diweg Problem.

Proof. Using the definition of π_i^1, we can interpret π_i^1 as the cost of the path (s, i) in a digraph which results from G by adding edges (s, i) with $(s, i) \notin E$ and $c_{si} = \infty$. In the so extended graph, $c(P_{si}) < \infty$ if and only if P_{si} is a dipath in the original digraph. Thus this extension has no influence on the shortest dipath problem.

Sei nun

Let in the following

$$d_j^q := \min \left\{ c(P_{sj}^q) : P_{sj}^q \text{ dipath from } s \text{ to } j \text{ in the extended digraph with length } \leq q \right\}$$

Behauptung: $\pi_j^q = d_j^q$ ($\forall j = 1, \ldots, n, \forall q = 1, \ldots, n$).

Claim: $\pi_j^q = d_j^q$ ($\forall j = 1, \ldots, n, \forall q = 1, \ldots, n$).

Beweis: (Induktion nach q.)

Proof: (Induction over q.)

$\underline{q = 1}$: Klar (nach Definition in Schritt (1)).

$\underline{q = 1}$: Obvious (using the definition in Step (1)).

$\underline{q \to q + 1}$: Sei $\pi_j^q = d_j^q$ ($\forall j = 1, \ldots, n$). Da die Länge von P_{sj}^{q+1} entweder $\leq q$ oder $= q + 1$ ist, gilt:

$\underline{q \to q + 1}$: Let $\pi_j^q = d_j^q$ ($\forall j = 1, \ldots, n$). Since the length of P_{sj}^{q+1} is either $\leq q$ or $= q + 1$, it follows that

$$\begin{aligned} d_j^{q+1} &= \min \left\{ d_j^q, \min_{(i,j) \in E} (d_i^q + c_{ij}) \right\} \\ &= \min \left\{ \pi_j^q, \min_{(i,j) \in E} (\pi_i^q + c_{ij}) \right\} \\ &= \pi_j^{q+1}. \end{aligned}$$

$\underline{\pi^p}$ erfüllt somit in allen Iterationen die Bedingungen (6.3) und (6.4). Gilt $\underline{\pi^p} = \underline{\pi^{p+1}}$, so ist außerdem (6.2) erfüllt, und es folgt $\underline{\pi^p} = \underline{d}$ nach Satz 6.2.2. Ist $\pi_i^n \neq \pi_i^{n-1}$, so gibt es einen Diweg P mit n Kanten von s nach i, der kürzer ist als alle Diwege mit $\leq n - 1$ Kanten von s nach i. Da G nur n Knoten hat, enthält P einen Dikreis, der negativ sein muss.

Thus $\underline{\pi^p}$ satisfies (6.3) and (6.4) in every iteration of the algorithm. If $\underline{\pi^p} = \underline{\pi^{p+1}}$, then (6.2) is satisfied as well and Theorem 6.2.2 implies that $\underline{\pi^p} = \underline{d}$. If $\pi_i^n \neq \pi_i^{n-1}$, then there exists a dipath P from s to i with n edges which is shorter than all the dipaths from s to i with $\leq n - 1$ edges. Since G has only n vertices, P contains a dicycle which has to be a negative dicycle.

Da der Label Correcting Algorithmus ma-

This completes the proof, since the Label

ximal n Iterationen durchführt und jede Iteration die Komplexität $O(m)$ hat, folgt die Behauptung. ∎

Correcting Algorithm terminates after at most n iterations and since each iteration has a complexity of $O(m)$. ∎

Beispiel 6.2.1. *Sei G der folgende Digraph mit Kosten $c(e)$ und $s = v_1$:*

Example 6.2.1. *Let G be the following digraph with cost coefficients $c(e)$ and $s = v_1$:*

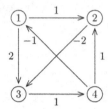

Der Ablauf des Label Correcting Algorithmus ist in folgender Tabelle wiedergegeben (* bezeichnet Knoten, für die $\pi_i^{p+1} \neq \pi_i^p$ ist):

The course of the Label Correcting Algorithm is illustrated in the following table (* denotes vertices for which $\pi_i^{p+1} \neq \pi_i^p$):

$p+1$		v_1	v_2	v_3	v_4
1	π_i^1	0	1	2	∞
	pred(i)	1	1	1	1
2	π_i^2	0	1	-1^*	3^*
	pred(i)	1	1	2	3
3	π_i^3	0	1	-1	0^*
	pred(i)	1	1	2	3
4	π_i^4	-1^*	1	-1	0
	pred(i)	4	1	2	3

$$p = n - 1$$

(STOP) A negative dicycle C was detected.

Man bestimmt den negativen Dikreis C mittels der pred(i) *Markierungen von hinten:*

We can identify the negative dicycle C using the pred(i) *labels backwards:*

$$C = (v_1, v_2, v_3, v_4, v_1),$$

und rechnet nach, dass in der Tat $c(C) = c_{12} + c_{23} + c_{34} + c_{41} < 0$.

and verify that $c(C) = c_{12} + c_{23} + c_{34} + c_{41} < 0$.

Falls der Label Correcting Algorithmus mit $\pi_i^{p+1} = \pi_i^p$, $\forall\, i = 1, \dots, n$, endet, ist (wie in Abschnitt 6.1) ein Kürzester Diwege Baum mit Wurzel s in G durch $T = (V', E')$ mit $V' := \{i : \pi_i^p < \infty\}$ und

If the Label Correcting Algorithm terminates with $\pi_i^{p+1} = \pi_i^p$, $\forall\, i = 1, \dots, n$, then a shortest dipath tree in G with root s is (as in Section 6.1) given by $T = (V', E')$ with $V' := \{i : \pi_i^p < \infty\}$ and $E' :=$

$E' := \{(\text{pred}(i), i) : i \in V'\}$ gegeben. P_{si} ist dann der eindeutig bestimmte Diweg von s nach i in T. Für alle $(i, j) \in E'$ gilt gemäß Schritt (2) und dem Beweis zu Satz 6.2.3: $d_j = d_i + c_{ij}$.

$\{(\text{pred}(i), i) : i \in V'\}$. P_{si} is the uniquely defined dipath from s to i in T. We can conclude from Step (2) and from the proof of Theorem 6.2.3 that $d_j = d_i + c_{ij}$ for all $(i, j) \in E'$.

6.3 Pairwise Shortest Dipaths

In diesem Abschnitt betrachten wir das Problem, kürzeste Diwege zwischen allen Knotenpaaren $i, j \in V$ zu finden. Wir schließen dabei nicht aus, dass $i = j$ ist, so dass wir auch kürzeste Dikreise, die i enthalten, finden wollen. Im Unterschied zu den Abschnitten 6.1 und 6.2 ist der Anfangsknoten der gesuchten Diwege nicht fixiert.

Sind alle $c(e) \geq 0$, so kann man das Problem durch n-fache Anwendung des Dijkstra Algorithmus in $n \cdot O(n^2) = O(n^3)$ lösen.

Ist $c(e) \gtreqless 0$ und existiert kein negativer Dikreis in G bzgl. $\underline{c}$, so kann man den Label Correcting Algorithmus und den Dijkstra Algorithmus miteinander kombinieren. Dies setzt jedoch voraus, dass es einen Knoten $s \in V$ gibt, so dass alle Knoten $i \neq s$ von s aus durch einen Diweg in G erreichbar sind. Nach Anwendung des Label Correcting Algorithmus mit Anfangsknoten s erhalten wir $\pi_i = c(P_{si})$ $(\forall i \neq s)$. Da π nach Satz 6.2.2 (6.2) erfüllt, können wir gemäß Satz 6.2.1 die Kosten c_{ij} durch $c'_{ij} = c_{ij} + \pi_i - \pi_j$ ersetzen. Anschließend wenden wir $(n-1)$-mal den Dijkstra Algorithmus mit Anfangsknoten $s' \in V \setminus \{s\}$ an. Die Komplexität des Verfahrens ist $O(n \cdot m + (n-1) \cdot n^2) = O(n^3)$.

Wir stellen in diesem Abschnitt einen weiteren Algorithmus vor. Die Idee dieses Verfahrens ist es, in Iteration q kürzeste Wege P_{ij}^q von i nach j zu bestimmen, die jeweils nur Zwischenknoten aus der Menge $\{v_1, \ldots, v_q\}$ zwischen i und j benutzen

In this section we focus on the problem of finding shortest dipaths between all pairs of vertices $i, j \in V$. We don't exclude the case that $i = j$ since we also want to find shortest dicycles that contain a vertex i. Different from Sections 6.1 and 6.2, the starting point of the shortest dipaths in question is not fixed in this section.

In the case that all $c(e) \geq 0$, the problem can be solved with a complexity of $n \cdot O(n^2) = O(n^3)$ by applying the Algorithm of Dijkstra n times.

If $c(e) \gtreqless 0$ and if no negative dicycle exists in G with respect to $\underline{c}$, then the Label Correcting Algorithm and the Algorithm of Dijkstra can be combined. In this approach it is, however, assumed that there exists a vertex $s \in V$ so that every vertex $i \neq s$ can be reached by a dipath from s to i in G. After the application of the Label Correcting Algorithm with starting point s we obtain $\pi_i = c(P_{si})$ $(\forall i \neq s)$. Since Theorem 6.2.2 implies that π satisfies (6.2), we can apply Theorem 6.2.1 and replace the costs c_{ij} by $c'_{ij} = c_{ij} + \pi_i - \pi_j$. Subsequently, we apply the Algorithm of Dijkstra $(n-1)$ times with starting points $s' \in V \setminus \{s\}$. The complexity of this procedure is $O(n \cdot m + (n-1) \cdot n^2) = O(n^3)$. In this section we will present an alternative algorithm. The idea of this algorithm is to determine shortest dipaths P_{ij}^q from i to j in iteration q which may only use intermediate vertices from the set $\{v_1, \ldots, v_q\}$ on a path from i to j. Denot-

dürfen. Ist $d_{ij}^q = c(P_{ij}^q)$, so berechnet man d_{ij}^q rekursiv durch

ing $d_{ij}^q = c(P_{ij}^q)$, d_{ij}^q can be found recursively by

$$d_{ij}^0 \; := \; c_{ij} \quad \text{(or } \infty, \text{ respectively)}$$
$$d_{ij}^{q+1} \; := \; \min\{d_{ij}^q, d_{i,q+1}^q + d_{q+1,j}^q\} \tag{6.5}$$

was durch die Tatsache, dass P_{ij}^{q+1} den Knoten v_{q+1} als Zwischenknoten benutzt oder nicht, gerechtfertigt ist.

This is justified by the fact that P_{ij}^{q+1} may use the vertex v_{q+1} as an intermediate vertex or not.

Für $q = n$ ist $P_{ij}^n = P_{ij}$ und $d_{ij}^n = c(P_{ij})$, falls keine negativen Dikreise existieren. Sobald für ein i $\quad d_{ii}^{q+1} = d_{i,q+1}^q + d_{q+1,i}^q < 0$, ist $C = P_{i,q+1} \cup P_{q+1,i}$ ein negativer Dikreis. Kürzeste Diwege P_{ij}^q bzw. negative Dikreise findet man mit Hilfe von Markierungen pred(i,j), die jeweils den vorletzten Knoten in P_{ij}^q bezeichnen.

If no negative dicycles exist, then $P_{ij}^n = P_{ij}$ and $d_{ij}^n = c(P_{ij})$ for $q = n$. As soon as $d_{ii}^{q+1} = d_{i,q+1}^q + d_{q+1,i}^q < 0$ for some i, a negative dicycle $C = P_{i,q+1} \cup P_{q+1,i}$ is detected. Shortest dipaths P_{ij}^q, or negative dicycles, respectively, are found using the labels pred(i,j) which identify the second to last vertex in P_{ij}^q.

ALGORITHM

Algorithm of Floyd-Warshall

(Input) $G = (V, E)$ *digraph with costs* $c(e) \gtreqless 0$ $(\forall \, e \in E)$.

(1) Set $\qquad d_{ij} \; := \; \begin{cases} c_{ij} & \text{for } (i,j) \in E \\ \infty & \text{otherwise}, \end{cases}$

$\qquad\qquad$ pred$(i,j) \; := \; \begin{cases} i & \text{for } (i,j) \in E \\ \infty & \text{otherwise}. \end{cases}$

(2) For $q = 1$ to n do

$\qquad$ For $i = 1$ to n do

$\qquad\qquad$ For $j = 1$ to n do

$\qquad\qquad\qquad$ If $d_{ij} > d_{iq} + d_{qj}$, set $d_{ij} := d_{iq} + d_{qj}$,

$\qquad\qquad\qquad\qquad$ pred$(i,j) := $ pred(q,j).

$\qquad\qquad\qquad$ If $j = i$ and $d_{ii} < 0$ *(STOP)*, $\quad G$ *contains a negative dicycle.*

$\qquad\qquad$ end

$\qquad$ end

end

<u>Remark:</u> *The dipaths P_{ij} can be obtained utilizing the* pred(i,j) *labels, where* pred$(i,j) = \infty$ *implies that there does not exist a dipath from i to j.*

Der Algorithmus hat die Komplexität

This algorithm has a complexity of $O(n^3)$

$O(n^3)$, wobei dies gleichzeitig eine untere Schranke für die Anzahl der Operationen ist, falls keine negativen Dikreise existieren.

which is also a lower bound for the number of operations needed if no negative dicycles exist.

Beispiel 6.3.1. *Sei G der folgende Digraph mit Kosten $c(e)$:*

Example 6.3.1. *Let G be the following digraph with cost coefficients $c(e)$:*

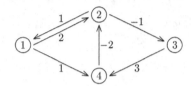

$$D = (d_{ij}) = \begin{pmatrix} \infty & 2 & \infty & 1 \\ 1 & \infty & -1 & \infty \\ \infty & \infty & \infty & 3 \\ \infty & -2 & \infty & \infty \end{pmatrix}, \quad \text{PRED} = (\text{pred}(i,j)) = \begin{pmatrix} \infty & 1 & \infty & 1 \\ 2 & \infty & 2 & \infty \\ \infty & \infty & \infty & 3 \\ \infty & 4 & \infty & \infty \end{pmatrix}$$

Offensichtlich ist die q-te Zeile und Spalte jeweils unverändert. Geänderte d_{ij} und $\text{pred}(i,j)$ sind jeweils mit $*$ markiert.

Obviously the q-th row and column remain unchanged. Changed values of d_{ij} and $\text{pred}(i,j)$ are identified by $*$.

$\boxed{q = 1}$ $D = (d_{ij}) = \begin{pmatrix} \infty & 2 & \infty & 1 \\ 1 & 3^* & -1 & 2^* \\ \infty & \infty & \infty & 3 \\ \infty & -2 & \infty & \infty \end{pmatrix}$ $\text{PRED} = \begin{pmatrix} \infty & 1 & \infty & 1 \\ 2 & 1^* & 2 & 1^* \\ \infty & \infty & \infty & 3 \\ \infty & 4 & \infty & \infty \end{pmatrix}$

$\boxed{q = 2}$ $D = (d_{ij}) = \begin{pmatrix} 3^* & 2 & 1^* & 1 \\ 1 & 3 & -1 & 2 \\ \infty & \infty & \infty & 3 \\ -1^* & -2 & -3^* & 0^* \end{pmatrix}$ $\text{PRED} = \begin{pmatrix} 2^* & 1 & 2^* & 1 \\ 2 & 1 & 2 & 1 \\ \infty & \infty & \infty & 3 \\ 2^* & 4 & 2^* & 1^* \end{pmatrix}$

$\boxed{q = 3}$ $D = (d_{ij}) = \begin{pmatrix} 3 & 2 & 1 & 1 \\ 1 & 3 & -1 & 2 \\ \infty & \infty & \infty & 3 \\ -1 & -2 & -3 & 0 \end{pmatrix}$ $\text{PRED} = \begin{pmatrix} 2 & 1 & 2 & 1 \\ 2 & 1 & 2 & 1 \\ \infty & \infty & \infty & 3 \\ 2 & 4 & 2 & 1 \end{pmatrix}$

$\boxed{q = 4}$ $D = (d_{ij}) = \begin{pmatrix} 0^* & -1^* & -2^* & 1 \\ 1 & 0^* & -1 & 2 \\ 2^* & 1^* & 0^* & 3 \\ -1 & -2 & -3 & 0 \end{pmatrix}$ $\text{PRED} = \begin{pmatrix} 2^* & 4^* & 2^* & 1 \\ 2 & 4^* & 2 & 1 \\ 2^* & 4^* & 2^* & 3 \\ 2 & 4 & 2 & 1 \end{pmatrix}$.

Die Matrix D enthält nun die kürzesten

The matrix D contains the shortest dis-

Entfernungen $d_{ij} = c(P_{ij})$ zwischen den Knoten i und j in G. Will man etwa P_{31} bestimmen, so macht man dies wie folgt:

tances $d_{ij} = c(P_{ij})$ between all pairs of vertices i and j in G. If we e.g. wish to determine P_{31}, this can be implemented as follows:

$$
\begin{array}{ll}
\textit{last vertex} & 1 \\
\textit{last but 1-st vertex} & \mathrm{pred}(3,1) = 2 \\
\textit{last but 2-nd vertex} & \mathrm{pred}(3,2) = 4 \\
\textit{last but 3-rd vertex} & \mathrm{pred}(3,4) = 3 = \textit{first vertex.}
\end{array}
$$

Also gilt $P_{31} = (3,4,2,1)$ und man rechnet leicht nach, dass in der Tat $c(P_{31}) = 2 = d_{31}$ ist.

Thus $P_{31} = (3,4,2,1)$ and a simple calculation shows that in fact $c(P_{31}) = 2 = d_{31}$.

6.4   Shortest Path Problems

Die Algorithmen aus den Abschnitten 6.1 and 6.3 lassen sich für nichtnegative Kosten $c_{ij} \geq 0$ unmittelbar auf Wege übertragen, indem man von jeder Kante (i,j) eine Kopie (j,i) mit umgekehrter Orientierung und gleichen Kosten zu G hinzufügt. Bei der $\mathrm{pred}(i)$ Markierung wird man durch eine $-\mathrm{pred}(i)$ Markierung erkennen, dass $\mathrm{pred}(i)$ und i durch eine Kante $(i, \mathrm{pred}(i))$ verbunden sind. Somit ist dann

For non-negative costs $c_{ij} \geq 0$ the algorithms developed in Sections 6.1 and 6.3 can be immediately carried over to paths by adding a copy (j,i) of every edge (i,j) with the opposite orientation and the same cost coefficient to G. We will see from the $\mathrm{pred}(i)$ label and the $-\mathrm{pred}(i)$ label that $\mathrm{pred}(i)$ and i are connected by an edge $(i, \mathrm{pred}(i))$. Therefore, we have that

$$
P_{si}^{+} := \{(l,k) \in P_{si} : l = +\mathrm{pred}(k)\} \tag{6.6}
$$

and
$$
P_{si}^{-} := \{(l,k) \in P_{si} : k = -\mathrm{pred}(l)\}. \tag{6.7}
$$

In der praktischen Durchführung wird man ohne diese Verdopplung arbeiten und geeignete Datenstrukturen benutzen.

In practical applications we will refrain from this duplication of edges and use appropriate data structures instead.

Falls negative Kosten c_{ij} vorkommen, führt dies jedoch zu trivialen negativen Kreisen (i,j,i), so dass die Algorithmen aus den Abschnitten 6.2 und 6.3 nicht angewendet werden können.

In the case of negative costs c_{ij} this leads, however, to trivial negative cycles (i,j,i), such that the algorithms of Sections 6.2 and 6.3 cannot be applied.

6.5   Shortest Dipath Problems and Linear Programs

In diesem Abschnitt zeigen wir einen Zu-

In this section we will discuss the relation

sammenhang zwischen Kürzesten Diwege Problemen und Linearen Programmen auf.

between shortest dipath problems and linear programs.

Sei dazu G ein Digraph mit $c(e) \geq 0$ ($\forall e \in E$) und sei $T = (V, E')$ der Kürzeste Diwege Baum mit Wurzel s der oBdA alle Knoten $v \in V$ enthält. Für alle $i \in V$ ist P_{si} der eindeutig bestimmte Diweg in T von s nach i. Wir definieren den Vektor $\underline{\xi} \in \mathbb{N}_0^m$ durch

Let G be a digraph with $c(e) \geq 0$ ($\forall e \in E$) and let $T = (V, E')$ be the shortest dipath tree with root s which contains wlog all nodes $v \in V$. Then P_{si} is the uniquely defined shortest dipath from s to i in T for all $i \in V$. We define the vector $\underline{\xi} \in \mathbb{N}_0^m$ as

$$\xi_{ij} := \begin{cases} k & \text{if } (i,j) \in E \text{ is contained in } k \text{ dipaths } P_{sq} \text{ in } T \\ 0 & \text{otherwise.} \end{cases} \tag{6.8}$$

Dann ist $\underline{\xi}$ zulässig für das LP

Then $\underline{\xi}$ is feasible for the LP

$$\text{(P)} \quad \begin{array}{rl} \min & \underline{c}\,\underline{x} \\ \text{s.t.} & A\underline{x} = \underline{b} \\ & \underline{x} \geq \underline{0} \end{array} \tag{6.9}$$

wobei $\underline{b} = (b_i)_{i=1}^n$ mit

where $\underline{b} = (b_i)_{i=1}^n$ with

$$b_i = \begin{cases} n-1 \\ -1 \end{cases} \text{if } \begin{array}{l} i = s \\ i \neq s \end{array}$$

und A die Inzidenzmatrix (und nicht die Vollrang-Inzidenzmatrix) von G ist. Das zu (P) duale LP ist

and A is the incidence matrix (and not the full-rank incidence matrix) of G. The dual LP of (P) is

$$\text{(D)} \quad \begin{array}{rl} \max & (n-1)\pi_s - \sum_{i \neq s} \pi_i \\ \text{s.t.} & \pi_i - \pi_j \leq c_{ij} \quad \forall\, (i,j) \in E \\ & \pi_i \gtrless 0 \quad \forall\, i \in V \\ & \pi_s = 0 \quad . \end{array} \tag{6.10}$$

Die Bedingung $\pi_s = 0$ kommt daher, dass die Zeilen von A linear abhängig sind. Sind $d_i \geq 0$ die Entfernungen von s nach i ($\forall\, i \in V$), und setzen wir

Note that the condition $\pi_s = 0$ results from the fact that the rows of A are linearly dependent. If $d_i \geq 0$ denotes the distances from s to i ($\forall\, i \in V$) and if we set

$$\pi_i := -d_i \quad \text{if } i \in V' \tag{6.11}$$

so ist $\underline{\pi}$ zulässig für (D) und erfüllt $\pi_i -$

then $\underline{\pi}$ is feasible for (D) and satisfies $\pi_i -$

$\pi_j = c_{ij} \quad (\forall\ (i,j) \in E').$

$\pi_j = c_{ij} \quad (\forall\ (i,j) \in E').$

Übung: *Zeigen Sie, dass $\underline{\pi}$ definiert durch (6.11) zulässig für das LP (6.10) ist.*

Exercise: *Prove that $\underline{\pi}$ defined by (6.11) is feasible for the LP (6.10).*

$\underline{\xi}$ ist primal zulässig und $\underline{\pi}$ dual zulässig. Außerdem gilt

$\underline{\xi}$ is primal feasible and $\underline{\pi}$ is dual feasible. Furthermore we have that

$$\xi_{ij} > 0 \quad \Rightarrow \quad (i,j) \in E' \quad \Rightarrow \quad \pi_i - \pi_j = c_{ij}$$

d.h. die Komplementaritätsbedingungen (3.3) und (3.4) sind erfüllt. Somit sind $\underline{\xi}$ und $\underline{\pi}$ optimale Lösungen von (P) bzw. (D).

i.e., the complementary slackness conditions (3.3) and (3.4) are satisfied. Hence, $\underline{\xi}$ and $\underline{\pi}$ are optimal solutions of (P) and (D), respectively.

Das LP (6.9) ist ein Spezialfall des Netzwerkflussproblems, mit dem wir uns in dem nächsten Kapitel beschäftigen werden.

The LP (6.9) is a special case of the network flow problem which will be discussed in the following chapter.

Chapter 7

Network Flow Problems

In diesem Kapitel führen wir elementare Eigenschaften von Netzwerkflüssen und Algorithmen zur Bestimmung von maximalen Flüssen bzw. kostenminimalen Flüssen ein.

In this chapter we introduce basic properties of network flows and discuss algorithms to find maximum flows and minimum cost flows.

7.1 Definition and Basic Properties of Network Flows

Sei $G = (V, E)$ ein zusammenhängender Digraph. Die Knotenmenge V ist partitioniert in $V = S \dot\cup T \dot\cup D$ wobei S, T und D die Menge der **Vorrats-**, **Durchfluss-** bzw. **Bedarfsknoten** ist. Ein Vektor $\underline{b}$ mit

Let $G = (V, E)$ be a connected digraph. The vertex set V of G is partitioned into $V = S \dot\cup T \dot\cup D$ where S is the set of **supply nodes**, T is the set of **transshipment nodes** and D is the set of **demand nodes**. A vector $\underline{b}$ with

$$b_i \begin{cases} > 0 & i \in S \\ < 0 & \text{if } i \in D \\ = 0 & i \in T \end{cases}$$

und $\sum_{i \in V} b_i = 0$ enthält die Information über die Größe des Vorrats bzw. Bedarfs in den einzelnen Knoten. Das Netzwerkflussproblem besteht nun darin, $v = \sum_{i \in S} b_i = -\sum_{i \in D} b_i$ Einheiten von den Vorratsknoten zu den Bedarfsknoten durch G zu transportieren, wobei in jeder Kante (i, j) nicht weniger als l_{ij} und nicht mehr als u_{ij} Einheiten transportiert werden dürfen. Wir nennen l_{ij} bzw. u_{ij} die **untere** bzw. **obere Kapazität** der Kante (i, j). Jede Einheit Fluss, die durch die Kante (i, j) fließt, verursacht Kosten c_{ij}. Das **Netzwerkflussproblem (NFP)** ist

and $\sum_{i \in V} b_i = 0$ contains the information about the amount of the supply and the demand in the corresponding vertices, respectively. The motivation of the network flow problem is to ship $v = \sum_{i \in S} b_i = -\sum_{i \in D} b_i$ units of flow from the supply nodes to the demand nodes, under the constraint that not less than l_{ij} and not more than u_{ij} units of flow can be moved along the edge (i, j). l_{ij} and u_{ij} are called the **lower** and **upper capacity** of the edge (i, j), respectively. Each unit of flow that flows through the edge (i, j) induces a cost of c_{ij}. Then the **network flow problem (NFP)**

dann das beschränkte LP

or **minimum cost flow problem** is given by the LP with bounded variables

$$\min \sum_{(i,j)\in E} c_{ij}x_{ij}$$

$$\text{s.t.} \quad A\underline{x} = \underline{b} \tag{7.1}$$

$$\underline{l} \leq \underline{x} \leq \underline{u} \tag{7.2}$$

wobei A die Inzidenzmatrix von G ist. (Zur Erinnerung: A ist eine $n \times m$-Matrix, die keinen vollen Zeilenrang hat. Um die Theorie aus den Kapiteln 2 und 3 anwenden zu können, müssen wir mindestens eine Zeile in $(A \mid \underline{b})$ streichen. In diesem Abschnitt werden wir uns jedoch nicht auf Ergebnisse der Kapitel 2 und 3 beziehen, so dass wir mit der ganzen Inzidenzmatrix und nicht mit der Vollrang-Inzidenzmatrix (vgl. Abschnitt 5.1) arbeiten können.)

where A is the incidence matrix of G. (Recall that A is an $n \times m$-matrix that does not have full row rank. Therefore, at least one row in $(A \mid \underline{b})$ has to be discarded in order to apply the theory developed in Chapters 2 and 3. However, we will not refer to the results of Chapters 2 and 3 in this section so that we can work with the complete incidence matrix instead of the full-rank incidence matrix in the following (cf. Section 5.1).)

Alle gegebenen Daten – b_i, l_{ij}, u_{ij} und c_{ij} – sind i.A. ganzzahlig und werden im **Netzwerk** $N = (V, E; \underline{b}; \underline{l}, \underline{u}, \underline{c})$ zusammengefasst.

The given data – b_i, l_{ij}, u_{ij} and c_{ij} – is in general integer and is collected in the **network** $N = (V, E; \underline{b}; \underline{l}, \underline{u}, \underline{c})$.

Jede Nebenbedingung $A^i\underline{x} = b_i$ in (7.1) lässt sich nach Definition der Inzidenzmatrix A schreiben als

Using the definition of the incidence matrix A, every constraint $A^i\underline{x} = b_i$ in (7.1) can be written as

$$\sum_{(i,j)\in E} x_{ij} - \sum_{(j,i)\in E} x_{ji} = b_i. \tag{7.3}$$

Man fordert also, dass für alle $i = 1, \ldots, n$ der aus Knoten v_i herausfließende Fluss gleich der Summe des in v_i hereinfließenden Flusses und b_i ist (vgl. Abb. 7.1.1).

Thus the flow that leaves the node v_i has to be equal to the sum of the flows that enter the node v_i and b_i for all nodes $i = 1, \ldots, n$ (cf. Figure 7.1.1).

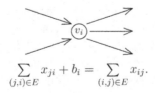

$$\sum_{(j,i)\in E} x_{ji} + b_i = \sum_{(i,j)\in E} x_{ij}.$$

Abbildung 7.1.1. *Darstellung der Erhaltungsgleichung in Knoten v_i.*

Figure 7.1.1. *Representation of the conservation property in node v_i.*

Aus diesem Grund nennt man die Nebenbedingungen $A\underline{x} = \underline{b}$ auch (Fluss-) **Erhaltungsgleichungen**. Die Bedingungen (7.2) heißen **Kapazitätsbedingungen**. Erfüllt eine Lösung $\underline{x}$ (7.1) und (7.2), so heißt $\underline{x}$ ein (zulässiger) **Fluss** in N.

For this reason, the constraints $A\underline{x} = \underline{b}$ are called the (flow-) **conservation constraints**. The constraints (7.2) are called **capacity constraints**. If a solution $\underline{x}$ satisfies (7.1) and (7.2), $\underline{x}$ is called a (feasible) **flow** in N.

Beispiel 7.1.1. *Wie wir im Abschnitt 6.5 gesehen haben, lässt sich das Kürzeste Diweg Problem als NFP schreiben. Das Problem, einen kürzesten Diweg von v_1 nach v_4 im Digraph von Abb. 7.1.2 zu bestimmen, lässt sich formulieren als das Problem, eine einzige Flusseinheit vom Vorratsknoten v_1 zum Bedarfsknoten v_4 mit minimalen Kosten zu schicken.*

Example 7.1.1. *As we have discussed in Section 6.5 we can formulate the shortest dipath problem as an NFP. The problem of finding a shortest dipath from v_1 to v_4 in the digraph given in Figure 7.1.2 can be formulated as the problem of sending a single unit of flow from the supply node v_1 to the demand node v_4 with minimum cost.*

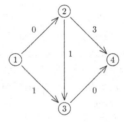

Abbildung 7.1.2. *Digraph mit Kosten* $c(e)$.

Figure 7.1.2. *Digraph with cost coefficients* $c(e)$.

Also lässt sich das Problem als das folgende NFP schreiben (vgl. Beispiel 3.4.1):

Therefore, the problem can be reformulated as the following NFP (cf. Example 3.4.1):

$$
\begin{aligned}
\min \quad & 0 \cdot x_{12} + 1 \cdot x_{13} + 1 \cdot x_{23} + 3 \cdot x_{24} + 0 \cdot x_{34} \\
\text{s.t.} \quad & x_{12} + x_{13} && = 1 \\
& -x_{12} + x_{23} + x_{24} && = 0 \\
& -x_{13} - x_{23} + x_{34} && = 0 \\
& -x_{24} - x_{34} && = -1 \\
& 0 \le x_{ij} \le 1 && (\forall\, (i,j) \in E).
\end{aligned}
$$

Beispiel 7.1.2. *Abb. 7.1.3 zeigt ein Netzwerk mit einer sehr speziellen Kostenstruktur und allen $b_i = 0$.*

Example 7.1.2. *In Figure 7.1.3, a network with a very specific cost structure and with $b_i = 0$ for all i is given.*

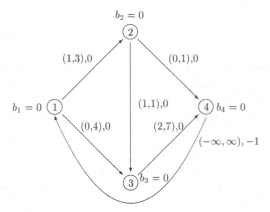

Abbildung 7.1.3. *Netzwerk mit Kanten-bewertungen* (l_{ij}, u_{ij}) *und* c_{ij}.

Figure 7.1.3. *A network with edge coefficients* (l_{ij}, u_{ij}) *and* c_{ij}.

Die einzige Kante mit Kostenkoeffizienten ungleich 0 ist die Kante $(4,1)$. *Die Zielfunktion von NFP ist somit* $\min(-x_{41})$ *oder in äquivalenter Form* $\max x_{41}$. *Das NFP ist somit das Problem, möglichst viel Fluss von* v_1 *nach* v_4 *und dann wieder durch* $(4,1)$ *zurück zu* v_1 *zu schicken. Dieses Problem nennt man das* **maximale Flussproblem.** *Wir werden uns damit ausführlich in Abschnitt 7.2 beschäftigen.*

The edge $(4,1)$ *is the only edge with cost coefficient different from 0. The objective function of this NFP is therefore given by* $\min(-x_{41})$ *or, equivalently,* $\max x_{41}$. *Thus the NFP is the problem of shipping as much flow as possible from* v_1 *to* v_4 *and then back to* v_1 *through the edge* $(4,1)$. *This problem is called the* **maximum flow problem.** *It will be discussed in detail in Section 7.2.*

Die ersten drei Sätze dieses Abschnittes zeigen, dass das NFP in verschiedenen äquivalenten Formulierungen gestellt werden kann.

The first three theorems of this section show that the NFP can be given in many equivalent formulations.

Satz 7.1.1. *Jedes NFP ist äquivalent zu einem NFP, in dem* $\underline{l} = \underline{0}$ *gilt.*

Theorem 7.1.1. *Every NFP is equivalent to an NFP with* $\underline{l} = \underline{0}$.

Beweis.   Wir setzen für jeden Knoten $v_i \in V$

Proof.   For every vertex $v_i \in V$, we define

$$L_i := \sum_{(i,j)\in E} l_{ij} - \sum_{(j,i)\in E} l_{ji}.$$

Dann gilt für jeden zulässigen Fluss $\underline{x}$ und für $\hat{\underline{x}} := \underline{x} - \underline{l}$:

Then for every feasible flow $\underline{x}$ and for $\hat{\underline{x}} := \underline{x} - \underline{l}$ we obtain:

$$A^i \underline{x} = b_i \quad \Longleftrightarrow \quad A^i \hat{\underline{x}} = \hat{b}_i := b_i - L_i$$

(vgl. (7.3) zur Begründung dieser Äquivalenz). Also ist $\underline{x}$ ein zulässiger Fluss in $N = (V, E; \underline{b}; \underline{l}, \underline{u}, \underline{c})$ genau dann, wenn $\hat{\underline{x}} = \underline{x} - \underline{l}$ ein zulässiger Fluss in $\hat{N} = (V, E; \hat{\underline{b}}; \underline{0}, \hat{\underline{u}} := \underline{u} - \underline{l}, \underline{c})$ ist. Die Zielfunktionswerte von $\underline{x}$ und $\hat{\underline{x}}$ unterscheiden sich um die Konstante $\underline{c} \cdot \underline{l}$. ■

Wenn wir es nicht ausdrücklich anders betonen, werden wir gemäß Satz 7.1.1 im Folgenden stets annehmen, dass $\underline{l} = \underline{0}$ ist. Wir lassen $\underline{l}$ in der Bezeichnung für Netzwerke dann weg.

Beispiel 7.1.3. *Das Netzwerk aus Abb. 7.1.4 (a) wird durch die im Beweis zu Satz 7.1.1 vorgestellte Transformation zu einem Netzwerk mit $\underline{l} = \underline{0}$, das in Abb. 7.1.4 (b) gezeigt ist.*

(cf. (7.3) for a justification of this equivalence). Thus $\underline{x}$ is a feasible flow in $N = (V, E; \underline{b}; \underline{l}, \underline{u}, \underline{c})$ if and only if $\hat{\underline{x}} = \underline{x} - \underline{l}$ is a feasible flow in $\hat{N} = (V, E; \hat{\underline{b}}; \underline{0}, \hat{\underline{u}} := \underline{u} - \underline{l}, \underline{c})$. The objective function values of $\underline{x}$ and $\hat{\underline{x}}$ differ only by the constant $\underline{c} \cdot \underline{l}$. ■

If not otherwise specified we will assume in the following, using Theorem 7.1.1, that $\underline{l} = \underline{0}$. In the denotation for networks we will omit $\underline{l}$ in this case.

Example 7.1.3. *The network given in Figure 7.1.4 (a) is transformed according to the proof of Theorem 7.1.1 into a network with $\underline{l} = \underline{0}$ which is shown in Figure 7.1.4 (b).*

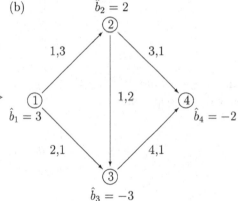

Abbildung 7.1.4. *Netzwerk (a) vor und (b) nach der im Beweis zu Satz 7.1.1 vorgestellten Transformation auf ein NFP mit $\underline{l} = \underline{0}$. (Kantenbewertungen: $(l_{ij}, u_{ij}), c_{ij}$ bzw. $\hat{u}_{ij}, c_{ij}$.)*

Figure 7.1.4. *Network (a) before and network (b) after the transformation to an NFP with $\underline{l} = \underline{0}$ as described in the proof of Theorem 7.1.1. (Edge coefficients: $(l_{ij}, u_{ij}), c_{ij}$ and $\hat{u}_{ij}, c_{ij}$, respectively.)*

Satz 7.1.2. *Jedes NFP ist äquivalent zu einem NFP mit nur einem Vorrats- und nur einem Bedarfsknoten. (Diese beiden Knoten nennen wir dann **Quelle** s bzw. **Senke** t.)*

Theorem 7.1.2. *Every NFP is equivalent to an NFP with only one supply and only one demand node. (These two nodes are then called the **source** s and the **sink** t, respectively.)*

Beweis. Füge zur Knotenmenge V zwei Knoten s und t und Kanten

Proof. We add two vertices s and t to the vertex set V and we add the edges

$$(s, i) \quad \forall\, i \in S \tag{7.4}$$

$$(i, t) \quad \forall\, i \in D \tag{7.5}$$

hinzu. Der neue Digraph ist $\hat{G} = (\hat{V}, \hat{E})$. Mit $v := \sum_{i \in S} b_i = \sum_{i \in D} (-b_i)$ setzen wir für alle $i \in \hat{V}$

The resulting digraph is given by $\hat{G} = (\hat{V}, \hat{E})$. Let $v := \sum_{i \in S} b_i = \sum_{i \in D} (-b_i)$ and set for all $i \in \hat{V}$

$$\hat{b}_i := \begin{cases} 0 & i \neq s, t \\ v & \text{if} \quad i = s \\ -v & i = t \end{cases} \tag{7.6}$$

und definieren für alle $(i, j) \in \hat{E}$

and define for all $(i, j) \in \hat{E}$

$$\hat{u}_{ij} := \begin{cases} u_{ij} & (i, j) \in E \\ b_j & \text{if} \quad (i, j) = (s, j) \\ -b_i & (i, j) = (i, t) \end{cases} \tag{7.7}$$

$$\hat{c}_{ij} := \begin{cases} c_{ij} & \text{if} \quad (i, j) \in E \\ 0 & \text{otherwise.} \end{cases} \tag{7.8}$$

Dann ist $\underline{x}$ ein Fluss in $N = (V, E; \underline{b}; \underline{u}, \underline{c})$ genau dann, wenn $\hat{\underline{x}}$ mit

Then $\underline{x}$ is a flow in $N = (V, E; \underline{b}; \underline{u}, \underline{c})$ if and only if $\hat{\underline{x}}$ with

$$\hat{x}_{ij} := \begin{cases} x_{ij} & (i, j) \in E \\ b_j & \text{if} \quad (i, j) = (s, j) \\ -b_i & (i, j) = (i, t) \end{cases} \tag{7.9}$$

ein Fluss in $\hat{N} := (\hat{V}, \hat{E}; \hat{\underline{b}}; \hat{\underline{u}}, \hat{\underline{c}})$ ist. Außerdem haben $\underline{x}$ und $\hat{\underline{x}}$ dieselben Kosten $\underline{c}\,\underline{x} = \hat{\underline{c}}\,\hat{\underline{x}}$.   ∎

is a flow in $\hat{N} := (\hat{V}, \hat{E}; \hat{\underline{b}}; \hat{\underline{u}}, \hat{\underline{c}})$. Moreover, $\underline{x}$ and $\hat{\underline{x}}$ have the same cost $\underline{c}\,\underline{x} = \hat{\underline{c}}\,\hat{\underline{x}}$.   ∎

Netzwerkflussprobleme mit nur je einem Vorrats- und Bedarfsknoten nennen wir **(s, t) Netzwerke**.

Network flow problems with only one supply- and demand node, respectively, are called **(s, t) networks**.

Beispiel 7.1.4. *Das Netzwerk in Abb. 7.1.4 (b) lässt sich auf das äquivalente Netzwerk in Abb. 7.1.5 (b) transformieren.*

Example 7.1.4. *The network given in Figure 7.1.4 (b) can be transformed into the equivalent network shown in Figure 7.1.5 (b).*

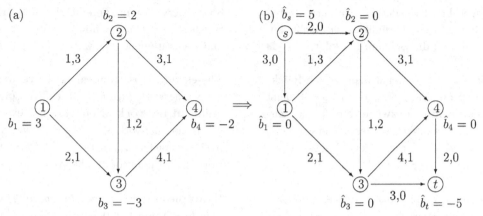

Abbildung 7.1.5. (s,t) *Netzwerk mit Kantenbewertung* $(\hat{u}_{ij}, \hat{c}_{ij})$.

Figure 7.1.5. (s,t) *network with edge coefficients* $(\hat{u}_{ij}, \hat{c}_{ij})$.

Im Satz 7.1.2 haben wir gezeigt, dass sich jedes Netzwerk auf ein äquivalentes (s,t) Netzwerk transformieren lässt. Natürlich kann ein gegebenes Netzwerk auch sofort ein (s,t) Netzwerk sein. In diesem Fall hat zwar $\underline{b}$ die Form (7.6), aber $\underline{u}$ bzw. $\underline{c}$ ist i.A. verschieden von (7.7) bzw. (7.8). Wir setzen bei (s,t) Netzwerken voraus (wenn nicht ausdrücklich etwas anderes gesagt wird), dass keine Kanten (i,s) bzw. (t,i) existieren.

We have shown in Theorem 7.1.2 that every network can be transformed into an equivalent (s,t) network. Naturally, a given network can also be an (s,t) network right away. In this case $\underline{b}$ has the form (7.6), but $\underline{u}$ and $\underline{c}$ are in general different from (7.7) and (7.8), respectively. We will assume in the following for (s,t) networks (if not explicitly otherwise specified) that no edges (i,s) and (t,i) exist, respectively.

Ein Fluss $\underline{x}$ heißt **Zirkulation**, wenn $A\underline{x} = \underline{0}$, d.h. wenn alle Knoten in N Durchflussknoten sind. Offensichtlich ist eine Zirkulation ein spezieller Fluss, es gilt jedoch das folgende stärkere Ergebnis:

A flow is called a **circulation** if $A\underline{x} = \underline{0}$, i.e., if all nodes in N are transshipment nodes. Obviously, a circulation is a special case of a flow. Yet the following, even stronger result can be proven:

Satz 7.1.3. *Jedes NFP ist äquivalent zu einem* **Zirkulationsproblem***, d.h. zu einem NFP mit* $\underline{b} = \underline{0}$.

Theorem 7.1.3. *Every NFP is equivalent to a* **circulation problem***, i.e., to an NFP with* $\underline{b} = \underline{0}$.

Beweis. Nach Satz 7.1.2 wissen wir, dass jedes NFP in N äquivalent ist zu einem NFP in einem (s,t) Netzwerk $\hat{N}$. Erweitern wir das (s,t) Netzwerk um die Kante (t,s) mit $l_{ts} = u_{ts} = v$ und $c_{ts} = 0$, so entspricht jeder Fluss im erweiterten Netzwerk einem Fluss in $\hat{N}$ mit $\hat{\underline{b}} = \underline{0}$ und

Proof. According to Theorem 7.1.2 we know that every NFP in N is equivalent to an NFP in an (s,t) network $\hat{N}$. If we extend the (s,t) network by the edge (t,s) with $l_{ts} = u_{ts} = v$ and $c_{ts} = 0$, then every flow in the extended network corresponds to a flow in $\hat{N}$ with $\hat{\underline{b}} = \underline{0}$ and vice versa.

umgekehrt. Da jeder Fluss im erweiterten Netzwerk $x_{ts} = v$ erfüllt, ist er eine Zirkulation, und die Behauptung folgt.   ∎

Die Kante (t, s) nennt man oft den **Rückkehrpfeil**. Ein Netzwerk mit $\underline{b} = \underline{0}$ heißt **Zirkulationsnetzwerk**. Nicht jedes Zirkulationsnetzwerk ist das aus einem (s, t) Netzwerk hervorgegangene Netzwerk wie im Beweis zu Satz 7.1.3.

Beispiel 7.1.5. *Abb. 7.1.6 zeigt ein Zirkulationsnetzwerk mit $\underline{b} = \underline{0}$ und $\underline{l} \neq \underline{0}$.*

Since every flow in the extended network satisfies $x_{ts} = v$, every flow is a circulation and the statement follows.   ∎

The edge (t, s) is often called the **return arc**. A network with $\underline{b} = \underline{0}$ is called a **circulation network**. Note that not every circulation network is a network resulting from a transformation from an (s, t) network as in the proof of Theorem 7.1.3.

Example 7.1.5. *A circulation network with $\underline{b} = \underline{0}$ and $\underline{l} \neq \underline{0}$ is shown in Figure 7.1.6.*

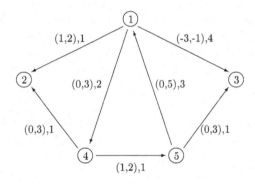

Abbildung 7.1.6. *Zirkulationsnetzwerk mit Kantenbewertungen (l_{ij}, u_{ij}), c_{ij}.*

Figure 7.1.6. *Circulation network with edge coefficients (l_{ij}, u_{ij}), c_{ij}.*

Dieses Zirkulationsnetzwerk ist nicht wie im Beweis zu Satz 7.1.3 aus einem (s, t) Netzwerk abgeleitet worden. (Warum?)

This circulation network has not been derived from an (s, t) network as in the proof of Theorem 7.1.3. (Why?)

Ist C ein Dikreis und $\varepsilon \in \mathbb{R}$ mit $0 \leq \varepsilon \leq u_{ij}$, $\forall\, (i, j) \in C$, so ist $\underline{\varepsilon}(C)$ mit

If C is a dicycle and if $\varepsilon \in \mathbb{R}$ with $0 \leq \varepsilon \leq u_{ij}$, $\forall\, (i, j) \in C$, then $\underline{\varepsilon}(C)$ with

$$\varepsilon(C)_{ij} := \begin{cases} \varepsilon & \text{if } (i, j) \in C \\ 0 & \text{otherwise} \end{cases} \tag{7.10}$$

eine Zirkulation, die zulässig in $(V, E; \underline{0}; \underline{u}, \underline{c})$ ist. Wir nennen $\underline{\varepsilon}(C)$ den zu C gehörenden **Dikreisfluss**.

is a circulation which is feasible in $(V, E; \underline{0}; \underline{u}, \underline{c})$. We call $\underline{\varepsilon}(C)$ the **dicycle flow** corresponding to C.

Satz 7.1.4. (Dekompositionssatz für Zirkulationen)

Sei $\underline{x}$ eine zulässige Zirkulation in $N = (V, E; \underline{0}; \underline{u}, \underline{c})$. Dann existieren Dikreise $C_1, \ldots, C_k$ und $\varepsilon_1, \ldots, \varepsilon_k \in \mathbb{R}$, so dass gilt:

(a) $\varepsilon_i(C_i)$ ist ein Dikreisfluss in N $\forall i = 1, \ldots, k$.

(b) $\underline{x} = \sum_{i=1}^{k} \varepsilon_i(C_i)$

(c) $k \leq m$

*(d) Ist $\underline{x}$ antisymmetrisch (d.h. $x_{ij} > 0 \Rightarrow x_{ji} = 0$, $\forall (i, j) \in V \times V$), so sind die Dikreise **konform**, d.h. $\exists p : (i, j) \in C_p \Rightarrow (j, i) \notin C_q$ ($\forall q = 1, \ldots, k$).*

Theorem 7.1.4. (Decomposition of circulations)

Let $\underline{x}$ be a feasible circulation in $N = (V, E; \underline{0}; \underline{u}, \underline{c})$. Then there exist dicycles $C_1, \ldots, C_k$ and $\varepsilon_1, \ldots, \varepsilon_k \in \mathbb{R}$ such that

(a) $\varepsilon_i(C_i)$ is a dicycle flow in N $\forall i = 1, \ldots, k$.

(b) $\underline{x} = \sum_{i=1}^{k} \varepsilon_i(C_i)$

(c) $k \leq m$

*(d) If $\underline{x}$ is antisymmetric (i.e., $x_{ij} > 0 \Rightarrow x_{ji} = 0$, $\forall (i, j) \in V \times V$), then the dicycles are **conform**, i.e., $\exists p : (i, j) \in C_p \Rightarrow (j, i) \notin C_q$ ($\forall q = 1, \ldots, k$).*

Beweis.
Falls $\underline{x} = \underline{0}$, ist die Behauptung trivialerweise erfüllt.

Falls $\underline{x} \neq \underline{0}$, wähle $(i_1, i_2) \in E$ mit $x_{i_1 i_2} > 0$. Da $b_{i_2} = 0$, existiert eine Kante $(i_2, i_3) \in E$ mit $x_{i_2 i_3} > 0$. Durch iterative Anwendung erhält man auf diese Art einen (nicht einfachen) Diweg $(i_1, \ldots, i_p, \ldots, i_q)$, so dass $x_{i_j i_{j+1}} > 0$, $j = 1, \ldots, q - 1$, und $i_p = i_q$ für $q > p \geq 1$, wobei q minimal mit dieser Eigenschaft ist. Dann ist $C := (i_p, \ldots, i_{q-1}, i_q)$ ein Dikreis mit

Proof.
If $\underline{x} = \underline{0}$, the assertion trivially holds.

If $\underline{x} \neq \underline{0}$ we choose $(i_1, i_2) \in E$ with $x_{i_1 i_2} > 0$. Since $b_{i_2} = 0$ there exists an edge $(i_2, i_3) \in E$ with $x_{i_2 i_3} > 0$. Using the same argument we iteratively obtain a (not simple) dipath $(i_1, \ldots, i_p, \ldots, i_q)$ such that $x_{i_j i_{j+1}} > 0$, $j = 1, \ldots, q - 1$ and $i_p = i_q$ for $q > p \geq 1$, where q is minimal with this property. Then $C := (i_p, \ldots, i_{q-1}, i_q)$ is a dicycle with

$$\varepsilon := \min\{x_{ij} : (i, j) \in C\} > 0. \tag{7.11}$$

Wir setzen $\underline{x} := \underline{x} - \varepsilon(C)$. $\underline{x}$ ist wieder eine Zirkulation. (Warum?) Entweder ist nun $\underline{x} = \underline{0}$ oder wir iterieren das Verfahren. Da in jeder Iteration wegen (7.11) mindestens eine Kante den Wert $x_{ij} = 0$ erhält, gibt es maximal m Iterationen bis $\underline{x} = \underline{0}$. Die Konformität der Dikreise folgt aus dem vorhergehenden konstruktiven Beweis unmittelbar, wenn $\underline{x}$ antisymmetrisch ist. ∎

We set $\underline{x} := \underline{x} - \varepsilon(C)$. Then $\underline{x}$ is again a circulation. (Why?) We can conclude that either $\underline{x} = \underline{0}$ or we iterate this procedure. According to (7.11) at least one edge attains the value $x_{ij} = 0$ in each iteration and therefore we need at most m iterations until $\underline{x} = \underline{0}$. This constructive proof implies immediately that the dicycles are conform if $\underline{x}$ is antisymmetric. ∎

Beispiel 7.1.6. *Gegeben sei die Zirkulation x aus Abb. 7.1.7:*

Example 7.1.6. *Let the circulation x defined in Figure 7.1.7 be given:*

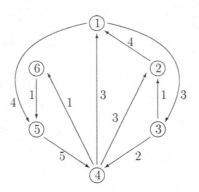

Abbildung 7.1.7. *Zirkulation x.*

Figure 7.1.7. *Circulation x.*

Wir zeigen im Folgenden, wie wir iterativ die Dikreisflüsse $\varepsilon_i(C_i)$ wie im Beweis zu Satz 7.1.4 erhalten.

We show in the following how the dicycle flows $\varepsilon_i(C_i)$ can be obtained iteratively according to the proof of Theorem 7.1.4.

i	dipath $(i_1,\dots,i_p,\dots,i_q)$	C_i	ε_i	new x (edges with $x_{ij}=0$ are omitted)
1	(1,5,4,2,1)	(1,5,4,2,1)	3	
2	(1,5,4,6,5)	(5,4,6,5)	1	
3	(1,5,4,1)	(1,5,4,1)	1	

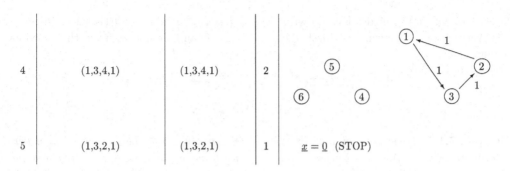

| 4 | (1,3,4,1) | (1,3,4,1) | 2 | |
| 5 | (1,3,2,1) | (1,3,2,1) | 1 | $\underline{x} = \underline{0}$ (STOP) |

Korollar zu Satz 7.1.4

Jeder Fluss im Netzwerk $N = (V, E; \underline{b}; \underline{u}, \underline{c})$ zerfällt in:

  (a) *Dikreisflüsse und*

  (b) *Diwegflüsse auf Diwegen von Vorratsknoten zu Bedarfsknoten.*

Beweis. Folgt unmittelbar aus Satz 7.1.4 und den Sätzen 7.1.1 - 7.1.3. ∎

Ist N ein Zirkulationsnetzwerk, so definieren wir für jede zulässige Zirkulation $\underline{x}$ das **Inkrementnetzwerk** $N_x := (V, E_x; \underline{b}_x = \underline{0}; \underline{u}_x, \underline{c}_x)$, wobei

Corollary to Theorem 7.1.4

Every flow in the network $N = (V, E; \underline{b}; \underline{u}, \underline{c})$ decomposes into:

  (a) *dicycle flows and*

  (b) *dipath flows on dipaths from the supply nodes to the demand nodes.*

Proof. Follows directly from Theorem 7.1.4 and Theorems 7.1.1 - 7.1.3. ∎

For a circulation network N we define for every feasible circulation $\underline{x}$ the **incremental network** (or **residual network**) $N_x := (V, E_x; \underline{b}_x = \underline{0}; \underline{u}_x, \underline{c}_x)$, where

$$E_x = E_x^+ \stackrel{.}{\cup} E_x^-$$
$$\text{with} \quad E_x^+ := \{(i,j) \in E : x_{ij} < u_{ij}\} \qquad (7.12)$$
$$E_x^- := \{(i,j) : (j,i) \in E \text{ and } x_{ji} > 0\}$$

$$u_x(i,j) := \begin{cases} u_{ij} - x_{ij} & \\ x_{ji} & \end{cases} \text{if} \quad \begin{aligned} &(i,j) \in E_x^+ \\ &(i,j) \in E_x^- \end{aligned} \qquad (7.13)$$

$$c_x(i,j) := \begin{cases} c_{ij} & \\ -c_{ji} & \end{cases} \text{if} \quad \begin{aligned} &(i,j) \in E_x^+ \\ &(i,j) \in E_x^-. \end{aligned} \qquad (7.14)$$

Man beachte, dass $u_x(i,j) > 0$ $(\forall\,(i,j) \in E_x)$. Zirkulationen in N_x nennen wir **Inkrementzirkulationen**. Der Digraph $G_x := (V, E_x)$ ist der **Inkrementgraph von $\underline{x}$**.

Um die Partitionsschreibweise $E_x = E_x^+ \stackrel{.}{\cup} E_x^-$ zu rechtfertigen, müssen wir dabei voraussetzen, dass der Digraph $G = (V, E)$ **antisymmetrisch** ist, d.h. $(i,j) \in E \Rightarrow$

Note that $u_x(i,j) > 0$ $(\forall\,(i,j) \in E_x)$. Circulations in N_x are called **incremental circulations**. The digraph $G_x := (V, E_x)$ is called the **incremental graph of $\underline{x}$**.

To justify the partition based notation $E_x = E_x^+ \stackrel{.}{\cup} E_x^-$, we have to make the assumption that the digraph $G = (V, E)$ is **antisymmetric**, i.e., $(i,j) \in E \Rightarrow$

$(j, i) \notin E$. Ist dies nicht der Fall, so wird die Antisymmetrie erzwungen durch die Transformation

$(j, i) \notin E$. If this is not the case, antisymmetry can be enforced using the transformation

 $\rightarrow$

Beispiel 7.1.7. *Gegeben seien das Zirkulationsnetzwerk aus Abb. 7.1.8 (a) und die Zirkulation aus Abb. 7.1.8 (b).*

Example 7.1.7. *Let the circulation network shown in Figure 7.1.8 (a) and the circulation shown in Figure 7.1.8 (b) be given.*

(a)

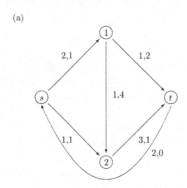

(b)

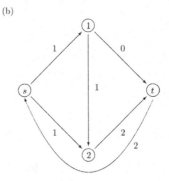

Abbildung 7.1.8. *(a) Netzwerk mit Kantenbewertungen u_{ij}, c_{ij}, und (b) Zirkulation.*

Figure 7.1.8. *(a) Network with edge coefficients u_{ij}, c_{ij}, and (b) circulation.*

Das Inkrementnetzwerk N_x ist in Abb. 7.1.9 (a), eine Inkrementzirkulation $\underline{\xi}$ in Abb. 7.1.9 (b) dargestellt.

The incremental network N_x and some incremental circulation $\underline{\xi}$ is shown in Figure 7.1.9 (a) and 7.1.9 (b), respectively.

(a)

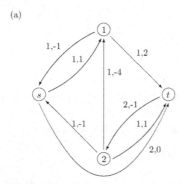

(b)

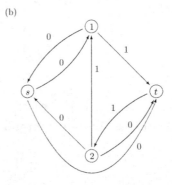

Abbildung 7.1.9. *(a) Inkrementnetzwerk N_x mit Kantenbewertungen $u_x(i,j)$, $c_x(i,j)$ und (b) Inkrementzirkulation.*

Figure 7.1.9. *(a) Incremental network N_x with edge coefficients $u_x(i,j)$, $c_x(i,j)$, and (b) incremental circulation.*

Aufgrund der Sätze 7.1.1, 7.1.2 und 7.1.3 können wir auch Inkrementnetzwerke N_x definieren, falls N ein allgemeines Netzwerk oder ein (s, t) Netzwerk ist.

Due to Theorems 7.1.1, 7.1.2 and 7.1.3 we can also define incremental networks N_x if N is a general network or an (s, t) network.

Zirkulationen x in N und ξ in N_x kann man zu neuen Zirkulationen zusammenfügen. Um dies zu realisieren, kann man eine gegebene Inkrementzirkulation ξ auf alle $i, j \in V \times V$ ausdehnen, für die $(i, j) \in E$ oder $(j, i) \in E$ ist. Dabei wird $\xi_{ij} = 0$ gesetzt, falls es bisher noch nicht definiert war. Für ξ schreiben wir $\xi = (\xi^+, \xi^-)$, wobei der erste Teil ξ^+ die erweiterte Inkrementzirkulation auf den Kanten von E ist. Der zweite Teil ist die Menge der ξ_{ji} mit $(i, j) \in E$.

Circulations x in N and ξ in N_x can be combined into new circulations. In order to do this we can extend a given incremental circulation ξ to all $i, j \in V \times V$ such that $(i, j) \in E$ or $(j, i) \in E$ by setting $\xi_{ij} = 0$ if it is not yet defined. Moreover, we write ξ as $\xi = (\xi^+, \xi^-)$ where the first part ξ^+ is the extended incremental circulation on edges in E and the second part is the set of ξ_{ji} with $(i, j) \in E$.

Dann gilt: $\xi = (\xi^+, \xi^-)$ ist eine Inkrementzirkulation bezüglich des Flusses x falls gilt

Then $\xi = (\xi^+, \xi^-)$ is an incremental circulation with respect to the flow x if

$$A \cdot \xi^+ - A \cdot \xi^- = 0$$
$$0 \leq \xi_{ij} \leq u_x(i, j) \quad \forall (i, j) \in E_x$$
$$\xi_{ij} = 0 \qquad \forall (i, j) \notin E_x.$$

Durch diese Erweiterung ist es möglich, Flüsse und deren Inkrementzirkulationen zu vorhandenen Flüssen zu „addieren".

Using this extension, we can „add" flows and their incremental circulations.

Satz 7.1.5. *Sei x eine zulässige Zirkulation in N und ξ eine zulässige Inkrementzirkulation. Dann ist*

Theorem 7.1.5. *Let x be a feasible circulation in N and let ξ be a feasible incremental circulation. Then*

$$x' := x \oplus \xi$$
$$\text{with} \quad x'_{ij} := x_{ij} + \xi_{ij} - \xi_{ji} \quad \forall (i, j) \in E \qquad (7.15)$$

eine zulässige Zirkulation in N. Außerdem ist

is a feasible circulation in N. Furthermore, we have that

$$\underline{c}\,\underline{x}' = \underline{c}\,\underline{x} + \underline{c}_x \underline{\xi} = \sum_{e \in E} c_e x_e + \sum_{e \in E_x} c_x(e) \cdot \xi_e.$$

Beweis. Da x und ξ Zirkulationen sind, gilt $Ax' = Ax + A \cdot \xi^+ - A \cdot \xi^- = 0$. Weiter gilt nach Definition von $\underline{u}_x$ für alle $(i, j) \in E$:

Proof. Since x and ξ are circulations it follows that $Ax' = Ax + A \cdot \xi^+ - A \cdot \xi^- = 0$. Furthermore, the definition of $\underline{u}_x$ implies that for all $(i, j) \in E$:

$$0 \leq x_{ij} - \xi_{ji} \leq x_{ij} + \xi_{ij} - \xi_{ji} \leq x_{ij} + (u_{ij} - x_{ij}) = u_{ij}$$

d.h. die Kapazitätsbedingungen sind erfüllt.   i.e., the capacity constraints are satisfied.

Schließlich gilt   Moreover,

$$\underline{c}\,\underline{x}' = \sum_{(i,j)\in E} c_{ij}(x_{ij} + \xi_{ij} - \xi_{ji}) = \underline{c}\,\underline{x} + \underline{c}_x \underline{\xi}.$$

∎

Beispiel 7.1.8. *Falls* $\underline{x}$ *die Zirkulation aus Abb. 7.1.8 (b) ist und* $\underline{\xi}$ *die Inkrementzirkulation von Abb. 7.1.9 (b), dann ist* $\underline{x} \oplus \underline{\xi}$ *in Abb. 7.1.10 zu sehen.*

Example 7.1.8. *If* $\underline{x}$ *is the circulation of Figure 7.1.8 (b) and* $\underline{\xi}$ *is the incremental circulation of Figure 7.1.9 (b), then* $\underline{x} \oplus \underline{\xi}$ *is shown in Figure 7.1.10.*

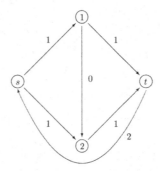

Abbildung 7.1.10.   **Figure 7.1.10.**

Umgekehrt ist eine "Differenz" zweier Zirkulationen $\underline{x}'$ und $\underline{x}$ eine Inkrementzirkulation:

On the other hand, the "difference" of two circulations $\underline{x}'$ and $\underline{x}$ is an incremental circulation:

Satz 7.1.6. *Seien* $\underline{x}$ *und* $\underline{x}'$ *zulässige Zirkulationen in* N. *Dann ist*

Theorem 7.1.6. *Let* $\underline{x}$ *and* $\underline{x}'$ *be feasible circulations in* N. *Then*

$$\underline{\xi} := \underline{x}' \ominus \underline{x}$$

$$with \quad \xi_{ij} := \begin{cases} \max\{0, x'_{ij} - x_{ij}\} & (i,j) \in E_x^+ \\ \max\{0, x_{ji} - x'_{ji}\} & (i,j) \in E_x^- \end{cases} \quad \text{if} \quad \tag{7.16}$$

eine Inkrementzirkulation, die   *is an incremental circulation that satisfies*

$$\underline{x}' = \underline{x} \oplus (\underline{x}' \ominus \underline{x}) \tag{7.17}$$

erfüllt.

Beweis. Nach der Definition von $\underline{\xi}$ und $\underline{u}_x$ gilt

Proof. The definition of $\underline{\xi}$ and $\underline{u}_x$ implies that

$$\left.\begin{array}{rcl} 0 & \leq & u_{ij} - x_{ij} \\ x'_{ij} - x_{ij} & \leq & u_{ij} - x_{ij} \end{array}\right\} \implies \xi_{ij} \leq u_{ij} - x_{ij} = u_x(i,j) \quad \forall\, (i,j) \in E_x^+$$

and $\quad 0 \leq \xi_{ij} \leq x_{ji} = u_x(i,j) \qquad\qquad\qquad\qquad \forall\, (i,j) \in E_x^-.$

Die Erhaltungsgleichungen für $\underline{\xi}$ zeigen wir, indem wir (7.3) benutzen:

We prove the conservation constraints for $\underline{\xi}$ using (7.3):

$$\begin{aligned} \sum_{(i,j)\in E_x} \xi_{ij} - \sum_{(j,i)\in E_x} \xi_{ji} &= \sum_{\substack{(i,j)\in E_x^+ \\ x_{ij}\leq x'_{ij}}} (x'_{ij} - x_{ij}) + \sum_{\substack{(i,j)\in E_x^- \\ x_{ji}\geq x'_{ji}}} (x_{ji} - x'_{ji}) \\ &\quad - \sum_{\substack{(j,i)\in E_x^+ \\ x_{ji}\leq x'_{ji}}} (x'_{ji} - x_{ji}) - \sum_{\substack{(j,i)\in E_x^- \\ x_{ij}\geq x'_{ij}}} (x_{ij} - x'_{ij}) \\ &= \Big(\sum_{(i,j)\in E} x'_{ij} - \sum_{(j,i)\in E} x'_{ji} \Big) \\ &\quad - \Big(\sum_{(i,j)\in E} x_{ij} - \sum_{(j,i)\in E} x_{ji} \Big) = 0 \quad \text{(using (7.3))}. \end{aligned}$$

(7.17) folgt unmittelbar durch Einsetzen von (7.16) in (7.15). ∎

(7.17) follows immediately from using (7.16) in (7.15). ∎

Beispiel 7.1.9. *Sei N das Netzwerk aus Abbildung 7.1.8 (a) und $\underline{x}$ die Zirkulation in Abb. 7.1.8 (b). Abb. 7.1.11 (a) zeigt eine zulässige Zirkulation in N und Abb. 7.1.11 (b) stellt $\underline{\xi} := \underline{x}' \ominus \underline{x}$ dar:*

Example 7.1.9. *Let N be the network given in Figure 7.1.8 (a) and let $\underline{x}$ be the circulation given in Figure 7.1.8 (b). Figure 7.1.11 (a) shows a feasible circulation in N and Figure 7.1.11 (b) shows $\underline{\xi} := \underline{x}' \ominus \underline{x}$:*

(a) (b)

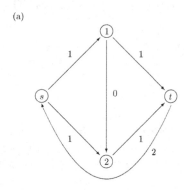

Abbildung 7.1.11. *(a) Zirkulation $\underline{x}'$, und (b) $\underline{\xi} := \underline{x}' \ominus \underline{x}$ mit $\underline{x}$ aus Abb. 7.1.8 (b).*

Figure 7.1.11. *(a) Circulation $\underline{x}'$, and (b) $\underline{\xi} := \underline{x}' \ominus \underline{x}$ with $\underline{x}$ from Figure 7.1.8 (b).*

Aus den Sätzen 7.1.4, 7.1.5 und 7.1.6 folgt unmittelbar die folgende Aussage:

The following result can be obtained immediately from Theorems 7.1.4, 7.1.5 and

7.1.6:

Satz 7.1.7. (Optimalitätskriterium für Netzwerkflussprobleme)

$\underline{x}$ *ist eine Optimallösung von NFP genau dann, wenn es keinen negativen Dikreis in N_x gibt.*

Beweis.

"⇒": <u>Annahme:</u> C ist negativer Dikreis in N_x, d.h. $c_x(C) = \sum\limits_{(i,j) \in C} c_x(i,j) < 0$.

Für $\varepsilon = \min\{u_x(i,j) : (i,j) \in C\} > 0$ ist $\varepsilon(C)$ ein zulässiger Dikreisfluss in N_x mit Kosten $\underline{c}_x \cdot \varepsilon(C) = \varepsilon \cdot c_x(C) < 0$. Da $\underline{x}' := \underline{x} \oplus \varepsilon(C)$ nach Satz 7.1.5 eine zulässige Zirkulation mit $\underline{c}\,\underline{x}' = \underline{c}\,\underline{x} + \varepsilon \cdot c_x(C) < \underline{c}\,\underline{x}$ ist, erhalten wir einen Widerspruch zur Optimalität von $\underline{x}$.

"⇐": Sei $\underline{x}'$ eine beliebige Zirkulation. Nach Satz 7.1.6 ist $\underline{\xi} = \underline{x}' \ominus \underline{x}$ eine zulässige Zirkulation in N_x, die nach Satz 7.1.4 in Dikreisflüsse $\varepsilon_1(C_1) + \ldots + \varepsilon_k(C_k)$ zerfällt. Da keine negativen Dikreise in N_x existieren, gilt $c_x(C_i) \geq 0$, $\forall\, i = 1, \ldots, k$. Also folgt

Theorem 7.1.7. (Optimality condition for network flow problems)

$\underline{x}$ is an optimal solution of NFP if and only if there does not exist a negative dicycle in N_x.

Proof.

"⇒": <u>Assumption:</u> C is a negative dicycle in N_x, i.e., $c_x(C) = \sum\limits_{(i,j) \in C} c_x(i,j) < 0$.

$\varepsilon(C)$ is a feasible dicycle flow in N_x for $\varepsilon = \min\{u_x(i,j) : (i,j) \in C\} > 0$ with cost $\underline{c}_x \cdot \varepsilon(C) = \varepsilon \cdot c_x(C) < 0$. Since Theorem 7.1.5 implies that $\underline{x}' := \underline{x} \oplus \varepsilon(C)$ is a feasible circulation with $\underline{c}\,\underline{x}' = \underline{c}\,\underline{x} + \varepsilon \cdot c_x(C) < \underline{c}\,\underline{x}$, we obtain a contradiction to the optimality of $\underline{x}$.

"⇐": Let $\underline{x}'$ be any circulation. Theorem 7.1.6 implies that $\underline{\xi} = \underline{x}' \ominus \underline{x}$ is a feasible circulation in N_x that decomposes into dicycle flows $\varepsilon_1(C_1) + \ldots + \varepsilon_k(C_k)$ according to Theorem 7.1.4. Since no negative dicycles exist in N_x we have that $c_x(C_i) \geq 0$, $\forall\, i = 1, \ldots, k$. Thus

$$\underline{c}\,\underline{x}' = \underline{c}\,\underline{x} + \underline{c}_x \cdot \underline{\xi} = \underline{c}\,\underline{x} + \varepsilon_1 \cdot c_x(C_1) + \ldots + \varepsilon_k \cdot c_x(C_k) \geq \underline{c}\,\underline{x}$$

d.h. $\underline{x}$ ist eine Optimallösung von NFP. ∎

Beispiel 7.1.10. *Die Zirkulation $\underline{x}$ aus Abb. 7.1.8 (b) ist nicht optimal, da $C = (1, t, 2, 1)$ ein negativer Dikreis in N_x (mit $c_x(C) = -3$) ist. $\underline{x}' = \underline{x} \oplus \varepsilon(C)$ ist die Zirkulation aus Abb. 7.1.11 (a). (Ist sie optimal in N aus Abb. 7.1.8 (a)? Ist sie optimal, wenn wir in diesem Netzwerk eine untere Kapazität $l_{ts} = 2$ einführen? Wie sieht im letzteren Fall (d.h. $\underline{l} \neq \underline{0}$) die Definition von N_x aus?)*

i.e., $\underline{x}$ is an optimal solution of NFP. ∎

Example 7.1.10. *The circulation $\underline{x}$ given in Figure 7.1.8 (b) is not optimal since $C = (1, t, 2, 1)$ is a negative dicycle in N_x (with $c_x(C) = -3$). $\underline{x}' = \underline{x} \oplus \varepsilon(C)$ is the circulation given in Figure 7.1.11 (a). (Is this circulation optimal in the network N given in Figure 7.1.8 (a)? Is it optimal if we introduce the lower capacity $l_{ts} = 2$ in this network? How is N_x defined in the latter case (i.e., $\underline{l} \neq \underline{0}$)?)*

7.2   Maximum Flows

Gegeben sei ein (s,t) Netzwerk N mit der zusätzlichen Kante $(t,s) \notin E$, die N zu einem Zirkulationsnetzwerk $\hat{N}$ macht (vgl. Satz 7.1.3). Die Kosten und Kapazitäten in $\hat{N}$ seien wie in Beispiel 7.1.2.

Let an (s,t) network N with the additional edge $(t,s) \notin E$ be given that transforms N into a circulation network $\hat{N}$ (cf. Theorem 7.1.3). Let the costs and capacities in $\hat{N}$ be defined as in Example 7.1.2.

$$\hat{c}_{ij} := \begin{cases} 0 & \text{if} \quad (i,j) \in E \\ -1 & \quad (i,j) = (t,s) \end{cases} \tag{7.18}$$

$$\text{and} \qquad \hat{u}_{ij} := \begin{cases} u_{ij} & \text{if} \quad (i,j) \in E \\ \infty & \quad (i,j) = (t,s). \end{cases} \tag{7.19}$$

Das NFP

Then the NFP

$$\begin{aligned} \min \quad & -\hat{x}_{ts} \\ \text{s.t.} \quad & \hat{A}\hat{\underline{x}} = \underline{0} \\ & \underline{0} \leq \hat{\underline{x}} \leq \hat{\underline{u}} \end{aligned} \tag{7.20}$$

in $\hat{N}$ ist dann äquivalent zum **Maximalen Flussproblem (MFP)** in N:

in $\hat{N}$ is equivalent to the **maximum flow problem (MFP)** in N:

$$\begin{aligned} \max \quad & v \\ \text{s.t.} \quad & A\underline{x} = \underline{b} \\ & \underline{0} \leq \underline{x} \leq \underline{u} \end{aligned} \qquad \text{with } b_i = \begin{cases} v & \quad i = s \\ -v & \text{if} \quad i = t \\ 0 & \quad i \neq s,t. \end{cases} \tag{7.21}$$

Die Variable v nennen wir den **Wert** des Flusses $\underline{x}$. Eine Optimallösung von MFP heißt **maximaler Fluss** in N.

The variable v is called the **value** of the flow $\underline{x}$. An optimal solution of the MFP is called a **maximum flow** in N.

Ein **flussvergrößernder (fv) Weg** bzgl. $\underline{x}$ ist ein Weg P in (V,E) von s nach t derart, dass

A **flow augmenting (fa) path** with respect to $\underline{x}$ is a path P in (V,E) from s to t such that

$$\begin{aligned} x_{ij} &< u_{ij} \quad \forall \, (i,j) \in P^+ \\ x_{ij} &> 0 \quad \forall \, (i,j) \in P^-. \end{aligned} \tag{7.22}$$

Nach Definition des Inkrementnetzwerks $\hat{N}_x$ ist $(i,j) \in E_x^+, \forall \, (i,j) \in P^+$, und $(j,i) \in E_x^-, \forall \, (i,j) \in P^-$, also ist nach (7.18) $C := \{(t,s)\} \cup P^+ \cup \{(j,i) : (i,j) \in P^-\}$ ein negativer Dikreis in N_x. Umgekehrt enthält jeder negative Dikreis in N_x die Kante (t,s) und der Diweg $C \setminus \{(t,s)\}$

The definition of the incremental network $\hat{N}_x$ implies that $(i,j) \in E_x^+, \forall \, (i,j) \in P^+$ and that $(j,i) \in E_x^-, \forall \, (i,j) \in P^-$. Therefore we can conclude from (7.18) that $C := \{(t,s)\} \cup P^+ \cup \{(j,i) : (i,j) \in P^-\}$ is a negative dicycle in N_x. On the other hand, every negative dicycle in N_x contains the

entspricht einem fv Weg in G. Wir erhalten somit aus Satz 7.1.7 das folgende Ergebnis:

edge (t, s) and the dipath $C \setminus \{(t, s)\}$ corresponds to an fa path in G. Thus the following result is a consequence of Theorem 7.1.7:

Satz 7.2.1. (Flussvergrößernde Wege Satz)

x ist ein maximaler Fluss genau dann, wenn es keinen fv Weg bzgl. x gibt.

Theorem 7.2.1.   (Flow augmenting paths theorem)

x is a maximum flow if and only if there does not exist an fa path with respect to x.

Ist x kein maximaler Fluss, so existiert nach Satz 7.2.1 ein fv Weg P. Analog zu (7.11) berechnen wir dann

Theorem 7.2.1 implies that, if x is not a maximum flow, then there exists an fa path P. Analogous to (7.11) we can calculate in this case that

$$
\begin{aligned}
\varepsilon_1 &:= \min\{u_{ij} - x_{ij} : (i,j) \in P^+\} > 0 \\
\varepsilon_2 &:= \min\{x_{ij} : (i,j) \in P^-\} > 0 \\
\varepsilon &:= \min\{\varepsilon_1, \varepsilon_2\} > 0
\end{aligned}
\tag{7.23}
$$

und bezeichnen, analog zu Satz 7.1.6, mit $x' = x \oplus \varepsilon(P)$ den Fluss

and denote, analogous to Theorem 7.1.6, the flow

$$
x'_{ij} := \begin{cases}
x_{ij} + \varepsilon & \text{if } (i,j) \in P^+ \\
x_{ij} - \varepsilon & \text{if } (i,j) \in P^- \\
x_{ij} & \text{otherwise}
\end{cases}
\tag{7.24}
$$

Der Flusswert von $x \oplus \varepsilon(P)$ ist $v' = v + \varepsilon > v$. Den Fluss $x \oplus \varepsilon(P)$ bezeichnen wir als die **maximale Vergrößerung von x auf dem fv Weg P**.

by $x' = x \oplus \varepsilon(P)$. The value of the flow $x \oplus \varepsilon(P)$ is $v' = v + \varepsilon > v$. The flow $x \oplus \varepsilon(P)$ is called the **maximal augmentation of x on the fa path P**.

Eine weitere Charakterisierung maximaler Flüsse erhält man mit Hilfe von (s, t) **Schnitten**, das sind Schnitte $Q = (X, \overline{X})$ mit $s \in X$ und $t \in \overline{X}$. (Zur Definition von Q^+ bzw. Q^- vgl. Kapitel 5.)

An additional characterization of maximum flows can be obtained using (s, t) **cuts**, i.e., cuts $Q = (X, \overline{X})$ with $s \in X$ and $t \in \overline{X}$. (For the definition of Q^+ and Q^-, see Chapter 5.)

Satz 7.2.2. (Max Fluss - Min Schnitt Satz)

x ist ein maximaler Fluss mit Wert v genau dann, wenn es einen (s, t) Schnitt $Q = (X, \overline{X})$ gibt mit

Theorem 7.2.2. (Max-flow min-cut theorem)

x is a maximum flow with value v if and only if there exists an (s, t) cut $Q = (X, \overline{X})$ with

$$
v = u(Q^+) := \sum_{(i,j) \in Q^+} u_{ij}.
$$

Beweis.

"⇐": Sei $\underline{x}'$ ein beliebiger Fluss mit Wert v' und $R = (X', \overline{X}')$ ein beliebiger (s,t) Schnitt. Da $\underline{x}'$ die Erhaltungsgleichung (7.3) erfüllt, gilt für alle $i \in X'$:

Proof.

"⇐": Let $\underline{x}'$ be any flow with value v' and let $R = (X', \overline{X}')$ be any (s,t) cut. Since $\underline{x}'$ satisfies the conservation constraint (7.3), all $i \in X'$ satisfy:

$$\sum_{(i,j)\in E} x'_{ij} - \sum_{(j,i)\in E} x'_{ji} = \left\{ \begin{array}{l} v' \\ 0 \end{array} \right. \text{ if } \begin{array}{l} i = s \\ i \in X' \setminus \{s\} \end{array}$$

$$\implies \sum_{i\in X'}\left(\sum_{(i,j)\in E} x'_{ij} - \sum_{(j,i)\in E} x'_{ji}\right) = \sum_{(i,j)\in R^+} x'_{ij} - \sum_{(j,i)\in R^-} x'_{ji} = v' \qquad (7.25)$$

$$\implies v' \le \sum_{(i,j)\in R^+} x'_{ij} \le \sum_{(i,j)\in R^+} u_{ij} = u(R^+)$$

(using the capacity constraints (7.2))

Da $\underline{x}$ und Q die obige Ungleichung mit Gleichheit erfüllen, ist $\underline{x}$ ein maximaler Fluss.

x is a maximum flow since $\underline{x}$ and Q satisfy the above inequality with equality.

"⇒": Sei $\underline{x}$ ein maximaler Fluss und sei

"⇒": Let $\underline{x}$ be a maximum flow and let

$$X := \{i : \exists \text{ dipath in } N_x \text{ from } s \text{ to } i\}.$$

Offensichtlich ist $s \in X$ und $t \in \overline{X}$ (denn andernfalls existierte ein fv Weg und $\underline{x}$ wäre nach Satz 7.2.1 nicht maximal). Dann gilt für den (s,t) Schnitt $Q = (X, \overline{X})$:

Obviously, $s \in X$ and $t \in \overline{X}$ (otherwise there would exist an fa path and $\underline{x}$ would not be maximum due to Theorem 7.2.1). Then the (s,t) cut $Q = (X, \overline{X})$ satisfies:

$$\forall \, (i,j) \in E : \quad (i \in X \text{ and } j \in \overline{X} \implies x_{ij} = u_{ij}) \qquad (7.26)$$
$$\text{and} \qquad (i \in \overline{X} \text{ and } j \in X \implies x_{ij} = 0). \qquad (7.27)$$

Daraus folgt:

Then:

$$\begin{aligned} v &= \sum_{(i,j)\in Q^+} x_{ij} & \text{using (7.25) and (7.27)} \\ &= \sum_{(i,j)\in Q^+} u_{ij} = u(Q^+) & \text{using (7.26).} \end{aligned}$$

∎

Übung: *Zeigen Sie Satz 7.2.2 mit Hilfe des Dualitätssatzes der Linearen Programmierung.*

Exercise: *Prove Theorem 7.2.2 using the duality theorem of linear programming.*

Satz 7.2.1 und 7.2.2 ergeben zusammen einen Algorithmus zur Bestimmung eines maximalen Flusses. Die Suche nach fv Wegen wird durch Markierungen der Knoten in (V, E) durchgeführt. Alle Knoten sind dabei in einem der folgenden Zustände:

The combination of Theorems 7.2.1 and 7.2.2 implies an algorithm to determine a maximum flow. The search for fa paths is implemented using a labeling of the vertices in (V, E), where all vertices are in one of the following states:

- markiert und untersucht

- markiert und nicht untersucht

- nicht markiert

- labeled and scanned

- labeled and unscanned

- unlabeled

und werden entsprechend in Mengen X, Y und Z gespeichert.

and are stored accordingly in sets X, Y and Z.

ALGORITHM

Labeling Algorithm for MFP

(Input) (s, t) network $N = (V, E; \underline{b}; \underline{u}, \underline{c})$, arbitrary feasible flow $\underline{x}$ with value v (e.g., $\underline{x} = \underline{0}$).

(1) Set $X := \emptyset$, $Y := \{s\}$ and $Z := V \setminus Y$.

(2) Choose $i \in Y$.

(3) For all $(i, j) \in E$ do
   if $j \in Z$ and $x_{ij} < u_{ij}$, set $pred(j) := i$, $Y := Y \cup \{j\}$, $Z := Z \setminus \{j\}$,
   if $j = t$, goto Step (6).
   For all $(j, i) \in E$ do
   if $j \in Z$ and $x_{ji} > 0$, set $pred(j) := -i$, $Y := Y \cup \{j\}$, $Z := Z \setminus \{j\}$,
   if $j = t$, goto Step (6).

(4) Set $X := X \cup \{i\}$, $Y := Y \setminus \{i\}$.

(5) If $Y = \emptyset$ (STOP), $\underline{x}$ is a maximum flow and $(X, \overline{X})$ with $\overline{X} = Z$ is a minimum cut.
   Otherwise, goto Step (2).

(6) Use the $pred(j)$ labels to find an fa path P, starting with $j = t$, where

$$P^+ := \{(pred(j), j) : pred(j) > 0\}$$
$$P^- := \{(j, -pred(j)) : pred(j) < 0\}.$$

Set $\underline{x} := \underline{x} \oplus \varepsilon(P)$ according to (7.23) and (7.24) and goto Step (1).

Beispiel 7.2.1. *Sei N das Netzwerk aus Abb. 7.2.1.*

Example 7.2.1. *Let N be the network given in Figure 7.2.1.*

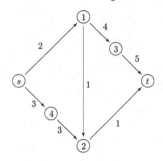

Abbildung 7.2.1. *Digraph mit Kapazitäten u_{ij}.*

Figure 7.2.1. *Digraph with capacities u_{ij}.*

Wir zeigen in jeder Iteration einen fv Weg P und den neuen Fluss $\underline{x} \oplus \varepsilon(P)$, wobei wir mit $\underline{x} = \underline{0}$ starten.

Starting with $\underline{x} = \underline{0}$, we show an fa path P and the new flow $\underline{x} \oplus \varepsilon(P)$ in each iteration.

Iteration 1: $P = (s, 1, 2, t)$, $\varepsilon_1 = 1$, $\varepsilon_2 = \infty$, $\varepsilon = 1$

$\underline{x} := \underline{x} \oplus \varepsilon(P)$

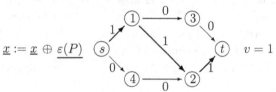

$v = 1$

Iteration 2: $P = (s, 1, 3, t)$, $\varepsilon_1 = 1$, $\varepsilon_2 = \infty$, $\varepsilon = 1$

$\underline{x} := \underline{x} \oplus \varepsilon(P)$ $v = 2$

Iteration 3: $P = (s, 4, 2, 1, 3, t)$, $\varepsilon_1 = 3$, $\varepsilon_2 = 1$, $\varepsilon = 1$

$\underline{x} := \underline{x} \oplus \varepsilon(P)$ $v = 3$

Iteration 4:   *Minimum cut $Q = (X, \overline{X})$ with $X = \{s, 2, 4\}$.*

We verify that: $u(Q^+) = u_{s1} + u_{2t} = 3 = v.$

Das Netzwerk aus Abb. 7.2.1 ist offensichtlich äquivalent zu

The network of Figure 7.2.1 is obviously equivalent to

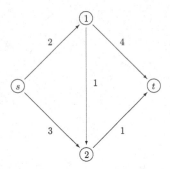

Das Beispiel macht deutlich, dass die Flussmarkierung ineffizient sein kann, wenn man den Indizes der Knoten folgt. Eine andere Folge der Markierungen würde denselben maximalen Fluss nach nur zwei Flussvergrößerungen finden. In der vorliegenden Form haben wir nicht näher spezifiziert, wie der Knoten $i \in Y$ in Schritt (2) gewählt werden soll. Eine "dumme" Auswahl kann zu einem sehr ineffizienten Verhalten führen, wie das folgende Beispiel zeigt.

The example indicates that the labeling may be inefficient if we follow the index numbers of the nodes. Another choice of labeling sequences would find the same maximum flow after just two flow augmentations. In the current version of the Labeling Algorithm we have, indeed, not specified how the vertex $i \in V$ is selected in Step (2). A "stupid" choice can lead to a very inefficient procedure which is even more obvious in the following example.

Beispiel 7.2.2. *Sei N das Netzwerk aus Abb. 7.2.2:*

Example 7.2.2. *Let N be the network given in Figure 7.2.2:*

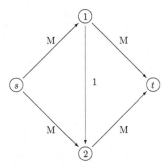

Abbildung 7.2.2. *Digraph mit Kapazitäten u_{ij}, wobei M eine sehr große Zahl ist.*

Figure 7.2.2. *Digraph with capacities u_{ij}, where M is a very large integer.*

Benutzt man die zwei fv Wege $P_1 = (s, 1, t)$ und $P_2 = (s, 2, t)$, so hat man einen maximalen Fluss nach 2 Iteratio-

If the two fa paths $P_1 = (s, 1, t)$ and $P_2 = (s, 2, t)$ are used, a maximum flow is found after 2 iterations. However, if the

nen erhalten. Benutzt man jedoch alternierend die fv Wege $W_1 = (s, 2, 1, t)$ und $W_2 = (s, 1, 2, t)$, werden $2 \cdot M$ Iterationen benötigt.

Es kann jedoch noch schlimmer kommen: Sind die Kapazitäten irrational, so kann es vorkommen, dass der Markierungsalgorithmus nicht endlich ist und sogar gegen eine falschen Grenzwert konvergiert. Für ganzzahlige Daten erhält man jedoch einen polynomialen Algorithmus aus dem Labeling Algorithmus, indem man zum Beispiel in jeder Iteration einen flussvergrößernden Weg mit einer kleinstmöglichen Anzahl von Kanten bestimmt.

alternatingly fa paths $W_1 = (s, 2, 1, t)$ and $W_2 = (s, 1, 2, t)$ are used, $2 \cdot M$ iterations are needed.

The situation may become even worse: If the capacities are not rational it may happen that the Labeling Algorithm is not finite and that it even converges to a wrong limit. Polynomial algorithms for maximum flow problems with integer data can, however, be derived by the Labeling Algorithm by finding, for example, in each iteration a flow augmenting path with the smallest number of arcs.

7.3 Feasible Flows for NFP and the Negative Dicycle Algorithm

In den Sätzen 7.1.1 und 7.1.2 haben wir gesehen, dass Flussprobleme in beliebigen Netzwerken $N = (V, E; \underline{b}; \underline{l}; \underline{u}, \underline{c})$ in äquivalente Flussprobleme in (s, t) Netzwerken überführt werden können. Die dabei nötigen Transformationen sind durch (7.4) - (7.8) gegeben. Betrachtet man den Wert v in (7.6) als Variable eines Maximalen Fluss Problems, so erhält man die folgende Aussage:

We have seen in Theorems 7.1.1 and 7.1.2 that flow problems on general networks $N = (V, E; \underline{b}; \underline{l}; \underline{u}, \underline{c})$ can be transformed into equivalent flow problems on (s, t) networks. The transformations needed thereby are given by (7.4) - (7.8). If we interpret the value v in (7.6) as a variable of a maximum flow problem, we obtain the following result:

Satz 7.3.1. *Es existiert ein zulässiger Fluss $\underline{x}$ in N genau dann, wenn gilt: Der maximale Fluss im erweiterten Netzwerk $\hat{N}$ erfüllt $x_{si} = b_i, \ \forall \ i \in S$.*

Theorem 7.3.1. *There exists a feasible flow $\underline{x}$ in N if and only if the maximum flow in the extended network $\hat{N}$ satisfies $x_{si} = b_i, \ \forall \ i \in S$.*

Beispiel 7.3.1. *Sei N das Netzwerk aus Abb. 7.3.1.*

Example 7.3.1. *Let N be the network given in Figure 7.3.1.*

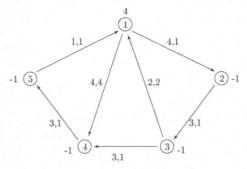

Abbildung 7.3.1. *Netzwerk mit Kanten-bewertungen u_{ij}, c_{ij} und Knotenbewertun-gen b_i.*

Figure 7.3.1. *Network with edge coeffi-cients u_{ij}, c_{ij} and node coefficients b_i.*

Dann zeigt Abb. 7.3.2 das zugehörige (s,t) Netzwerk mit zugehörigen Kapazitäten und einem maximalen Fluss $\hat{\underline{x}}$.

Figure 7.3.2 shows the corresponding (s,t) network with the corresponding capacities and a maximum flow $\hat{\underline{x}}$.

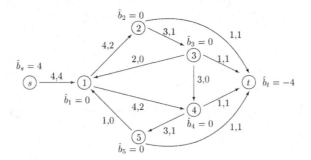

Abbildung 7.3.2. *(s,t) Netzwerk mit Kantenbewertung $\hat{u}_{ij}, \hat{x}_{ij}$ und Knotenbe-wertungen $\hat{b}_i$.*

Figure 7.3.2. *(s,t) network with edge co-efficients $\hat{u}_{ij}, \hat{x}_{ij}$ and node coefficients $\hat{b}_i$.*

Der entsprechende zulässige Fluss $\underline{x}$ in N ist in Abb. 7.3.3 dargestellt.

The corresponding feasible flow $\underline{x}$ in N is given in Figure 7.3.3.

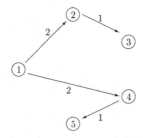

Abbildung 7.3.3. *Zulässiger Fluss für das Netzwerk aus Abb. 7.3.1; Kanten mit $x_{ij} = 0$ sind weggelassen.*

Figure 7.3.3. *Feasible flow for the net-work introduced in Figure 7.3.1; edges with $x_{ij} = 0$ are omitted.*

Eine andere Möglichkeit, zulässige Flüsse zu erzeugen, besteht darin, die Idee der 2 - Phasenmethode auf NFP zu übertragen: Wir modifizieren zunächst N so, dass $\underline{l} = \underline{0}$ (vgl. Satz 7.1.1). Dann führen wir einen Knoten v_0 mit $b_0 = 0$ und Kanten $(i, 0)$, $\forall\, i \in S$, bzw. $(0, j)$, $\forall\, j \in D$, ein, die Kapazitäten $u_{i0} = b_i$, $\forall\, i \in S$, bzw. $u_{0j} = -b_j$, $\forall\, j \in D$, und Kosten $\tilde{c}_{i0} = \tilde{c}_{0j} = 1$, $\forall\, i \in S, j \in D$, haben. Alle anderen Kosten setzen wir auf 0. Die Werte $b_i, i = 1, \ldots, n$, bleiben unverändert. Offensichtlich ist

Another possibility to construct feasible flows is to transfer the idea of the 2 - phase method to NFPs: In a first step we modify N such that $\underline{l} = \underline{0}$ (cf. Theorem 7.1.1). Then we introduce a vertex v_0 with $b_0 = 0$ and edges $(i, 0)$, $\forall\, i \in S$, and $(0, j)$, $\forall\, j \in D$, respectively, with capacities $u_{i0} = b_i$, $\forall\, i \in S$, and $u_{0j} = -b_j$, $\forall\, j \in D$, respectively, and costs $\tilde{c}_{i0} = \tilde{c}_{0j} = 1$, $\forall\, i \in S, j \in D$. All remaining costs are set to 0. The values $b_i, i = 1, \ldots, n$, remain unchanged. Obviously,

$$\tilde{x}_{ij} := \begin{cases} -b_j & \text{if } (i,j) = (0,j) \\ b_i & \text{if } (i,j) = (i,0) \\ 0 & \text{otherwise} \end{cases} \qquad (7.28)$$

ein zulässiger Fluss in diesem neuen Netzwerk $\tilde{N}$, und es gilt:

is a feasible flow in this new network $\tilde{N}$, and the following theorem holds:

Satz 7.3.2. *Es existiert ein zulässiger Fluss $\underline{x}$ in N genau dann, wenn es einen zulässigen Fluss $\tilde{\underline{x}}$ in $\tilde{N}$ mit Kosten $\tilde{\underline{c}}\,\tilde{\underline{x}} = 0$ gibt.*

Theorem 7.3.2. *A feasible flow $\underline{x}$ in N exists if and only if there exists a feasible flow $\tilde{\underline{x}}$ in $\tilde{N}$ with cost $\tilde{\underline{c}}\,\tilde{\underline{x}} = 0$.*

Beweis. $\underline{x}$ ist ein zulässiger Fluss in N genau dann, wenn

Proof. $\underline{x}$ is a feasible flow in N if and only if

$$\tilde{x}_{ij} := \begin{cases} x_{ij} & (i,j) \in E \\ b_i - \left(\displaystyle\sum_{(i,k)\in E} \tilde{x}_{ik} - \sum_{(k,i)\in E} \tilde{x}_{ki} \right) & \text{if } (i,j) = (i,0),\ \forall\, i \in S \\ -b_j + \left(\displaystyle\sum_{(j,k)\in E} \tilde{x}_{jk} - \sum_{(k,j)\in E} \tilde{x}_{kj} \right) & (i,j) = (0,j),\ \forall\, j \in D \end{cases} \qquad (7.29)$$

ein zulässiger Fluss in $\tilde{N}$ ist mit $\tilde{x}_{i0} = \tilde{x}_{0j} = 0$, $\forall\, i \in S$, $j \in D$. ∎

is a feasible flow in $\tilde{N}$ with $\tilde{x}_{i0} = \tilde{x}_{0j} = 0$, $\forall\, i \in S$, $j \in D$. ∎

Beispiel 7.3.2. *Das zu dem Netzwerk aus Abb. 7.3.1 gehörende Netzwerk $\tilde{N}$ ist in Abb. 7.3.4 gezeigt:*

Example 7.3.2. *The network $\tilde{N}$ corresponding to the network given in Figure 7.3.1 is shown in Figure 7.3.4:*

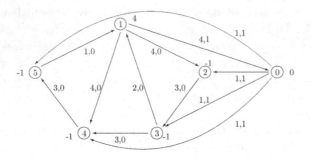

Abbildung 7.3.4. *Modifiziertes Netzwerk $\tilde{N}$ mit Kantenbewertungen $\tilde{u}_{ij}, \tilde{c}_{ij}$ und Knotenbewertungen $\tilde{b}_i$.*

Figure 7.3.4. *The modified network $\tilde{N}$ with edge coefficients $\tilde{u}_{ij}, \tilde{c}_{ij}$ and node coefficients $\tilde{b}_i$.*

Gemäß (7.28) berechnen wir den zulässigen Fluss $\tilde{\underline{x}}$ in $\tilde{N}$ (vgl. Abb. 7.3.5).

We determine the feasible flow $\tilde{\underline{x}}$ in $\tilde{N}$ according to (7.28) (cf. Figure 7.3.5).

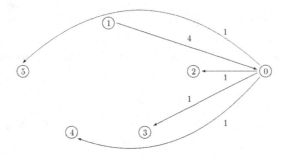

Abbildung 7.3.5. *Zulässiger Fluss $\tilde{\underline{x}}$ in $\tilde{N}$. Kanten mit $\tilde{x}_{ij} = 0$ sind weggelassen.*

Figure 7.3.5. *Feasible flow $\tilde{\underline{x}}$ in $\tilde{N}$. Edges with $\tilde{x}_{ij} = 0$ are omitted.*

Hat man mittels Satz 7.3.1 oder 7.3.2 einen zulässigen Fluss $\underline{x}$ gefunden, kann man mit Satz 7.1.7 überprüfen, ob $\underline{x}$ optimal ist. Ist dies nicht der Fall, setzt man $\underline{x} := \underline{x} \oplus \varepsilon(C)$, wobei C ein negativer Dikreis in N_x ist, und iteriert.

Once a feasible flow $\underline{x}$ is found using Theorem 7.3.1 or Theorem 7.3.2, Theorem 7.1.7 can be used to check whether $\underline{x}$ is optimal. If this is not the case, we set $\underline{x} := \underline{x} \oplus \varepsilon(C)$, where C is a negative dicycle in N_x, and iterate.

Wir erhalten somit den folgenden Algorithmus zur Lösung von NFPs:

The discussion above leads to the following algorithm to solve NFPs:

ALGORITHM

Negative Dicycle Algorithm

(Input) Network $N = (V, E; \underline{b}; \underline{u}, \underline{c})$ (i.e., $\underline{l} = \underline{0}$),
feasible flow $\underline{x}$.

while there exists a negative dicycle C in N_x do

$$\text{determine } \varepsilon := \min\{u_x(i,j) : (i,j) \in C\}$$
$$\text{and set } \underline{x} := \underline{x} \oplus \underline{\varepsilon(C)} \,.$$

A negative dicycle can be found, e.g., using the Algorithm of Floyd-Warshall.

Sind alle Daten ganzzahlig, so ist der Algorithmus endlich, da sich der Zielfunktionswert $\underline{c}\,\underline{x}$ in jeder Iteration strikt verbessert. In dieser Version ist die Anzahl der Iterationen jedoch von $c := \sum_{(i,j) \in C} c_{ij}$ und $B := \sum_{i \in S} b_i$ abhängig, so dass der Negative Dikreis Algorithmus kein polynomialer, sondern ein pseudopolynomialer Algorithmus ist.

If all input data is integer this algorithm is finite since the objective value $\underline{c}\,\underline{x}$ strictly decreases in each iteration. However, in this version of the algorithm, the number of iterations depends on $c := \sum_{(i,j) \in C} c_{ij}$ and $B := \sum_{i \in S} b_i$ so that the Negative Dicycle Algorithm is not a polynomial, but a pseudopolynomial algorithm.

Beispiel 7.3.3. *Sei $\underline{x}$ der zulässige Fluss aus Abb. 7.3.3 für das Netzwerk N aus Abb. 7.3.1. Abb. 7.3.6 zeigt das Inkrementnetzwerk N_x mit dem negativen Dikreis $C = (1, 2, 3, 4, 1)$.*

Example 7.3.3. *Let $\underline{x}$ be the feasible flow given in Figure 7.3.3 for the network N introduced in Figure 7.3.1. Figure 7.3.6 shows the incremental network N_x with the negative dicycle $C = (1, 2, 3, 4, 1)$.*

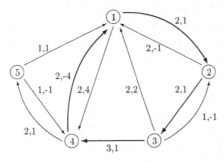

Abbildung 7.3.6. *Inkrementnetzwerk N_x für $\underline{x}$ aus Abb. 7.3.3 mit Kantenbewertungen $u_x(i,j), c_x(i,j)$. Die Kanten des negativen Dikreises sind dick gezeichnet.*

Figure 7.3.6. *Incremental network N_x for $\underline{x}$ from Figure 7.3.3 with edge coefficients $u_x(i,j), c_x(i,j)$. The edges of the negative dicycle are highlighted by thick arcs.*

$\varepsilon = \min\{u_x(i,j) : (i,j) \in C\} = 2$, also ist $\underline{x}' := \underline{x} \oplus \varepsilon(C)$ der Fluss in Abb. 7.3.7:

$\varepsilon = \min\{u_x(i,j) : (i,j) \in C\} = 2$, and therefore $\underline{x}' := \underline{x} \oplus \varepsilon(C)$ is the flow given in Figure 7.3.7:

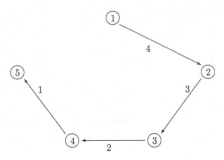

Abbildung 7.3.7. $\underline{x}' := \underline{x} \oplus \varepsilon(C)$. Kanten mit $x'_{ij} = 0$ sind weggelassen.

Figure 7.3.7. $\underline{x}' := \underline{x} \oplus \varepsilon(C)$. Edges with $x'_{ij} = 0$ are omitted.

Da in $N_{x'}$ kein negativer Dikreis existiert, ist $\underline{x}'$ ein optimaler Fluss.

The flow $\underline{x}'$ is an optimal flow since no negative dicycle exists in $N_{x'}$.

7.4   The Network Simplex Algorithm

In diesem Abschnitt werden wir sehen, dass das Simplexverfahren angewendet auf das NFP erheblich effizienter implementiert werden kann als das Simplexverfahren für lineare Programme, die nicht die spezielle Struktur eines NFPs haben.

We will see in this Section that the Simplex Method, applied to the NFP, can be implemented considerably more efficiently than the Simplex Method for arbitrary linear programs that do not have the special structure of the NFP.

Dazu werden wir zunächst zeigen, dass jede Basislösung des NFPs einem spannenden Baum in $G = (V, E)$ entspricht. Der Optimalitätstest und der Basisaustausch lassen sich dann sehr effizient durchführen. Sei dazu $\underline{x}$ eine Optimallösung des NFPs und sei C ein Kreis in N mit $0 < x_{ij} < u_{ij}$, $\forall (i,j) \in C$. Dann existiert ein Dikreis C' im Inkrementnetzwerk N_x mit

For this purpose, we will first show that every basic solution of the NFP corresponds to a spanning tree in $G = (V, E)$. Then the optimality test and the basis exchange can be realized very efficiently. Let $\underline{x}$ be an optimal solution of the NFP and let C be a cycle in N with $0 < x_{ij} < u_{ij}$, $\forall (i,j) \in C$. Then there exists a dicycle C' in the incremental network N_x such that

$$\forall (i,j) \in C' : \quad (i,j) \in C \text{ or } (j,i) \in C.$$

Damit ist auch die Umkehrung $\overline{C'}$ von C' (d.h. $(i,j) \in \overline{C'} \iff (j,i) \in C'$) ein Dikreis in N_x. Da $\underline{x}$ ein optimaler Fluss ist, kann weder C' noch $\overline{C'}$ ein negativer Dikreis sein, d.h. $c_x(C') = -c_x(\overline{C'}) = 0$. Setzen wir $\varepsilon := \min\{u_x(i,j) : (i,j) \in C'\}$,

Then also the reversal $\overline{C'}$ of C' (i.e., $(i,j) \in \overline{C'} \iff (j,i) \in C'$) is a dicycle in N_x. Since $\underline{x}$ is an optimal flow, neither C' nor $\overline{C'}$ may be negative dicycles, i.e., $c_x(C') = -c_x(\overline{C'}) = 0$. If we set $\varepsilon := \min\{u_x(i,j) : (i,j) \in C'\}$, then The-

so ist $\underline{x}' := \underline{x} \oplus \varepsilon(C')$ nach Satz 7.1.5 ein Fluss in N mit $\underline{c}\,\underline{x}' = \underline{c}\,\underline{x}$, also ebenfalls ein optimaler Fluss. Bzgl. dieses neuen Flusses $\underline{x}'$ gibt es mindestens eine Kante $(i,j) \in C$ mit $x'_{ij} = 0$ oder $x'_{ij} = u_{ij}$. Durch iterative Anwendung dieses Verfahrens erhalten wir das folgende Ergebnis:

orem 7.1.5 implies that $\underline{x}' := \underline{x} \oplus \varepsilon(C')$ is a flow in N with $\underline{c}\,\underline{x}' = \underline{c}\,\underline{x}$, and thus also an optimal flow. There exists at least one edge $(i,j) \in C$ with respect to this new flow $\underline{x}'$ with $x'_{ij} = 0$ or $x'_{ij} = u_{ij}$. By iteratively applying this procedure, we obtain the following result:

Satz 7.4.1. *Jedes NFP hat einen optimalen Fluss $\underline{x}$, der* **keine Kreise enthält***. (D.h. für alle Kreise C in (V, E) existiert ein $(i, j) \in C$ mit $x_{ij} = 0$ oder $x_{ij} = u_{ij}$.)*

Theorem 7.4.1. *Every NFP has an optimal* **cycle-free flow** *$\underline{x}$. (I.e., for all cycles C in (V, E) there exists an edge $(i, j) \in C$ such that $x_{ij} = 0$ or $x_{ij} = u_{ij}$.)*

Für einen Fluss, der keine Kreise enthält, ist der Untergraph (V, E') mit

Given a cycle-free flow, the subgraph (V, E') with

$$E' := \{(i, j) : 0 < x_{ij} < u_{ij}\} \tag{7.30}$$

kreisfrei. Vernachlässigt man die Richtungen der Kanten, so kann E' durch evtl. Hinzunahme weiterer Kanten zu einem spannenden Baum $T_B = (V, E_B)$ erweitert werden. Dabei ist B die Indexmenge der Kanten in E' und der hinzugenommenen Kanten. Sei A_B die entsprechende Teilmatrix der Inzidenzmatrix von A, die nur aus Spalten mit Indizes in B besteht.

does not contain any cycles. By neglecting the directions of the edges, E' can be extended to a spanning tree $T_B = (V, E_B)$ by adding further edges if necessary. Here, B is the index set of the edges in E' and the added edges. Let A_B be the corresponding submatrix of the incidence matrix of A that only consists of columns with indices in B.

Satz 7.4.2. *Die Zeilen und Spalten von A_B können so angeordnet werden, dass A_B Diagonalelemente ± 1 und nur Nullen in der oberen Dreiecksmatrix hat.*

Theorem 7.4.2. *The rows and columns of A_B can be ordered such that A_B has diagonal elements ± 1, and only 0-elements in the upper triangular part.*

Beweis.
Nach Satz 5.1.1 (a) hat T_B ein Blatt v_i. Dann enthält die zu v_i gehörende Zeile von A_B genau eine $+1$ oder eine -1. Wähle den zur eindeutig bestimmten Kante e mit v_i als Endknoten gehörenden Inzidenzvektor als erste Spalte von A_B, die zu v_i gehörende Zeile als erste Zeile und streiche e in T_B. Da $T_B \setminus e$ ein spannender Baum von $(V \setminus \{i\}, \{(p, q) \in E : p \neq i \neq q\})$ ist, erhält man durch iterative Anwendung dieses Verfahrens die verlangte Matrix.
∎

Proof.
Theorem 5.1.1 (a) implies that T_B has a leaf v_i. Thus the row of A_B corresponding to v_i contains exactly one $+1$ or one -1. Choose the incidence vector corresponding to the uniquely defined edge e with endnode v_i as the first column of A_B, make the row corresponding to v_i the first row of A_B and remove e from T_B. Since $T_B \setminus e$ is a spanning tree of $(V \setminus \{i\}, \{(p, q) \in E : p \neq i \neq q\})$, we obtain the required matrix by iteratively applying this procedure.
∎

Wir müssen beachten, dass A_B eine $n \times (n-1)$-Matrix ist. Um A_B, wie im Simplexverfahren, zu einer quadratischen Matrix zu machen, wählen wir einen Knoten w – die **Wurzel** von T_B – und streichen die zu w gehörende Zeile in A_B. (Nach dieser Operation kann es notwendig sein, die Matrix erneut zu sortieren.) Wir nehmen im Folgenden an, dass w beliebig, aber für alle B unverändert, gewählt ist.

We have to take into account that A_B is an $n \times (n-1)$ matrix. To transform A_B into a quadratic matrix as in the Simplex Method, we choose a vertex w – the **root** of T_B – and remove the row corresponding to w from A_B. (Some further resorting of the matrix may be necessary after this operation.) In the following we assume that w is chosen arbitrarily but unchanged for all B.

Beispiel 7.4.1. *Sei $G = (V, E)$ der Digraph aus Abb. 7.3.1 und T_B der spannende Baum aus Abb. 7.3.3, wobei wir annehmen, dass A_B ursprünglich die Form*

Example 7.4.1. *Let $G = (V, E)$ be the digraph given in Figure 7.3.1 and let T_B be the spanning tree given in Figure 7.3.3. We assume that A_B is originally of the form*

$$
A_B \;=\; \begin{array}{c} 1 \\ 2 \\ 3 \\ 4 \\ 5 \end{array}
\left(\begin{array}{cccc}
1 & 0 & 1 & 0 \\
-1 & 1 & 0 & 0 \\
0 & -1 & 0 & 0 \\
0 & 0 & -1 & 1 \\
0 & 0 & 0 & -1
\end{array}\right)
$$

hat. Durch iterative Anwendung des Verfahrens im Beweis zu Satz 7.4.2 erhalten wir die folgenden Umordnungen von A_B:

By applying the procedure introduced in the proof of Theorem 7.4.2 iteratively, we obtain the following rearrangements of A_B:

leaf	corresp. edge	rearranged matrix A_B	remaining tree
v_5	$(4,5)$	$\begin{array}{c} 5 \\ 1 \\ 2 \\ 3 \\ 4 \end{array}\left(\begin{array}{cccc} -1 & 0 & 0 & 0 \\ 0 & 1 & 0 & 1 \\ 0 & -1 & 1 & 0 \\ 0 & 0 & -1 & 0 \\ 1 & 0 & 0 & -1 \end{array}\right)$	
v_4	$(1,4)$	$\begin{array}{c} 5 \\ 4 \\ 1 \\ 2 \\ 3 \end{array}\left(\begin{array}{cccc} -1 & 0 & 0 & 0 \\ 1 & -1 & 0 & 0 \\ 0 & 1 & 1 & 0 \\ 0 & 0 & -1 & 1 \\ 0 & 0 & 0 & -1 \end{array}\right)$	

(STOP)   matrix has only zero elements in the upper triangular part.

Falls man zum Beispiel den Knoten $w = v_1$ als Wurzel auswählen will, dann löscht man die zu v_1 gehörende Zeile und vertauscht entsprechend die Zeilen die zu v_2 und v_3 gehören und die Spalten 3 und 4.

If we want to choose, for instance, vertex $w = v_1$ as the root, we delete the row corresponding to v_1 and switch the rows corresponding to v_2 and v_3 and columns 3 and 4, respectively.

Satz 7.4.3. *Die Basen B in NFP entsprechen eineindeutig spannenden Bäumen T_B von G.*

Theorem 7.4.3. *There is a one to one correspondence between the bases B in NFP and the spanning trees T_B of G.*

Beweis.
Wir zeigen dazu die folgende Aussage: Ist A' eine Menge von Spalten von A und E' die zugehörige Menge von Kanten in $G = (V, E)$, so gilt

Proof.
We prove the following proposition: If A' is a set of columns of A and if E' is the corresponding set of edges in $G = (V, E)$, then

$$A' \text{ linearly independent} \iff G' = (V, E') \text{ does not contain any cycles}$$

"$\Rightarrow$": Wäre C' ein Kreis in G', so wäre mit

"$\Rightarrow$": If C' were a cycle in G', we could use

$$\alpha_{ij} := \left\{ \begin{array}{rl} 1 & (i, j) \in C^+ \\ -1 \quad \text{if} & (i, j) \in C^- \\ 0 & (i, j) \in E' \setminus C \end{array} \right.$$

und nach Definition der Inzidenzvektoren $\sum_{(i,j) \in E'} \alpha_{ij} A_{ij} = 0$ eine nicht triviale Linearkombination der Spalten von A'.

and the definition of the incidence vectors, to conclude that $\sum_{(i,j) \in E'} \alpha_{ij} A_{ij} = 0$ were a nontrivial linear combination of the columns in A'.

"$\Leftarrow$": Falls G' keine Kreise enthält und zusammenhängend ist, so ist G' ein Baum. Also kann A' nach Satz 7.4.2 in Dreiecksform überführt werden. Ist G' nicht zusammenhängend, so wendet man im Beweis zu Satz 7.4.2 das Verfahren auf jeden Teilbaum an und kann wieder A' in Dreiecksform überführen. Also ist A' linear unabhängig.

"$\Leftarrow$": If G' is connected and does not contain any cycles, then G' is a tree. Thus A' can be transformed into a triangular matrix according to Theorem 7.4.2. If G' is not connected, then we apply the procedure to every subtree as in the proof of Theorem 7.4.2 which enables us to transform A' again into a triangular matrix. Therefore, A' is linearly independent.

Die Behauptung des Satzes folgt, da Digraphen, die keine Kreise enthalten und eine (maximale) Kantenanzahl von $n-1$ Kanten haben, Bäume sind. (Zur Erinnerung: G ist im gesamten Kapitel als zusammenhängend vorausgesetzt.)   ∎

The statement of the theorem follows since digraphs which do not contain any cycles and which have the (maximal) number of $n-1$ edges are trees. (Recall: G is assumed to be connected throughout this section.)   ∎

Wenden wir das Simplexverfahren mit beschränkten Variablen auf NFP an, so können wir jede Basislösung mit einem spannenden Baum identifizieren. Eine solche Basislösung, die wir **Basisfluss** nennen, ist somit durch eine Partition der Kantenmenge E in

If we apply the Simplex Method for bounded variables to the NFP, we can identify every basic solution with a spanning tree. Such a basic solution, called **basic flow**, is therefore given by a partition of the edge set E into

$$E = E_B \,\dot\cup\, E_L \,\dot\cup\, E_U \tag{7.31}$$

gegeben, wobei gilt: where:

$$\begin{aligned}
T_B &= (V, E_B) \text{ is a spanning tree of } G & (7.32) \\
x_{ij} &= 0 \ \forall \ (i,j) \in E_L & (7.33) \\
x_{ij} &= u_{ij} \ \forall \ (i,j) \in E_U. & (7.34)
\end{aligned}$$

Wie im Simplexverfahren mit beschränkten Variablen bezeichnen wir mit A_B, A_L, A_U, $\underline{x}_B, \underline{x}_L, \underline{x}_U$, etc. die entsprechenden Teilmatrizen von A bzw. Teilvektoren von $\underline{x}$.

Analogously to the Simplex Method for bounded variables we denote the corresponding submatrices of A and the corresponding subvectors of $\underline{x}$ by A_B, A_L, A_U, $\underline{x}_B, \underline{x}_L, \underline{x}_U$, etc.

Der Hauptgrund dafür, dass das Simplexverfahren für NFP sehr viel effizienter implementiert werden kann als das Simplexverfahren für beliebige lineare Programme, beruht auf der einfachen Berechenbarkeit der primalen und dualen Basislösungen, die ihrerseits auf den Sätzen 7.4.2 und 7.4.3 aufbaut.

The main reason for the fact that the Simplex Method can be implemented much more efficiently for NFP than for general linear programs is that the primal and dual basic solutions can be easily determined due to Theorems 7.4.2 and 7.4.3.

Da $\underline{x}_B$ eine Lösung des linearen Gleichungssystems $A_B \underline{x}_B = \underline{b} - A_U \underline{x}_U$ (vgl. (2.7)) ist, können wir die Dreiecksform von A_B ausnützen und $\underline{x}_B$ durch Vorwärtssubstitution berechnen. Nach der Struk-

Since $\underline{x}_B$ is a solution of the system of linear equations $A_B \underline{x}_B = \underline{b} - A_U \underline{x}_U$ (cf. (2.7)) we can use the triangular form of A_B to determine $\underline{x}_B$ by forward substitution. Due to the structure of A_B this implies that we

tur der Matrix A_B heißt das, dass wir die Gleichungen / solve the equations

$$\sum_{(i,j)\in E_B} x_{ij} - \sum_{(j,i)\in E_B} x_{ji} = b_i - \sum_{(i,j)\in E_U} u_{ij} + \sum_{(j,i)\in E_U} u_{ji} \qquad (7.35)$$

jeweils für ein Blatt v_i von T_B lösen, $\underline{b}$ aktualisieren und das Verfahren mit $T_B \setminus \{v_i\}$ iterieren.

for one leaf v_i of T_B at a time, update $\underline{b}$ and iterate the procedure with $T_B \setminus \{v_i\}$.

Da v_i ein Blatt ist, ist die linke Seite von Gleichung (7.35) entweder der einzelne Term x_{ij} oder x_{ji}.

Since v_i is a leaf the left-hand side of (7.35) is either the single term x_{ij} or x_{ji}.

ALGORITHM

Leaf Algorithm to Determine Basic Flows

(Input) Network $N = (V, E; \underline{b}; \underline{u}, \underline{c})$,
  spanning tree $T_B = (V, E_B)$ in $G = (V, E)$, E_U, E_L such that $E = E_B \,\dot{\cup}\, E_U \,\dot{\cup}\, E_L$.

(1) Set $b_i := b_i - \left(\displaystyle\sum_{(i,j)\in E_U} u_{ij} - \sum_{(j,i)\in E_U} u_{ji} \right) \forall\, i \in V.$

(2) Choose a leaf v_i in T_B together with the uniquely defined edge $e_i \in E_B$, for which v_i is an endnode.

(3) If $e_i = (i,j)$, set $x_{ij} := b_i$, $b_j := b_j + x_{ij}$.
  If $e_i = (j,i)$, set $x_{ji} := -b_i$, $b_j := b_j - x_{ji}$.

(4) Set $V := V \setminus \{i\}$, $E_B := E_B \setminus \{e_i\}$.
  If $|V| \neq 1$ goto Step (2). Otherwise (STOP), $(\underline{x}_B, \underline{x}_L, \underline{x}_U)$ satisfies (7.33), (7.34) and (7.35).

Durch Verwendung geeigneter Datenstrukturen zur Speicherung von T_B kann man diesen Algorithmus in $O(n)$ implementieren.

If suitable data structures are used to store T_B, this algorithm can be implemented in $O(n)$ time.

Beispiel 7.4.2. *Sei N das Netzwerk aus Abbildung 7.3.1 und T_B der Baum aus Abbildung 7.4.1:*

Example 7.4.2. *Let N be the network introduced in Figure 7.3.1 and let T_B be the tree given in Figure 7.4.1:*

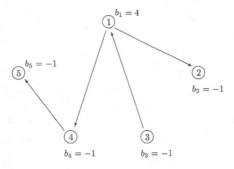

Abbildung 7.4.1. *Baum T_B mit Knotenbewertungen b_i.*

Figure 7.4.1. *Tree T_B with node weights b_i.*

Sei $E_U = \{(2,3)\}, u_{23} = 3$. Dann erhalten wir im Schritt (1) die modifizierten Knotenbewertungen b_i aus Abb. 7.4.2:

Let $E_U = \{(2,3)\}, u_{23} = 3$. Then we obtain in Step (1) the modified node weights b_i given in Figure 7.4.2:

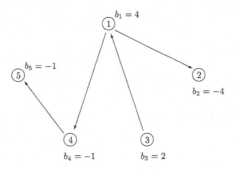

Abbildung 7.4.2. *Baum T_B mit modifizierten b_i.*

Figure 7.4.2. *Tree T_B with modified b_i.*

Die folgende Tabelle zeigt die Durchführung der Schleife (2) - (4) im Algorithmus.

The following table illustrates the realization of the loop (2) - (4) of the algorithm.

leaf v_i	(i,j), resp. (j,i)	x_{ij}, resp. x_{ji}	updated b_i	remaining tree with updated b_i
v_2	$(1,2)$	$x_{12} = 4$	$b_1 = 0$	

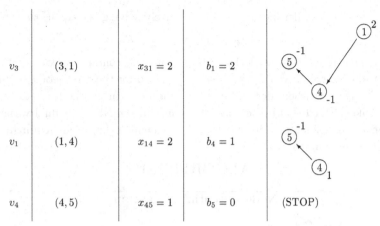

v_3	$(3,1)$	$x_{31} = 2$	$b_1 = 2$	
v_1	$(1,4)$	$x_{14} = 2$	$b_4 = 1$	
v_4	$(4,5)$	$x_{45} = 1$	$b_5 = 0$	(STOP)

Die Reihenfolge, in der die Blätter gewählt werden, ist dabei durch den Algorithmus nicht festgelegt.	*The order in which the leaves are chosen is not specified by the algorithm.*
Der Basisfluss $(\underline{x}_B, \underline{x}_L, \underline{x}_U)$ ist in Abb. 7.4.3 gezeigt.	*The basic flow $(\underline{x}_B, \underline{x}_L, \underline{x}_U)$ is shown in Figure 7.4.3.*

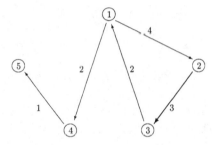

Abbildung 7.4.3. *Basisfluss $\underline{x}$ für das Netzwerk aus Abb. 7.3.1. Kanten $(i,j) \in E_L$ (d.h. mit $x_{ij} = 0$) sind weggelassen. Kanten $(i,j) \in E_U$ sind dick gezeichnet.*	**Figure 7.4.3.** *Basic flow $\underline{x}$ for the network given in Figure 7.3.1. Edges $(i,j) \in E_L$ (i.e., with $x_{ij} = 0$) are omitted. Edges $(i,j) \in E_U$ are highlighted by thick arcs.*
Natürlich ist i.A. nicht gewährleistet, dass der durch den Blattalgorithmus berechnete Basisfluss auch zulässig ist, d.h. $0 \le x_{ij} \le u_{ij}$ erfüllt.	In general, it is of course not guaranteed that the basic flow obtained with the Leaf Algorithm is also feasible, i.e., that it satisfies $0 \le x_{ij} \le u_{ij}$.
Übung: *Wählen Sie einen Baum im Netzwerk aus Abb. 7.3.1 so, dass der entsprechende Basisfluss nicht zulässig ist.*	**Exercise:** *Choose a tree in the network given in Figure 7.3.1 such that the corresponding basic flow is not feasible.*
Um die duale Basislösung $\underline{\pi}$ zu bestimmen, müssen wir $\underline{\pi} A_B = \underline{c}_B$ lösen. Dies können wir wieder sehr effizient machen,	In order to find the dual basic solution $\underline{\pi}$ we have to solve $\underline{\pi} A_B = \underline{c}_B$. This can again be done very efficiently by succes-

indem wir sukzessive die Gleichungen

sively solving the equations

$$\pi_i - \pi_j = c_{ij}, \quad \forall\, (i,j) \in E_B \tag{7.36}$$

lösen. Da A_B eine redundante Zeile hat, setzen wir für die Wurzel w von T_B $\pi_w = 0$ (womit wir das Streichen der zu w gehörenden Zeile ersetzt haben). Die dualen Variablen π_i bezeichnet man im NFP auch als **Knotenpotentiale**.

Since A_B contains a redundant row we set $\pi_w = 0$ for the root w of T_B (this replaces the deletion of the row corresponding to w). In the NFP, the dual variables π_i are also called the **node potentials**.

ALGORITHM

Node Potential Algorithm

(Input) *Network $N = (V, E; \underline{b}; \underline{u}, \underline{c})$,*

   spanning tree $T_B = (V, E_B)$ in $G = (V, E)$ with root w,

 $\pi_w = 0$.

(1) Choose $(i,j) \in E_B$ such that π_i is known, and set

$$\pi_j := -c_{ij} + \pi_i, \quad E_B := E_B \setminus \{(i,j)\}.$$

If no such edge exists, choose $(j,i) \in E_B$ such that π_i is known, and set

$$\pi_j := c_{ji} + \pi_i, \quad E_B := E_B \setminus \{(j,i)\}.$$

(2) If $E_B = \emptyset$ (STOP).
   Otherwise goto Step (1).

Beispiel 7.4.3. *Wir betrachten wieder das Netzwerk aus Abb. 7.3.1 und den Baum aus Abb. 7.4.1. Abb. 7.4.4 zeigt diesen Baum mit den für die Knotenpotentiale relevanten Daten $c_{ij}, (i,j) \in E$:*

Example 7.4.3. *We consider again the network introduced in Figure 7.3.1 and the tree given in Figure 7.4.1. Figure 7.4.4 shows this tree with the relevant data for the node potentials, $c_{ij}, (i,j) \in E$:*

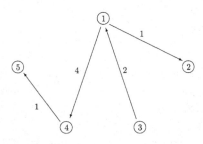

Abbildung 7.4.4. *Baum T_B mit Kosten c_{ij}.*

Figure 7.4.4. *Tree T_B with costs c_{ij}.*

Die folgende Tabelle zeigt die iterative Berechnung der Knotenpotentiale, wobei wir $w = v_2$ (also $\pi_2 = 0$) voraussetzen.

The following table shows the iterative determination of the node potentials, where we assume that $w = v_2$ (and therefore $\pi_2 = 0$).

$(i,j)\,resp.(j,i)$	π_j	remaining tree T_B with already known π_i
$(1,2)$	$\pi_1 = 1 + 0 = 1$	1 ①, ⑤, ④, ③, ② 0
$(3,1)$	$\pi_3 = 2 + 1 = 3$	1 ①, ⑤, ④, 3 ③, ② 0
$(1,4)$	$\pi_4 = -4 + 1 = -3$	1 ①, ⑤, -3 ④, 3 ③, ② 0
$(4,5)$	$\pi_5 = -1 - 3 = -4$	1 ①, -4 ⑤, -3 ④, 3 ③, ② 0

(STOP)

Also ist $\underline{\pi} = (\pi_1, \ldots, \pi_5) = (1, 0, 3, -3, -4)$.

Thus $\underline{\pi} = (\pi_1, \ldots, \pi_5) = (1, 0, 3, -3, -4)$.

Die Komplexität des Knotenpotentialalgorithmus ist (bei geeigneter Datenstruktur zur Speicherung von T_B) wieder $O(n)$.

The complexity of the Node Potential Algorithm is again $O(n)$ (if suitable data structures are used to store T_B).

Kennen wir die zu T_B gehörenden Knotenpotentiale π_i so können wir die reduzierten Kosten $\bar{c}_{ij} = c_{ij} - \pi_i + \pi_j$ leicht berechnen.

If we know the node potentials π_i corresponding to T_B, we can easily determine the reduced costs $\bar{c}_{ij} = c_{ij} - \pi_i + \pi_j$. For

Für $(i, j) \in E_B$ gilt $\bar{c}_{ij} = 0$ (wie wir es ja auch für eine Basislösung erwarten), und wir müssen nur die reduzierten Kosten für Kanten $(i, j) \in E_U$ und $(i, j) \in E_L$ berechnen.

$(i, j) \in E$ we have that $\bar{c}_{ij} = 0$ (as we would expect for a basic solution) and we only have to determine the reduced costs for the edges $(i, j) \in E_U$ and $(i, j) \in E_L$.

Beispiel 7.4.4. *Sei N das Netzwerk aus Abbildung 7.3.1 und T_B der spannende Baum aus Abbildung 7.4.4. Die Berechnung der $\bar{c}_{ij}$, $(i, j) \notin E_B$, ist in Abbildung 7.4.5 dargestellt.*

Example 7.4.4. *Let N be the network given in Figure 7.3.1 and let T_B be the spanning tree given in Figure 7.4.4. The determination of the values of $\bar{c}_{ij}$, $(i, j) \notin E_B$, is illustrated in Figure 7.4.5.*

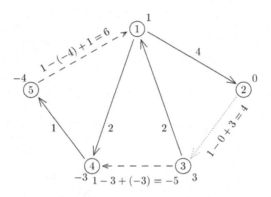

Abbildung 7.4.5. *Baum T_B (durchgezogene Kanten mit Fluss x_{ij}) mit Knotenpotentialen π_i (vgl. Beispiel 7.4.3), reduzierten Kosten $\bar{c}_{ij}$ für Kanten $(i, j) \in E_L$ (gestrichelt) und $(i, j) \in E_U$ (gepunktet). $G = (V, E)$ mit diesen Daten nennen wir das T_B-Netzwerk (von N bzgl. E_B, E_L, E_U).*

Figure 7.4.5. *Tree T_B (solid lines with flow x_{ij}) with node potentials π_i (cf. Example 7.4.3), reduced costs $\bar{c}_{ij}$ for edges $(i, j) \in E_L$ (dashed lines) and $(i, j) \in E_U$ (dotted lines). We call $G = (V, E)$ with this data the T_B-network (of N with respect to E_B, E_L, E_U).*

Wir können nun das Optimalitätskriterium aus Satz 2.7.1 anwenden. Im Beispiel 7.4.4 sehen wir damit, dass die Basislösung $\underline{x}$, die zu T_B gehört (siehe Beispiel 7.4.2) nicht optimal ist, da $\bar{c}_{23} > 0$ und $(2, 3) \in E_U$.

Now we can apply the optimality condition given in Theorem 2.7.1. Then we see that the basic solution $\underline{x}$ in Example 7.4.4 which corresponds to T_B (see Example 7.4.2) is not optimal since $\bar{c}_{23} > 0$ and $(2, 3) \in E_U$.

Es bleibt noch zu diskutieren, wie der Basisaustausch durchgeführt wird, falls eines der Optimalitätskriterien (2.8) bzw. (2.9) verletzt ist.

It remains to discuss the realization of the basis exchange if one of the optimality conditions (2.8) or (2.9), respectively, is violated.

Sei dazu $e_s = (p, q)$ eine Kante, die ein Optimalitätskriterium verletzt. Wir besprechen im folgenden, wie sich E_B, E_L und E_U ändern, wenn wir versuchen, (p, q) in die Basis, d.h. in den spannenden Baum T_B, zu bekommen. Die Diskussion basiert entscheidend auf Abschnitt 2.7, insbesondere den Formeln (2.12)-(2.17). Wir bezeichnen dabei $E_B = \{e_{B(1)}, \ldots, e_{B(n-1)}\}$.

Therefore let $e_s = (p, q)$ be an edge that violates an optimality condition. We discuss in the following how E_B, E_L and E_U are changed if we try to move (p, q) into the basis, i.e., into the spanning tree T_B. This discussion relies heavily on Section 2.7, especially on formulas (2.12) - (2.17). We use the notation $E_B = \{e_{B(1)}, \ldots, e_{B(n-1)}\}$.

Um festzustellen, ob ein Basisaustausch stattfindet oder ob $e_s = (p, q)$ nur von E_L zu E_U wechselt oder umgekehrt, benötigen wir $\tilde{A}_s$, die zu $e_s = (p, q)$ gehörende Spalte des augenblicklichen Simplextableaus. $\tilde{A}_s = (\tilde{a}_{is})$ ist die Lösung von

To find out whether a basis exchange takes place or whether $e_s = (p, q)$ only changes from E_L to E_U, or vice versa, we need $\tilde{A}_s$, the column of the current simplex tableau corresponding to $e_s = (p, q)$. $\tilde{A}_s = (\tilde{a}_{is})$ is the solution of

$$A_B \cdot \tilde{A}_s = A_s = (a_{is}) \quad \text{with} \quad a_{is} := \begin{cases} 1 & i = p \\ -1 & \text{if} \quad i = q \\ 0 & i \in V \setminus \{p, q\}. \end{cases} \quad (7.37)$$

Man kann $\tilde{A}_s$ sofort angeben, wenn man den (eindeutigen!) Weg P_{pq} von p nach q in T_B kennt. Es gilt dann nämlich

$\tilde{A}_s$ can be identified immediately if the (unique!) path P_{pq} from p to q in T_B is known. Namely, we have in this case that

$$\tilde{a}_{is} := \begin{cases} 1 & e_{B(i)} \in P_{pq}^+ \\ -1 & \text{if} \quad e_{B(i)} \in P_{pq}^- \\ 0 & e_{B(i)} \in E_B \setminus P_{pq}. \end{cases} \quad (7.38)$$

Dass $\tilde{A}_s$ tatsächlich (7.37) löst, rechnet man leicht nach, oder man überzeugt sich, dass $\tilde{A}_s$ die Lösung ist, die man mit dem Blattalgorithmus angewendet auf die rechte Seite $\underline{b} = A_s$ erhält. Insbesondere gilt damit $\tilde{a}_{is} \in \{0, +1, -1\}$, so dass die Berechnung von δ in (2.14) und (2.17) sehr einfach ist (siehe Formulierung des Netzwerksimplexalgorithmus unten). Die Vertauschung von positiven und negativen $\tilde{a}_{ij}$ in (2.14) bzw. (2.17) berücksichtigt man dadurch, dass man in $\tilde{A}_s$ die Vorzeichen vertauscht, wenn $e_s = (p, q) \in E_U$.

That $\tilde{A}_s$ solves, indeed, (7.37) shows a simple calculation, or we verify the argument that $\tilde{A}_s$ is the solution that is obtained from the Leaf Algorithm applied to the right-hand side $\underline{b} = A_s$. Moreover, we have that $\tilde{a}_{is} \in \{0, +1, -1\}$ and therefore the determination of δ in (2.14) and (2.17) is very easy (see the formulations of the Network Simplex Algorithm below). The interchange of positive and negative $\tilde{a}_{ij}$ in (2.14) and (2.17), respectively, can be taken into account by interchanging the signs in $\tilde{A}_s$ if $e_s = (p, q) \in E_U$.

In den beiden möglichen Fällen $e_s \in E_L$ bzw. $e_s \in E_U$ enthält $T_B + e_s$ nach Satz 5.1.1 den eindeutig bestimmten Kreis $C_{e_s} = P_{pq} \cup \{e_s\}$. Der neue spannende Baum ist dann nach Satz 5.1.1 $T_B = T_B + e_s \setminus e_r$, wobei $e_r \in C_{e_s}$.

Es ist dabei möglich, dass $e_s = e_r$. In diesem Fall geht $x_{pq} = 0$ in $x_{pq} = u_{pq}$ über oder umgekehrt.

Die Aktualisierung der x_{ij} wird gemäß (2.12) und (2.16) mit $\tilde{A}_s = (\tilde{a}_{is})$ aus (7.38) bestimmt. Wegen $\tilde{a}_{is} \in \{0, +1, -1\}$ ist die Änderung analog zur Änderung im Negativen Dikreis Algorithmus, d.h.

In the two possible cases, $e_s \in E_L$ and $e_s \in E_U$, Theorem 5.1.1 implies that $T_B + e_s$ contains the uniquely defined cycle $C_{e_s} = P_{pq} \cup \{e_s\}$. Due to Theorem 5.1.1, the new spanning tree is then given by $T_B = T_B + e_s \setminus e_r$, where $e_r \in C_{e_s}$.

Note that it is possible that $e_s = e_r$. In this case, $x_{pq} = 0$ changes to $x_{pq} = u_{pq}$ or vice versa.

The update of the x_{ij} is determined according to (2.12) and (2.16) with $\tilde{A}_s = (\tilde{a}_{is})$ from (7.38). Since $\tilde{a}_{is} \in \{0, +1, -1\}$, the changes are analogous to the changes in the Negative Dicycle Algorithm, i.e.,

$$x_{ij} := \begin{cases} x_{ij} + \delta & \text{if } (i,j) \in C_{e_s}^+ \\ x_{ij} - \delta & \text{if } (i,j) \in C_{e_s}^- \\ x_{ij} & \text{otherwise.} \end{cases} \tag{7.39}$$

Die Orientierung von C_{e_s} ist dabei so gewählt, dass $(p,q) \in C_{e_s}^+$, falls $e_s = (p,q) \in E_L$ bzw. $(p,q) \in C_{e_s}^-$, falls $e_s = (p,q) \in E_U$.

Übung: *Zeigen Sie, dass gilt:*

Here, the orientation of C_{e_s} is chosen such that $(p,q) \in C_{e_s}^+$ if $e_s = (p,q) \in E_L$ and $(p,q) \in C_{e_s}^-$, if $e_s = (p,q) \in E_U$, respectively.

Exercise: *Show that the following equation holds:*

$$\sum_{(i,j)\in C_{e_s}^+} c_{ij} - \sum_{(i,j)\in C_{e_s}^-} c_{ij} = -|\bar{c}_{pq}|.$$

d.h., C_{e_s} entspricht einem negativen Dikreis im Inkrementnetzwerk.

Falls $e_s = (p,q)$ eine neue Kante in T_B wird und $e_r = (x,y) \neq e_s$ T_B verlässt, muss T_B aktualisiert werden (vgl. Abb. 7.4.6).

i.e., C_{e_s} corresponds to a negative dicycle in the incremental network.

If $e_s = (p,q)$ becomes a new edge in T_B and if $e_r = (x,y) \neq e_s$ leaves T_B, T_B has to be updated (cf. Figure 7.4.6).

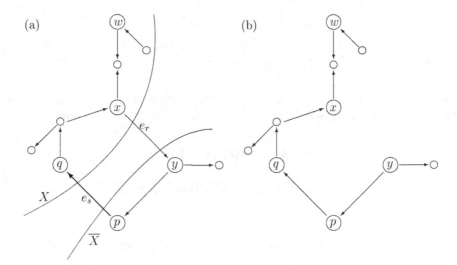

Abbildung 7.4.6. *(a) T_B mit Nichtbasiskante (p,q), Kreis C_{e_s} und Kante e_r, die die Basis verlässt, und (b) neuer Baum T_B.*

Figure 7.4.6. *(a) T_B with nonbasic edge (p,q), cycle C_{e_s} and edge e_r which leaves the basis, and (b) updated tree T_B.*

Lässt man e_r in T_B weg, so zerfällt T_B in zwei Teilbäume mit Knotenmengen X und $\overline{X}$, wobei wir oBdA annehmen, dass $w \in X$. Den dadurch bestimmten Schnitt in G bezeichnen wir mit $Q_{e_r} = (X, \overline{X})$. Die Knoten aus $\overline{X}$ hängen wir mit Hilfe der Kante (p,q) am Knoten q auf (bzw. am Knoten p, falls $p \in X$).

If e_r is removed from T_B, T_B decomposes into two subtrees with vertex sets X and $\overline{X}$, where we assume wlog that $w \in X$. The cut in G that is determined in this way is denoted by $Q_{e_r} = (X, \overline{X})$. The vertices in $\overline{X}$ are attached to the vertex q using the edge (p,q) (or to the vertex p, if $p \in X$, respectively).

Eine unmittelbare Folge dieses Anhängens ist die folgende einfache Aktualisierung der dualen Basisvariablen π_i:

An immediate consequence of this attachment is the following simple update of the dual basic variables π_i:

$$\pi_i' := \begin{cases} \pi_i \text{ unchanged} & \text{if} \quad i \in X \\ \pi_i + \bar{c}_{pq} & \text{if} \quad i \in \overline{X} \text{ and } p \in \overline{X}, q \in X \\ \pi_i - \bar{c}_{pq} & \quad\quad\;\; i \in \overline{X} \text{ and } p \in X, q \in \overline{X}. \end{cases} \tag{7.40}$$

Dass $\underline{\pi}'$ tatsächlich die dualen Basisvariablen bzgl. der neuen Basis T_B' definiert, sieht man, da für $(i,j) \in X \times X$ und $(i,j) \in \overline{X} \times \overline{X}$ π_i und π_j entweder unverändert sind oder sich um die gleiche Konstante ändern. Für (p,q) gilt:

$\underline{\pi}'$ defines, indeed, the dual basic variables with respect to the new basis T_B' since for $(i,j) \in X \times X$ and $(i,j) \in \overline{X} \times \overline{X}$ π_i and π_j either remain unchanged or are changed by the same constant. For (p,q) we obtain that:

$$\pi'_p - \pi'_q = \pi_p + (c_{pq} - \pi_p + \pi_q) - \pi_q = c_{pq} \quad \text{if } p \in \overline{X}, q \in X$$

and
$$\pi'_p - \pi'_q = \pi_p - \pi_q + c_{pq} - \pi_p + \pi_q = c_{pq} \quad \text{if } p \in X, q \in \overline{X}.$$

Zusammenfassend erhalten wir den folgenden Algorithmus zur Lösung von NFP:

Summarizing the discussion above we obtain the following algorithm to solve the NFP:

ALGORITHM

Network Simplex Algorithm for NFP

(Input) Network $N = (V, E; \underline{b}; \underline{u}, \underline{c})$ with $0 < u_{ij} < \infty$ $(\forall (i,j) \in E)$,

basic feasible flow $\underline{x}$ and dual basic solution $\underline{\pi}$ with respect to E_B, E_L and E_U.

(1) **Optimality test:**
Determine $\overline{c}_{ij} = c_{ij} - \pi_i + \pi_j \quad \forall (i,j) \notin E_B$.
If $\overline{c}_{ij} \geq 0 \ \forall (i,j) \in E_L$ and $\overline{c}_{ij} \leq 0 \ \forall (i,j) \in E_U$
(STOP), $\underline{x}$ is an optimal solution of NFP.

(2) Choose $e_s = (p,q) \in E_L$ with $\overline{c}_{pq} < 0$ and find an orientation of C_{e_s} such that $e_s \in C_{e_s}^+$
or
choose $e_s = (p,q) \in E_U$ with $\overline{c}_{pq} > 0$ and find an orientation of C_{e_s} such that $e_s \in C_{e_s}^-$.
Define the orientation of C_{e_s} as on page 172.

(3) **Change of flow:**
$$
\begin{aligned}
\delta_1 &= u_{pq}, \\
\delta_2 &= \min\{x_{ij} : (i,j) \in C_{e_s}^- \setminus \{e_s\}\}, \\
\delta_3 &= \min\{u_{ij} - x_{ij} : (i,j) \in C_{e_s}^+ \setminus \{e_s\}\}, \\
\delta &= \min\{\delta_1, \delta_2, \delta_3\}, \\
x_{ij} &:= \begin{cases} x_{ij} + \delta & \text{if } (i,j) \in C_{e_s}^+, \\ x_{ij} - \delta & \text{if } (i,j) \in C_{e_s}^-, \\ x_{ij} & \text{otherwise.} \end{cases}
\end{aligned}
$$

(4) **Change of E_B, E_L, E_U :**
Let e_r be an edge in which the minimum is attained in the determination of δ. Change E_B, E_L and E_U according to the following table (where $*$ implies that no change has to be implemented):

	Change of		
	E_B	E_L	E_U
if			
$e_s = (p, q) \in E_L$			
$\quad \delta = \delta_1$	$*$	$E_L \smallsetminus e_s$	$E_U + e_s$
$\quad \delta = \delta_2$	$E_B \smallsetminus e_r + e_s$	$E_L \smallsetminus e_s + e_r$	$*$
$\quad \delta = \delta_3 < \delta_1$	$E_B \smallsetminus e_r + e_s$	$E_L \smallsetminus e_s$	$E_U + e_r$
$e_s = (p, q) \in E_U$			
$\quad \delta = \delta_1$	$*$	$E_L + e_s$	$E_U \smallsetminus e_s$
$\quad \delta = \delta_2 < \delta_1$	$E_B \smallsetminus e_r + e_s$	$E_L + e_r$	$E_U \smallsetminus e_s$
$\quad \delta = \delta_3$	$E_B \smallsetminus e_r + e_s$	$*$	$E_U \smallsetminus e_s + e_r$

(5) **Change of π :**

Let $Q_{e_r} = (X, \overline{X})$. Set

$$
\pi_i := \begin{cases} \pi_i & i \in X \\ \pi_i + \overline{c}_{pq} & \text{if } i \in \overline{X} \text{ and } p \in \overline{X}, q \in X \\ \pi_i - \overline{c}_{pq} & i \in \overline{X} \text{ and } p \in X, q \in \overline{X}. \end{cases}
$$

Goto Step (1).

Übung: *Die Flussänderung in Schritt (3) ist völlig analog zur Flussänderung im Negativen Dikreisalgorithmus. Wie unterscheiden sich die beiden Algorithmen? Geben Sie ein Beispiel, in dem beide Algorithmen ausgehend von demselben Fluss verschiedene Flüsse bestimmen!*

Um einen zulässigen Basisfluss zu Beginn des Algorithmus zu bekommen, kann man die Sätze 7.3.1 bzw. 7.3.2 anwenden. Benutzt man Satz 7.3.1, so ist der zulässige Fluss nicht notwendigerweise ein Basisfluss, so dass man die vor Satz 7.4.1 entwickelte Idee benutzen muss, um Dikreisflüsse zu eliminieren. Die Dikreise können hier Kosten haben, die verschieden von 0 sind, so dass man bei der Bestimmung des Basisflusses einige Iterationen des Negativen Dikreis Algorithmus angewendet hat. Die Anwendung von Satz 7.3.2 ist konzeptionell einfacher, da man auch auf das erweiterte Netzwerk $\tilde{N}$ den Netzwerk-

Exercise: *The change of flow in Step (3) is completely analogous to the change of flow in the Negative Dicycle Algorithm. How do the two algorithms differ? Give an example in which both algorithms, starting from the same flow, determine different flows!*

In order to obtain a basic feasible flow at the beginning of the algorithm we can use Theorems 7.3.1 or 7.3.2, respectively. If Theorem 7.3.1 is used, the feasible flow is not necessarily a basic flow so that the ideas developed before Theorem 7.4.1 have to be used to eliminate dicycle flows. These dicycles may have costs different from 0 so that several iterations of the Negative Dicycle Algorithm are applied during the determination of the basic flow. The application of Theorem 7.3.2 is conceptually simpler since the Network Simplex Method is also applied to the extended network $\tilde{N}$. If in this case $\tilde{\underline{x}}$ is a

simplexalgorithmus anwendet. Ist $\tilde{x}$ dann
ein Fluss mit $\underline{\tilde{c}}\tilde{x} = 0$, so bestimmt man
einen Basisfluss $\underline{x}$ mit dem Blattalgorithmus und die zugehörige duale Basislösung
mit dem Knotenpotentialalgorithmus.

Beispiel 7.4.5. *Sei N das Netzwerk aus
Abbildung 7.3.1. E_B, E_L und E_U seien wie
in den Beispielen 7.4.2 und 7.4.3. Die Ab-
bildungen 7.4.7 (a) bzw. (b) zeigen N mit
den Ausgangsdaten und das T_B - Netz-
werk, das alle Informationen über $\underline{x}, \underline{\pi}$ und
$\overline{c}_{ij}$ enthält.*

flow with $\underline{\tilde{c}}\tilde{x} = 0$, a basic flow $\underline{x}$ can be
determined with the Leaf Algorithm and
the corresponding dual basic solution can
be determined using the Node Potential
Algorithm.

Example 7.4.5. *Let N be the network
given in Figure 7.3.1. Let E_B, E_L and E_U
be defined as in Examples 7.4.2 and 7.4.3.
Figures 7.4.7 (a) and (b) show N with the
initial data and the T_B network that con-
tains all information about $\underline{x}, \underline{\pi}$ and $\overline{c}_{ij}$.*

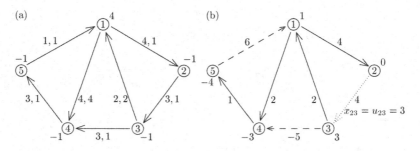

Abbildung 7.4.7.

(a) *Ausgangsnetzwerk mit u_{ij}, c_{ij} und b_i.*

(b) *E_B (durchgezogene Linien) mit x_{ij},
E_U (gepunktete Linien) und E_L
(gestrichelte Linien) mit $\overline{c}_{ij}$ und
π_i, $w = v_2$.*

Figure 7.4.7.

(a) *Initial network with u_{ij}, c_{ij} and b_i.*

(b) *E_B (solid lines) with x_{ij}, E_U (dotted
lines) and E_L (dashed lines) with $\overline{c}_{ij}$
and π_i, $w = v_2$.*

Iteration 1: $e_s = (2, 3) \in E_U$,
$\quad C_{e_s} = (1, 3, 2, 1)$ with $C^+_{e_s} = \emptyset$, $C^-_{e_s} = \{(3, 1), (2, 3), (1, 2)\}$,
$\quad \delta = \delta_2 = x_{31} = 2$.
The new T_B - network is shown in Figure 7.4.8:

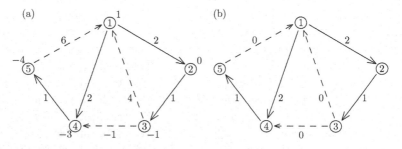

Figure 7.4.8. *(a) New T_B - network, (b) updated flow.*

Iteration 2: $e_s = (3,4) \in E_L$,

$C_{e_s} = (1,2,3,4,1)$ with $C_{e_s}^+ = \{(1,2),(2,3),(3,4)\}$, $C_{e_s}^- = \{(1,4)\}$,

$\delta = \delta_2 = \delta_3 = 2$.

Choose $e_r = (1,4)$.

(We could have also chosen $e_r = (1,2)$ or $e_r = (2,3)$. How would the following iterations look like in this case?)

The new T_B - network is shown in Figure 7.4.9:

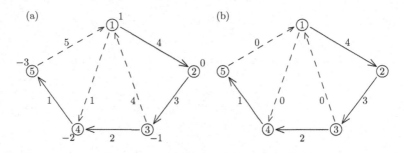

Figure 7.4.9. *(a) New T_B - network, (b) updated flow.*

Iteration 3: Since all $\bar{c}_{ij}$ pass the optimality test, $\underline{x}$ is optimal.

Chapter 8

Matchings

8.1 Definition and Basic Properties

In diesem Kapitel betrachten wir ungerichtete Graphen $G = (V, E)$. Ein **Matching** (die deutschen Übersetzungen "Paarung" oder "Korrespondenz" werden in der deutschsprachigen Literatur selten benutzt) "paart" jeweils zwei Knoten miteinander: es ist eine Teilmenge $X \subseteq E$, so dass je zwei Kanten in X keinen Endknoten gemeinsam haben. Ein **maximales Matching** ist ein Matching mit maximaler Kardinalität $|X|$. Das Problem, ein maximales Matching in einem gegebenen Graphen zu finden, nennen wir das **maximale Matching Problem (MMP)**. Für jedes Matching X gilt $|X| \leq \frac{n}{2}$ (warum?), so dass jedes Matching mit $|X| = \frac{n}{2}$ maximal ist. Ein solches Matching heißt **perfektes Matching**.

Sind c_e, $e \in E$, die Kosten der Kante $e \in E$, so sind $c(X) := \sum_{e \in X} c_e$ die **Kosten des Matchings X**. Mit (MKMP) bezeichnen wir das Problem, ein **maximales Matching mit minimalen Kosten (MK-Matching)** zu finden.

In this chapter we consider undirected graphs $G = (V, E)$. A **matching** "matches" pairs of two vertices: It is defined as a subset $X \subseteq E$ so that two different edges in X have no common endpoint. A **maximum matching** is a matching with maximum cardinality $|X|$. The problem of finding a maximum matching in a given graph is called the **maximum matching problem (MMP)**. Every matching X satisfies $|X| \leq \frac{n}{2}$ (why?), so that every matching with $|X| = \frac{n}{2}$ is maximum. A matching with this property is called a **perfect** or **complete matching**.

If c_e, $e \in E$, denotes the cost of the edge $e \in E$, then $c(X) := \sum_{e \in X} c_e$ is the **cost of the matching X**. We denote the problem of finding a **maximum matching with minimum cost (MC-matching)** by (MCMP).

| **Beispiel 8.1.1.** | **Example 8.1.1.** |

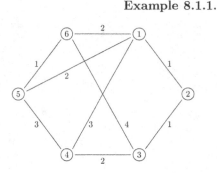

| **Abbildung 8.1.1.** *Graph G mit Kanten-bewertungen c_e.* | **Figure 8.1.1.** *Graph G with edge coefficients c_e.* |

Im Graphen aus Abb. 8.1.1 ist $X_1 = \{[1,5],[3,4]\}$ ein Matching, aber kein maximales Matching. $X_2 = \{[1,6],[4,5],[2,3]\}$ ist ein maximales Matching, da $|X_2| = \frac{n}{2} = 3$, aber kein MK-Matching. Die Kosten von X_2 sind $c(X_2) = 6$. $X_3 = \{[1,2],[3,4],[5,6]\}$ ist ein MK-Matching mit $c(X_3) = 4$.

$X_1 = \{[1,5],[3,4]\}$ is a matching in the graph given in Figure 8.1.1, but it is not a maximum matching. $X_2 = \{[1,6],[4,5], [2,3]\}$ is a maximum matching, since $|X_2| = \frac{n}{2} = 3$, but it is no MC-matching. The cost of X_2 is $c(X_2) = 6$, and $X_3 = \{[1,2],[3,4],[5,6]\}$ is an MC-matching with $c(X_3) = 4$.

Für das MKMP können wir oBdA die folgenden Annahmen machen:

Wlog we can make the following assumptions for the MCMP:

n is an even number. $\hspace{6cm}$ (8.1)

There exists a perfect matching, i.e., all MC-matchings satisfy $|X| = \dfrac{n}{2}$. $\hspace{2cm}$ (8.2)

$c_e \geq 0 \quad \forall\, e \in E.$ $\hspace{7cm}$ (8.3)

Denn gelten (8.1) und (8.2) nicht, so führen wir einen weiteren Knoten v_{n+1} ein und verbinden alle Knotenpaare im erweiterten Graphen, so dass G zu dem vollständigen Graphen K_{n+1} mit $n + 1$ Knoten wird. Ist $[i,j] \notin E$, so setzen wir $c_{ij} = M$, wobei M eine große Zahl ist, etwa $M \geq \sum_{e \in E} |c_e|$. Offensichtlich existiert ein perfektes Matching in K_{n+1}, und jedes perfekte MK-Matching X in K_{n+1} entspricht dem MK-Matching $X' = \{e \in X :$

If (8.1) and (8.2) are not satisfied, we can introduce an additional vertex v_{n+1} and connect all pairs of vertices in the extended graph so that G is transformed into the complete graph K_{n+1} with $n + 1$ vertices. We set $c_{ij} = M$ for all $[i,j] \notin E$, where M is a large number, e.g. $M \geq \sum_{e \in E} |c_e|$. Obviously a perfect matching exists in K_{n+1}, and every perfect MC-matching X in K_{n+1} corresponds to the MC-matching $X' = \{e \in X : c_e < M\}$ in

$c_e < M\}$ in G.

G.

Ist $c_e \gtrless 0$, so setzen wir $c'_e := c_e + W$, wobei $W = -\min\{c_f : c_f < 0 \text{ und } f \in E\}$. Da $c'(X) = c(X) + |X| \cdot W$ ist, und alle MK-Matchings nach (8.2) $|X| = \frac{n}{2}$ erfüllen, ist X ein MK-Matching bzgl. $\underline{c}$ genau dann, wenn X ein MK-Matching bzgl. der nichtnegativen Kosten $\underline{c}'$ ist.

If $c_e \gtrless 0$, we set $c'_e := c_e + W$, where $W = -\min\{c_f : c_f < 0 \text{ and } f \in E\}$. Since $c'(X) = c(X) + |X| \cdot W$ and since, according to (8.2), all MC-matchings satisfy $|X| = \frac{n}{2}$, the matching X is an MC-matching with respect to $\underline{c}$ if and only if X is an MC-matching with respect to the nonnegative costs $\underline{c}'$.

Für die folgenden Bezeichnungen sei X ein beliebiges Matching in $G = (V, E)$. Die Kanten $e \in X$ heißen **Matchingkanten**, die Kanten $e \in E \setminus X$ sind die **freien Kanten** (bzgl. X). Knoten, die mit Matchingkanten inzidieren, heißen **gematchte** oder **gesättigte Knoten**, die übrigen Knoten sind **ungematcht** oder **exponiert**. Ein einfacher Weg $P = (i_1, \ldots, i_q, i_{q+1}, \ldots, i_l)$ heißt **alternierend** bzgl. X, falls $l \geq 2$ und die Kanten abwechselnd freie bzw. Matchingkanten sind, wobei man mit einer freien Kante beginnt, d.h.

For the following notation, let X be an arbitrary matching in $G = (V, E)$. The edges $e \in X$ are called **matching edges** and the edges $e \in E \setminus X$ are called **free edges** (with respect to X). Vertices that are incident to matching edges are called **matched** or **saturated vertices**, the remaining vertices are **unmatched** or **exposed vertices**. A simple path $P = (i_1, \ldots, i_q, i_{q+1}, \ldots, i_l)$ is called an **alternating path** with respect to X, if $l \geq 2$ and if the edges are alternately free and matched, where we start with a free edge, i.e.,

$$[i_q, i_{q+1}] \in E \setminus X \quad \forall\, q \text{ odd}, \tag{8.4}$$
$$[i_q, i_{q+1}] \in X \quad \forall\, q \text{ even}. \tag{8.5}$$

Wir erinnern uns, dass wir die Bezeichnung P sowohl für die Knotenfolge, die P beschreibt, als auch für die dadurch gegebene Kantenfolge benutzen. Ein Knoten v ist ein **ungerader** oder **äußerer Knoten** bzgl. X, falls es einen alternierenden Weg $P = (i_1, \ldots, i_q, \ldots, i_l)$ gibt, so dass i_1 exponiert ist und $v = i_q$ mit q ungerade. Ersetzt man im vorhergehenden Satz "ungerade" durch "gerade", so ist $v = i_q$ ein **gerader** oder **innerer Knoten**. Knoten können gleichzeitig gerade und ungerade Knoten sein (vgl. Beispiel 8.1.2). Ein **matchingvergrößernder Weg (mv-Weg)** ist ein alternierender Weg P, für den beide

Recall that we use the notation P for the sequence of vertices that describes P as well as for the corresponding sequence of edges. A vertex v is called an **odd** or **outer vertex** if there exists an alternating path $P = (i_1, \ldots, i_q, \ldots, i_l)$ so that i_1 is exposed and $v = i_q$ with q odd. If we replace "odd" by "even" in the preceding sentence, then $v = i_q$ is an **even** or **inner vertex**. Vertices can be even and odd vertices at the same time (cf. Example 8.1.2). A **matching augmenting path (ma-path)** is an alternating path P for which both endpoints are exposed.

Endknoten exponiert sind.

Beispiel 8.1.2. *Sei $X = X_1$ aus Beispiel 8.1.1. Wir deuten Matchingkanten wie in Abb. 8.1.2 durch gestrichelte Kanten an.*

Example 8.1.2. *Let $X = X_1$ as in Example 8.1.1. We indicate matching edges by dashed edges as in Figure 8.1.2.*

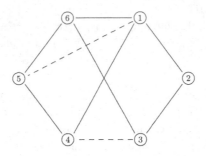

Abbildung 8.1.2. *Matching X_1 (gestrichelte Kanten).*

Figure 8.1.2. *Matching X_1 (dahsed edges).*

$P_1 = (5, 4, 3)$ *ist ein alternierender Weg, aber kein mv-Weg. $P_2 = (6, 1, 5, 4, 3, 2)$ und $P_3 = (2, 1, 5, 6)$ sind mv-Wege. Ungerade Knoten sind z.B. v_6, v_5, v_3, v_2. Gerade Knoten sind z.B. v_1, v_4, v_2, v_6. Die Knoten v_2 und v_6 sind also sowohl innere als auch äußere Knoten. Auch v_4 ist gleichzeitig innerer und äußerer Knoten (warum?).*

$P_1 = (5, 4, 3)$ *is an alternating path, but not an ma-path. $P_2 = (6, 1, 5, 4, 3, 2)$ and $P_3 = (2, 1, 5, 6)$ are ma-paths. Odd vertices are e.g. v_6, v_5, v_3, v_2. Even vertices are e.g. v_1, v_4, v_2, v_6. The vertices v_2 and v_6 are both inner and outer vertices. This also holds for v_4 (why?).*

Das folgende Ergebnis rechtfertigt, woher mv-Wege ihren Namen haben:

The following result motivates the name of ma-paths:

Satz 8.1.1. (Matchingvergrößernde Wege Satz)
X ist ein maximales Matching in $G = (V, E)$ genau dann, wenn es keinen mv-Weg bzgl. X gibt.

Theorem 8.1.1. (Theorem about matching augmenting paths)
X is a maximum matching in $G = (V, E)$ if and only if there does not exist an ma-path with respect to X.

Beweis. Wir zeigen: X ist ein nicht maximales Matching genau dann, wenn es einen mv-Weg $P = (i_1, \ldots, i_l)$ gibt.

Proof. We will show: X is not a maximum matching if and only if there exists an ma-path $P = (i_1, \ldots, i_l)$.

"$\Leftarrow$": Wir zeigen, dass die symmetrische Differenz $X' := X \bigtriangleup P = (X \backslash P) \,\dot\cup\, (P \backslash X)$ ein Matching mit $|X'| = |X| + 1$ ist.

"$\Leftarrow$": We show that the symmetric difference $X' := X \bigtriangleup P = (X \setminus P) \,\dot\cup\, (P \setminus X)$ is a matching with $|X'| = |X| + 1$.

Da die Endpunkte von P exponiert sind, ist die Anzahl der Knoten l von P gerade und P hat $l-1$ Kanten. Ferner ist P alternierend, so dass $|X \cap P| = \frac{1}{2}l - 1$ und $|P \setminus X| = \frac{1}{2}l$ implizieren:

Since the endpoints of P are exposed we know that the number l of vertices in P is even and that P has $l-1$ edges. Furthermore, P is alternating and thus $|X \cap P| = \frac{1}{2}l - 1$ and $|P \setminus X| = \frac{1}{2}l$ imply:

$$
\begin{aligned}
|X'| = |X \triangle P| &= |X \setminus P| + |P \setminus X| \\
&= (|X| - |X \cap P|) + |P \setminus X| \\
&= |X| - \tfrac{1}{2}l + 1 + \tfrac{1}{2}l = |X| + 1.
\end{aligned}
$$

Um zu zeigen, dass X' ein Matching ist, betrachten wir die Knoten $v \in V$. Ist $v \notin P$ so ist v Endpunkt höchstens einer Kante in X, also auch höchstens einer Kante in X'. Für $v = i_1$ ist v Endpunkt der Kante $[i_1, i_2] \in X'$, für $v = i_l$ ist v Endpunkt der Kante $[i_{l-1}, i_l] \in X'$. Da i_1 und i_l unter dem Matching X exponiert waren, sind dies die einzigen Kanten aus X', die mit i_1 bzw. i_l inzidieren. Für $v \in \{i_2, \ldots, i_{l-1}\}$ ändert sich beim Übergang von X zu X' die Kante, durch die v gesättigt wird.

We consider the vertices $v \in V$ to show that X' is a matching. If $v \notin P$, then v is the endpoint of at most one edge in X and therefore also of at most one edge in X'. For $v = i_1$, v is an endpoint of the edge $[i_1, i_2] \in X'$, for $v = i_l$, v is an endpoint of the edge $[i_{l-1}, i_l] \in X'$. Since i_1 and i_l were exposed with respect to the matching X, these two edges are the only edges in X' that are incident with i_1 and i_l, respectively. For $v \in \{i_2, \ldots, i_{l-1}\}$ the edge that is matched by v changes under the transition from X to X'.

Beispiel 8.1.3. *Abb. 8.1.3 zeigt den Übergang von X zu X' in einem gegebenen Graphen G mit dem mv-Weg $P = (1, 2, 3, 6, 5, 4)$:*

Example 8.1.3. *Figure 8.1.3 shows the transition from X to X' in a given graph G with the ma-path $P = (1, 2, 3, 6, 5, 4)$:*

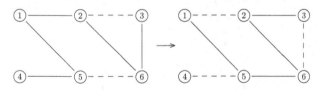

Abbildung 8.1.3. *Übergang von X zu X' wie im 1. Teil des Beweises zu Satz 8.1.1.*

Figure 8.1.3. *Transition from X to X' as in part 1 of the proof of Theorem 8.1.1.*

"$\Rightarrow$": Sei X' ein maximales Matching, also $|X'| > |X|$.

"$\Rightarrow$": Let X' be a maximum matching, i.e., $|X'| > |X|$.

Wir betrachten den Graphen $G_\triangle := (V, X \triangle X')$. Jeder Knoten in $G_\triangle$ inzidiert mit 0, 1 oder 2 Knoten, da X und X' Mat-

We consider the graph $G_\triangle := (V, X \triangle X')$. Every vertex in $G_\triangle$ is incident to 0, 1 or 2 vertices since X and X' are

chings sind. Also zerfällt $G_\triangle$ in Untergraphen, die isolierte Knoten, alternierende Wege bzgl. X bzw. X', oder alternierende Kreise bzgl. X bzw. X' sind. In jedem alternierenden Kreis C gilt $|X \cap C| = |X' \cap C|$, also muss es wegen $|X'| > |X|$ einen alternierenden Weg P bzgl. X mit $|X' \cap P| > |X \cap P|$ geben. Dies ist nur dann möglich, wenn beide Endpunkte von P exponiert bzgl. X sind; d.h. P ist ein mv-Weg bzgl. X.   ■

matchings. Thus $G_\triangle$ decomposes into subgraphs that are isolated vertices, alternating paths with respect to X or X', respectively, or alternating cycles with respect to X or X', respectively. In every alternating cycle C, $|X \cap C| = |X' \cap C|$. Therefore, using $|X'| > |X|$, there must exist an alternating path P with respect to X such that $|X' \cap P| > |X \cap P|$. This is only possible if both endpoints of P are exposed with respect to X; i.e., P is an ma-path with respect to X.   ■

Beispiel 8.1.4. *Abb. 8.1.4 und 8.1.5 zeigen zwei Matchings X und X' und den Graphen $G_\triangle$.*

Example 8.1.4. *Figures 8.1.4 and 8.1.5 show two matchings X and X' and the graph $G_\triangle$.*

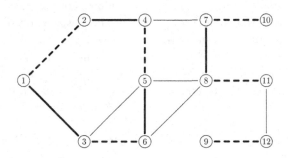

Abbildung 8.1.4. *Matching X (dickere Kanten) und Matching X' (dickere, gestrichelte Kanten).*

Figure 8.1.4. *Matching X (bold edges) and matching X' (bold dashed edges).*

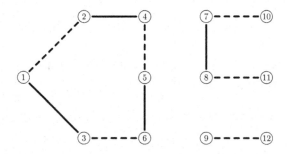

Abbildung 8.1.5. *Graph $G_\triangle = (V, X \triangle X')$.*

Figure 8.1.5. *Graph $G_\triangle = (V, X \triangle X')$.*

8.2   Bipartite Matching Problems

In diesem Abschnitt betrachten wir Matchingprobleme MMP und MKMP in **bipartiten Graphen**, d.h. $G = (L \dot\cup R, E)$, wobei L und R mit $L \cap R = \emptyset$ die linke und rechte Knotenmenge sind, und Kanten jeweils einen Endpunkt in L und den anderen in R haben. OBdA nehmen wir im folgenden an, dass $|L| \leq |R|$.

MMP und MKMP können durch Netzwerkflussalgorithmen gelöst werden. Dazu führen wir Knoten s und t und Kanten (s, l), $\forall\ l \in L$ und (r, t), $\forall\ r \in R$ ein. Die Kanten $[l, r]$ werden von links nach rechts orientiert. Auf dem erweiterten Digraphen $\tilde{G} = (\tilde{V}, \tilde{E})$ definieren wir Kapazitäten $\tilde{u}_e := 1$, $\forall\ e \in \tilde{E}$ und Kosten

In this section we consider matching problems MMP and MCMP in **bipartite graphs**, i.e., $G = (L \dot\cup R, E)$, where L and R with $L \cap R = \emptyset$ denote the left and the right vertex set and every edge has one endpoint in L and the other endpoint in R. Wlog we assume in the following that $|L| \leq |R|$.

MMP and MCMP can be solved using algorithms for network flow problems. For this purpose we introduce vertices s and t and edges (s, l), $\forall\ l \in L$ and (r, t), $\forall\ r \in R$. The edges $[l, r]$ are oriented from the left to the right. On this extended digraph $\tilde{G} = (\tilde{V}, \tilde{E})$ we define capacities $\tilde{u}_e := 1$, $\forall\ e \in \tilde{E}$ and costs

$$\tilde{c}_e := \begin{cases} c_e & \text{if } \begin{array}{l} e \in E \\ e = (s, l) \ \text{ or } \ e = (r, t). \end{array} \\ 0 & \end{cases}$$

Beispiel 8.2.1.

Example 8.2.1.

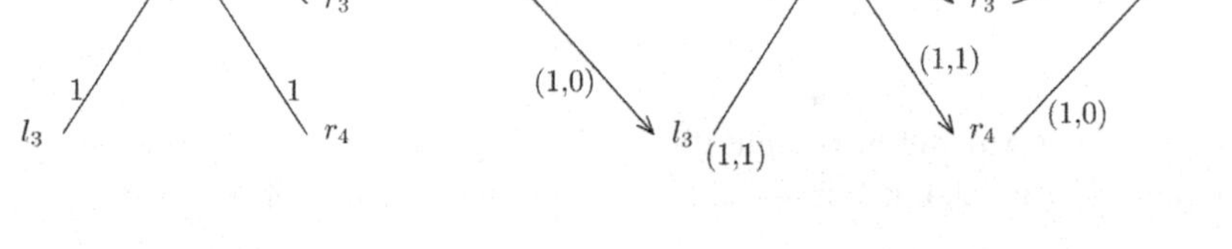

Abbildung 8.2.1. *Transformation eines bipartiten Matchingproblems aus (a) mit Kosten c_e in ein Netzwerkflussproblem mit Kantenbewertung $(\tilde{u}_e, \tilde{c}_e)$ in (b).*

Figure 8.2.1. *Transformation of a bipartite matching problem with costs c_e given in (a) into a network flow problem with edge numbers $(\tilde{u}_e, \tilde{c}_e)$ in (b).*

Ist $\underline{x}$ ein ganzzahliger Fluss in $\tilde{G}$, so gilt wegen der Flusserhaltungsgleichungen

If $\underline{x}$ is an integer flow in $\tilde{G}$, the flow conservation constraints imply that

$$\sum_{(l,r)\in E} x_{lr} = x_{sl} \in \{0,1\} \quad \forall\, l \in L, \tag{8.6}$$

$$\sum_{(l,r)\in E} x_{lr} = x_{rt} \in \{0,1\} \quad \forall\, r \in R. \tag{8.7}$$

Da $x_{lr} \in \{0,1\}$, gilt somit: Since $x_{lr} \in \{0,1\}$, we therefore obtain:

$$X := \{(l,r) \in E : x_{lr} = 1\} \text{ is a matching.}$$

Umgekehrt entspricht jedes Matching X genau einem ganzzahligen Fluss, der (8.6) und (8.7) erfüllt. Also ist MMP und MKMP jeweils äquivalent zu einem maximalen Flussproblem bzw. einem minimalen-Kosten-Flussproblem in $\tilde{G}$.

On the other hand, every matching corresponds to an integer flow that satisfies (8.6) and (8.7). Therefore MMP and MCMP are both equivalent to a maximum flow problem or to a minimum cost flow problem in $\tilde{G}$, respectively.

Wir werden jedoch im folgenden Methoden entwickeln, die das bipartite Matchingproblem direkt, d.h. ohne Umwandlung in ein Flussproblem, lösen.

We will, however, develop in the following methods that solve the bipartite matching problem directly, i.e., without prior transformation to a network flow problem.

8.2.1   Maximum Matching Problems in Bipartite Graphs

Sei $\nu(G)$ die Kardinalität eines maximalen Matchings in einem gegebenen bipartiten Graphen G. Eine **(Knoten-) Überdeckung** von $G = (L \,\dot\cup\, R, E)$, ist eine Teilmenge $K \subset L \,\dot\cup\, R$, so dass gilt

Let $\nu(G)$ denote the cardinality of a maximum matching in a given bipartite graph G. A **(node) cover** of $G = (L \,\dot\cup\, R, E)$ is a subset $K \subset L \,\dot\cup\, R$ such that

$$[l,r] \in E \Rightarrow l \in K \ \text{ or } \ r \in K. \tag{8.8}$$

Mit $\tau(G)$ bezeichnen wir die Kardinalität einer minimalen Überdeckung von G, d.h.

With $\tau(G)$ we denote the cardinality of a minimum cover of G, i.e.,

$$\tau(G) := \min\{|K| : K \ \text{is a cover of} \ G\}. \tag{8.9}$$

Analog zum maximalen Fluss - minimalen Schnitt - Satz aus Kapitel 7 (Satz 7.2.2) können wir dann folgendes Ergebnis beweisen:

Analogous to the max-flow min-cut theorem stated in Chapter 7 (Theorem 7.2.2) we can now prove the following result:

Satz 8.2.1. (Satz von König)
Für jeden bipartiten Graphen G gilt:

Theorem 8.2.1. (König's theorem)
Every bipartite graph G satisfies:

$$\nu(G) = \tau(G).$$

Beweis. Ist X ein beliebiges Matching und K eine beliebige Überdeckung, so gilt für alle $[i, j] \in X : i \in K$ oder $j \in K$.

Proof. If X is an arbitrary matching and if K is an arbitrary cover, then all $[i, j] \in X$ satisfy: $i \in K$ or $j \in K$.

Also folgt $|X| \leq |K|$ und damit:

It follows that $|X| \leq |K|$ and therefore:

$$\nu(G) = \max\{|X| : X \text{ matching}\} \leq \min\{|K| : K \text{ covering}\} = \tau(G).$$

Sei X ein maximales Matching, d.h. $|X| = \nu(G)$, und sei $L_X := \{l \in L : \exists e = [l, r] \in X\}$ die Menge der durch X gesättigten Knoten in L und $\overline{L}_X := L \setminus L_X$. Offensichtlich gilt $|X| = \nu(G) = |L_X|$.

Let X be a maximum matching, i.e., $|X| = \nu(G)$, let $L_X := \{l \in L : \exists e = [l, r] \in X\}$ be the set of vertices in L that are matched by X, and define $\overline{L}_X := L \setminus L_X$. Obviously $|X| = \nu(G) = |L_X|$.

Wir zeigen: $\nu(G) \geq \tau(G)$.

We show: $\nu(G) \geq \tau(G)$.

1. Fall: $\overline{L}_X = \emptyset$.

Case 1: $\overline{L}_X = \emptyset$.

Dann ist $K = L_X$ wegen der Definition eines bipartiten Graphen eine Überdeckung von G und es gilt $|X| = |K|$.

Then $K - L_X$ is a cover of G due to the definition of a bipartite graph and $|X| = |K|$.

2. Fall: $\overline{L}_X \neq \emptyset$.

Case 2: $\overline{L}_X \neq \emptyset$.

Sei V_X die Menge aller Knoten in $L \dot\cup R$, die auf einem in $l \in \overline{L}_X$ beginnenden alternierenden Weg bzgl. X liegen, und sei $R_X := R \cap V_X$. Dann sind alle $r \in R_X$ gesättigt (sonst existierte ein mv-Weg, und X wäre nach Satz 8.1.1 nicht maximal).

Let V_X be the set of all vertices in $L \cup R$ that lie on an alternating path with respect to X starting in a vertex $l \in \overline{L}_X$ and let $R_X := R \cap V_X$. Then all $r \in R_X$ are matched (otherwise there would exist an ma-path and, according to Theorem 8.1.1, and X would not be maximum).

Sei

Define

$$K := (L_X \setminus V_X) \dot\cup R_X.$$

Wir zeigen, dass K eine Überdeckung ist mit $|K| \leq |X|$.

We show that K is a cover satisfying $|K| \leq |X|$.

Wäre K keine Überdeckung, so müsste eine Kante mit einem Endpunkt in $L \setminus (L_X \setminus V_X) = \overline{L}_X \cup (V_X \cap L_X)$ und dem anderen Endpunkt in $R \setminus R_X$ existieren. Dies widerspricht jedoch der Definition von alternierenden Wegen und von R_X, aus der folgt, dass

If K were not a cover, there would exist an edge with one endpoint in $L \setminus (L_X \setminus V_X) = \overline{L}_X \cup (V_X \cap L_X)$ and the other endpoint in $R \setminus R_X$. However, this contradicts the definition of alternating paths and of R_X which implies that

$$\forall\, l \in \overline{L}_X \cup (L_X \cap V_X) \quad : \quad ([l, r] \in E \;\Rightarrow\; r \in R_X)\,.$$

Weiter gilt $|K| \leq |X|$, da

Moreover $|K| \leq |X|$, since

$$\forall\, r \in R_X \quad : \quad ([l, r] \in X \;\Rightarrow\; l \in (L_X \cap V_X))$$
$$\forall\, l \in L_X \setminus V_X \quad : \quad ([l, r] \in X \;\Rightarrow\; r \notin R_X)\,.$$

Aus den beiden Fällen folgt $\nu(G) \geq \tau(G)$, und die Behauptung des Satzes ist bewiesen. ∎

Combining both cases, we can conclude that $\nu(G) \geq \tau(G)$ which completes the proof. ∎

Beispiel 8.2.2. *Abb. 8.2.2 zeigt ein Matching X. X ist maximum, da $|X| = |K|$ für die Überdeckung $K = \{l_1, l_2, r_2\}$.*

Example 8.2.2. *Figure 8.2.2 shows a matching X. X is maximum since $|X| = |K|$ for the cover $K = \{l_1, l_2, r_2\}$.*

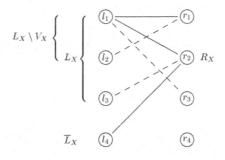

Abbildung 8.2.2. *Bipartiter Graph mit Matching X (gestrichelte Kanten), Knoten in $V_X = \{l_3, l_4, r_2\}$ und minimaler Überdeckung $K = \{l_1, l_2, r_2\}$.*

Figure 8.2.2. *Bipartite graph with maximum matching X (dashed edges), nodes in $V_X = \{l_3, l_4, r_2\}$ and minimum node cover $K = \{l_1, l_2, r_2\}$.*

Wie die Beweise der Sätze 8.1.1 und 8.2.1 zeigen, erhält man ein maximales Matching und eine minimale Überdeckung durch iterative Aufsuche von mv-Wegen. Durch Orientierung der Kanten e von L nach R, falls $e \notin X$, und von R nach L, falls $e \in X$, kann man die Suche

The proofs of Theorems 8.1.1 and 8.2.1 show that we can obtain a maximum matching and a minimum cover by iteratively searching for ma-paths. Orienting the edge e from L to R if $e \notin X$, and from R to L if $e \in X$, we can reduce the search for ma-paths to a path problem in

nach einem mv-Weg auf ein Digraph-   digraphs.
Wegeproblem zurückführen.

ALGORITHM

MMP in Bipartite Graphs

(INPUT) $G = (L \,\dot\cup\, R, E)$ *bipartite graph,*

X *matching (e.g. $X = \emptyset$).*

(1)   Orient all edges $e = [l, r] \in E$ from left to right, i.e., $e = (l, r)$, if $e \in E \setminus X$, and from right to left, i.e., $e = (r, l)$, if $e \in X$.
Set $L' := L$, $R' := R$, $V_X = \emptyset$.

(2)   If all vertices in L' are matched, then
(STOP), X is a maximum matching. A minimum cover K can be determined as in case 1 or 2 of the proof of Theorem 8.2.1.

(3) a) Choose an exposed vertex $l \in L'$.

*   b) Set $V_l := \{v \in (L' \cup R') : v$ lies on some alternating path that only uses vertices from the set $(L' \cup R')$ and which starts in l. $\}$*
As soon as some $v \in V_l$ is exposed, set $X := X \vartriangle P$, where P is a path from l to v in G, and goto Step (1).
If no vertex $v \in V_l$ is exposed, set $L' := L \setminus V_l$, $R' := R \setminus V_l$ and $V_X := V_X \cup V_l$.

Goto Step (2).

Beispiel 8.2.3. *Abb. 8.2.3 zeigt einen bipartiten Graphen G mit einem Matching und die entsprechende Orientierung gemäß Schritt (1).*	**Example 8.2.3.** *Figure 8.2.3 shows a bipartite graph G with a matching and the corresponding orientation according to Step (1).*

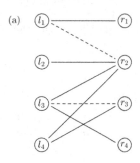 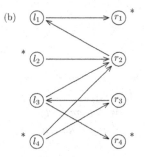

Abbildung 8.2.3.	**Figure 8.2.3.**
(a) G mit Matching X (gestrichelte Kanten).	*(a) G with the matching X (dashed edges).*
(b) Orientierung von G. Exponierte Knoten sind mit $*$ markiert.	*(b) Orientation of G. Exposed vertices are marked by $*$.*

Wir wählen $l = l_4$ als exponierten Knoten und bestimmen V_l, indem wir einen Baum in l_4 wachsen lassen wie im Dijkstra Algorithmus.

We choose $l = l_4$ as exposed vertex and determine V_l by growing a tree with root l_4 as in the Algorithm of Dijkstra.

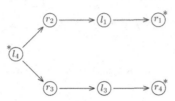

$P = (l_4, r_2, l_1, r_1)$ ist ein Weg in G, der nach Definition der Kantenrichtungen einem alternierenden Weg entspricht. Das Matching $X := X \triangle P$ und die entsprechende Orientierung des Graphen sind in Abb. 8.2.4 gezeigt.

$P = (l_4, r_2, l_1, r_1)$ is a path in G that corresponds to an alternating path according to the definition of the orientation of the edges. The matching $X := X \triangle P$ and the corresponding orientation of the graph are shown in Figure 8.2.4.

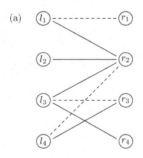 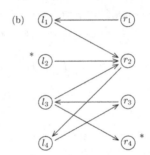

Abbildung 8.2.4.

(a) *Neues Matching von G.*

(b) *Neue Orientierung von G.*

Figure 8.2.4.

(a) *New matching of G.*

(b) *New orientation of G.*

Die Wegesuche beginnend bei $l = l_2$ ergibt $P = (l_2, r_2, l_4, r_3, l_3, r_4)$, so dass wir schließlich $X := \{[l_1, r_1], [l_2, r_2], [l_3, r_4], [l_4, r_3]\}$ als maximales Matching und $K = L$ als minimale Überdeckung erhalten.

The search for a path starting with $l = l_2$ results in $P = (l_2, r_2, l_4, r_3, l_3, r_4)$ so that we obtain $X := \{[l_1, r_1], [l_2, r_2], [l_3, r_4], [l_4, r_3]\}$ as a maximum matching and $K = L$ as a minimum cover.

Man beachte, dass die Fortsetzung der Wegesuche aus Knoten r heraus jeweils eindeutig durch die Matchingkante $[l, r]$ gegeben ist, falls r nicht exponiert ist. Diese Tatsache kann man bei einer effizienten Implementierung des Algorithmus be-

Note that the continuation of the search for paths starting from vertex r is uniquely determined by the matching edge $[l, r]$ if r is not exposed. This fact can be used in an efficient implementation of the algorithm. Using a clever combination of several ma-

nutzen. Durch geschicktes Zusammenfassen mehrerer mv-Wege lässt sich der Algorithmus in $O(\sqrt{n} \cdot m)$ Operationen durchführen.

paths the algorithm can be implemented using $O(\sqrt{n} \cdot m)$ operations.

8.2.2 Minimum Cost Matching Problems in Bipartite Graphs

Da MKMP die Voraussetzungen (8.1)-(8.3) erfüllt, betrachten wir hier bipartite Graphen mit $|L| = |R| = \frac{n}{2}$. Ein perfektes Matching ist deshalb eine Zuordnung der Knoten in L zu Knoten in R (z.B. Zuordnung von Jobs zu Arbeitern). Aus diesem Grunde nennt man ein MKMP mit $|L| = |R| = \frac{n}{2}$ auch **Zuordnungsproblem** und orientiert alle Kanten aus E von L nach R. Wie wir aus Abschnitt 8.1 wissen, werden bei MKMPs nur perfekte Matchings in Betracht gezogen.

Setzt man für ein gegebenes perfektes Matching X

Since the MCMP satisfies the conditions (8.1)-(8.3) we consider in the following bipartite graphs with $|L| = |R| = \frac{n}{2}$. A perfect matching is therefore an assignment of the vertices in L to vertices in R (e.g. the assignment of jobs to workers). For this reason the MCMP with $|L| = |R| = \frac{n}{2}$ is also called an **assignment problem** and all edges in E are oriented from L to R. Recall that MCMP only considers perfect matchings (see Section 8.1).

Let a perfect matching X be given. If we set

$$x_{lr} = 1 \iff (l, r) \in X \tag{8.10}$$

so ist $\underline{x} = (x_{lr})$ eine zulässige Lösung des LPs

then $\underline{x} = (x_{lr})$ is a feasible solution of the LP

$$\min \sum_{(l,r) \in E} c_{lr} x_{lr} \tag{8.11}$$

$$\text{s.t.} \quad \sum_{(l,r) \in E} x_{lr} = 1 \quad \forall\, l = 1, \ldots, \frac{n}{2} \tag{8.12}$$

$$\sum_{(l,r) \in E} x_{lr} = 1 \quad \forall\, r = 1, \ldots, \frac{n}{2} \tag{8.13}$$

$$x_{lr} \geq 0 \quad \forall\, (l, r) \in E. \tag{8.14}$$

In dieser Formulierung sieht man, dass MKMP in bipartiten Graphen ein Spezialfall eines Netzwerkflussproblems ist, das mit den im Kapitel 7 entwickelten Methoden gelöst werden kann. Man beachte dabei, dass alle dort vorgestellten Algorithmen die Eigenschaft haben, bei ganzzahligen Daten ganzzahlige Flüsse x_{ij} zu liefern, so dass wegen (8.12), (8.13) und (8.14) $x_{lr} \in \{0, 1\}$ gilt.

We can see from this formulation that the MCMP in bipartite graphs is a special case of a network flow problem which can be solved with the methods developed in Chapter 7. Note that all the algorithms developed in this chapter have the property that they yield integer flows x_{ij} if the input data is integer. Thus (8.12), (8.13) and (8.14) imply that $x_{lr} \in \{0, 1\}$.

Im Folgenden wenden wir das im Abschnitt 3.4 entwickelte primal-duale Simplexverfahren auf das Zuordnungsproblem an. Wir werden dabei sehen, dass die Optimallösung ganzzahlig ist.

In the following we will apply the primal-dual Simplex Method developed in Section 3.4 to the assignment problem. We will observe that the optimal solution is integer.

Das zu (8.11) - (8.14) duale LP ist

The dual LP of (8.11) - (8.14) is

$$\max \ \sum_{l \in L} \alpha_l + \sum_{r \in R} \beta_r \tag{8.15}$$

$$\text{s.t.} \ \ \alpha_l + \beta_r \leq c_{lr} \qquad\qquad \forall \, (l,r) \in E \tag{8.16}$$

$$\alpha_l, \beta_r \gtrless 0. \qquad\qquad \forall \, l \in L, r \in R. \tag{8.17}$$

Die Kantenmenge $J := \{(l,r) \in E : \alpha_l + \beta_r = c_{lr}\}$ ist die zulässige Kantenmenge bzgl. einer gegebenen dual zulässigen Lösung $\underline{\alpha}, \beta$ von (8.15) - (8.17). Das eingeschränkte primale Problem ist dann wie in Abschnitt 3.4

The edge set $J := \{(l,r) \in E : \alpha_l + \beta_r = c_{lr}\}$ is the feasible edge set with respect to a given dual feasible solution $\underline{\alpha}, \beta$ of (8.15) - (8.17). The reduced primal problem is then as in Section 3.4

$$\min \ w = \sum_{i=1}^{n} \hat{x}_i \tag{8.18}$$

$$\text{(RP)} \qquad \text{s.t.} \ \sum_{(l,r) \in J} x_{lr} + \hat{x}_l \ = 1 \qquad \forall \, l = 1, \ldots, \frac{n}{2} \tag{8.19}$$

$$\sum_{(l,r) \in J} x_{lr} + \hat{x}_{r+\frac{n}{2}} = 1 \qquad \forall \, r = 1, \ldots, \frac{n}{2} \tag{8.20}$$

$$x_{lr}, \hat{x}_i \geq 0. \qquad \forall \, (l,r) \in E, \ \forall \, i = 1, \ldots, n \tag{8.21 is below}$$

Setzen wir (8.19) und (8.20) in (8.18) ein, so erhalten wir

Using (8.19) and (8.20) in (8.18), we obtain

$$w = n - 2 \cdot \sum_{(l,r) \in J} x_{lr} \tag{8.21}$$

so dass wir (RP) durch den MMP Algorithmus des vorhergehenden Abschnittes 8.2.1, angewendet auf den bipartiten Graphen $G_{\alpha,\beta} := (L \cup R, J)$, lösen können. Gilt $\nu(G_{\alpha,\beta}) = \frac{n}{2}$, d.h. finden wir ein perfektes Matching in $G_{\alpha,\beta}$, so folgt $w = 0$. In diesem Fall ist $\underline{x}$ primal zulässig, also eine Optimallösung des Zuordnungsproblems.

so that we can solve (RP) by applying the MMP Algorithm, introduced in the preceding Section 8.2.1, to the bipartite graph $G_{\alpha,\beta} := (L \cup R, J)$. If $\nu(G_{\alpha,\beta}) = \frac{n}{2}$, i.e., if we find a perfect matching in $G_{\alpha,\beta}$, we can conclude that $w = 0$. In this case $\underline{x}$ is primal feasible and thus an optimal solution of the assignment problem.

Ist jedoch $X = \{(l,r) \in J : x_{lr} = 1\}$ ein maximales Matching in $G_{\alpha,\beta}$ mit $|X| < \frac{n}{2}$, so muss die Duallösung $\underline{\alpha}, \underline{\beta}$ aktualisiert werden. Dazu betrachten wir das eingeschränkte duale Problem, also das zu (8.18) - (8.20) duale LP

If, on the other hand, $X = \{(l,r) \in J : x_{lr} = 1\}$ is a maximum matching in $G_{\alpha,\beta}$ with $|X| < \frac{n}{2}$, we have to update the dual solution $\underline{\alpha}, \underline{\beta}$. For this purpose consider the reduced dual problem, i.e., the dual LP of (8.18) - (8.20)

$$\max \ \sum_{l \in L} \gamma_l + \sum_{r \in R} \delta_r \qquad (8.22)$$

$$\text{(RD)} \qquad \text{s.t.} \quad \gamma_l + \delta_r \leq 0 \quad \forall \, (l,r) \in J \qquad (8.23)$$

$$\gamma_l, \delta_r \leq 1 \quad \forall \, l \in L, r \in R. \qquad (8.24)$$

Da X kein perfektes Matching ist, bricht der MMP Algorithmus mit einer Knotenüberdeckung $K = (L_X \setminus V_X) \cup R_X$ ab. Diese Überdeckung können wir benutzen, um eine Optimallösung von (8.22) - (8.24) zu finden.

Since X is not a perfect matching, the MMP Algorithm terminates with a node cover $K = (L_X \setminus V_X) \cup R_X$. This cover can be used to determine an optimal solution of (8.22) - (8.24).

Satz 8.2.2. $\underline{\gamma}, \underline{\delta}$ *mit*

Theorem 8.2.2. $\underline{\gamma}, \underline{\delta}$ *with*

$$\gamma_l := \begin{cases} 1 \\ -1 \end{cases} \text{if} \quad \begin{array}{l} l \in \overline{L}_X \cup (L_X \cap V_X) \\ l \in L_X \setminus V_X \end{array} \qquad (8.25)$$

$$\delta_r := \begin{cases} -1 \\ 1 \end{cases} \text{if} \quad \begin{array}{l} r \in R_X \\ r \in R \setminus R_X \end{array} \qquad (8.26)$$

ist eine Optimallösung von (8.22) - (8.24).

is an optimal solution of (8.22) - (8.24).

Beweis.

Proof.

(a) $\underline{\gamma}, \underline{\delta}$ ist zulässig, denn $\gamma_l + \delta_r \in \{-2, 0, +2\}$ $\forall \, l \in L, r \in R$. Dabei gilt:

(a) $\underline{\gamma}, \underline{\delta}$ are feasible since $\gamma_l + \delta_r \in \{-2, 0, +2\}$ $\forall \, l \in L, r \in R$. Here,

$$\gamma_l + \delta_r = 2 \iff \left(l \in \overline{L}_X \cup (L_X \cap V_X) \text{ and } r \in R \setminus R_X \right).$$

Dies ist nach Definition von $L_X, \overline{L}_X$, V_X und R_X in $G_{\alpha,\beta}$ jedoch nur dann möglich, wenn $(l,r) \notin J$. Also gilt $\gamma_l + \delta_r \in \{-2,0\}$, $\forall \, (l,r) \in J$, und Ungleichung (8.23) ist erfüllt.

The definition of $L_X, \overline{L}_X, V_X$ and R_X in $G_{\alpha,\beta}$ implies that this is only possible if $(l,r) \notin J$. Therefore, $\gamma_l + \delta_r \in \{-2,0\}$, $\forall \, (l,r) \in J$, and (8.23) is satisfied.

(b) Wir zeigen, dass $\underline{\gamma}, \underline{\delta}$ optimal ist, indem wir die Gleichheit von (8.21) und (8.22) zeigen:

(b) We prove the optimality of $\underline{\gamma}, \underline{\delta}$ by showing the equality of (8.21) and (8.22):

$$\sum_{l \in L} \gamma_l + \sum_{r \in R} \delta_r \;=\; \left(|\overline{L}_X \cup (L_X \cap V_X)| - |L_X \setminus V_X| \right) + \left(|R \setminus R_X| - |R_X| \right)$$

$$= \left(|L| - 2 \cdot |L_X \setminus V_X| \right) + \left(|R| - 2 \cdot |R_X| \right)$$

$$= (|L| + |R|) - 2 \cdot \left(|L_X \setminus V_X| + |R_X| \right)$$

$$= n - 2 \cdot |K|, \quad \text{where } K \text{ is the minimum cover corresponding to } X,$$

$$K = (L_X \setminus V_X) \cup R_X$$

$$= n - 2 \cdot |X|, \quad \text{according to Theorem 8.2.1}$$

$$= n - 2 \cdot \sum_{(l,r) \in J} x_{lr},$$

where x_{lr} in $G_{\alpha,\beta}$ is determined according to (8.10).

∎

Die Aktualisierung von $\underline{\alpha}, \underline{\beta}$ erfolgt nun entsprechend dem primal-dualen Simplex-Algorithmus:

The values of $\underline{\alpha}, \underline{\beta}$ can now be updated according to the primal-dual Simplex Method:

1. Fall: $\gamma_l + \delta_r \leq 0 \quad \forall \, (l,r) \in E \setminus J$.

Case 1: $\gamma_l + \delta_r \leq 0 \quad \forall \, (l,r) \in E \setminus J$.

Dann ist das LP (8.11) - (8.14) unzulässig, und es existiert kein perfektes Matching. Dies ist ein Widerspruch zu der allgemeinen Voraussetzung (8.2).

Then the LP (8.11) - (8.14) is infeasible and no perfect matching exists. This is a contradiction to the general assumption (8.2).

2. Fall: $\gamma_l + \delta_r > 0$ für mindestens eine Kante $(l,r) \in E \setminus J$.

Case 2: $\gamma_l + \delta_r > 0$ for at least one edge $(l,r) \in E \setminus J$.

Da wir wissen, dass in diesem Fall $\gamma_l + \delta_r = 2$ ist, berechnen wir

Since we know in this case that $\gamma_l + \delta_r = 2$, we determine

$$\varepsilon = \min \left\{ \frac{c_{lr} - \alpha_l - \beta_r}{2} : (l,r) \in E \setminus J, \;\; l \in \overline{L}_X \cup (L_X \cap V_X), \;\; r \in R \setminus R_X \right\} \quad (8.27)$$

und aktualisieren $\underline{\alpha}, \underline{\beta}$ entsprechend dem primal-dualen Algorithmus

and update $\underline{\alpha}, \underline{\beta}$ according to the primal-dual Simplex Method

$$\alpha_l \;:=\; \begin{cases} \alpha_l + \varepsilon \\ \alpha_l - \varepsilon \end{cases} \text{if} \quad \begin{aligned} & l \in \overline{L}_X \cup (L_X \cap V_X) \\ & l \in L_X \setminus V_X \end{aligned} \quad (8.28)$$

$$\beta_r \;:=\; \begin{cases} \beta_r - \varepsilon \\ \beta_r + \varepsilon \end{cases} \text{if} \quad \begin{aligned} & r \in R_X \\ & r \in R \setminus R_X. \end{aligned} \quad (8.29)$$

Damit stehen die Grundzüge des primal-dualen Verfahrens für das Zuordnungsproblem fest. Da dieses Verfahren auf kombinatorische Ergebnisse von König und

This defines the foundations of the primal-dual method to solve the assignment problem. Since this method relies on the combinatorial results of König and Egervary,

Egervary zurückgeht, nennt man es die **Ungarische Methode** zur Lösung des Zuordnungsproblems.

it is called the **Hungarian Method** to solve the assignment problem.

Bevor wir dieses Verfahren zusammenfassen, machen wir noch drei Bemerkungen:

Before we summarize this procedure, we will make three further remarks:

1. Um eine große Anzahl von zulässigen Kanten zu erzeugen, beginnen wir den Algorithmus mit Zeilen- und Spaltenreduktionen:

1. To generate a large number of feasible edges we begin the algorithm with row- and column reductions:

$$\text{row reduction: } c'_{lr} := c_{lr} - \overbrace{\min\left\{c_{lj} : j = 1, \ldots, \frac{n}{2}\right\}}^{=:C_l}, \ \forall \, l = 1, \ldots, \frac{n}{2} \qquad (8.30)$$

$$\text{column reduction: } c''_{lr} := c'_{lr} - \underbrace{\min\left\{c'_{ir} : i = 1, \ldots, \frac{n}{2}\right\}}_{=:(C')^r}, \ \forall \, r = 1, \ldots, \frac{n}{2} \qquad (8.31)$$

und lösen das Zuordnungsproblem mit Kosten c''_{lr}. Diese Reduktionen ändern den Zielfunktionswert des ursprünglichen Problems nur um eine Konstante, da für jedes perfekte Matching X gemäß (8.12) und (8.13) gilt:

and solve the assignment problem with costs c''_{lr}. These reductions change the objective value of the original problem only by a constant since, according to (8.12) and (8.13), every perfect matching X satisfies:

$$\sum_{(i,j)\in E} c_{ij}x_{ij} = \sum_{(i,j)\in E} c'_{ij}x_{ij} + \sum_{l=1}^{\frac{n}{2}} C_l$$

$$= \sum_{(i,j)\in E} c''_{ij}x_{ij} + \left(\sum_{l=1}^{\frac{n}{2}} C_l + \sum_{r=1}^{\frac{n}{2}} (C')^r\right).$$

2. Eine zulässige duale Startlösung ist $\alpha_l = 0 \ (\forall \, l \in L)$, $\beta_r = \min\left\{c_{lr} : l = 1, \ldots, \frac{n}{2}\right\}$. Nach der Spalten- und Zeilenreduktion gilt dabei immer:

2. A dual feasible starting solution is $\alpha_l = 0 \ (\forall \, l \in L)$, $\beta_r = \min\left\{c_{lr} : l = 1, \ldots, \frac{n}{2}\right\}$. After row- and column reductions this implies:

$$\beta_r = \min\left\{c''_{lr} : l = 1, \ldots, \frac{n}{2}\right\} = 0, \quad \forall \, r = 1, \ldots, \frac{n}{2}.$$

3. Im Verlaufe des Algorithmus aktualisieren wir stets die $\frac{n}{2} \times \frac{n}{2}$-Matrix

3. During the algorithm we repeatedly update the $\frac{n}{2} \times \frac{n}{2}$-matrix

$$\overline{C} = (\overline{c}_{lr}) = (c_{lr} - \alpha_l - \beta_r)$$

J ist dann die Menge der Kanten (l, r) mit $\overline{c}_{lr} = 0$.

then J is the set of edges (l, r) with $\overline{c}_{lr} = 0$.

ALGORITHM

Hungarian Method for MCMP in Bipartite Graphs

(Input) $G = (L \cup R, E)$ *bipartite graph,*

$C = (c_{lr})$ *cost matrix, where* $c_{lr} = \infty$ *if* $(l, r) \notin E$.

(1) *Reductions.* Set $c_{lr} := c_{lr} - c_l$, where $c_l = \min\left\{ c_{lj} : j = 1, \ldots, \frac{n}{2} \right\}, l = 1, \ldots, \frac{n}{2}$,
$\overline{c}_{lr} := c_{lr} - c^r$, where $c^r = \min\left\{ c_{ir} : i = 1, \ldots, \frac{n}{2} \right\}, r = 1, \ldots, \frac{n}{2}$.

(2) In $G_J := (V, J)$ with $J := \{ (l, r) : \overline{c}_{lr} = 0 \}$, determine a maximum matching X. *(The maximum matching of the previous iteration can be used as a starting matching.)*

(3) If $|X| = \frac{n}{2}$ *(STOP),* X is an MC-matching in G.

(4) *Otherwise, determine a minimum node cover* $K = (L_X \setminus V_X) \cup R_X$ *(as in the proof of Theorem 8.2.1) and set*

$$\varepsilon := \frac{1}{2} \cdot \min\left\{ \overline{c}_{lr} : l \in \overline{L}_X \cup (L_X \cap V_X), r \in R \setminus R_X \right\}$$

$$\gamma_l := \begin{cases} 1 \\ -1 \end{cases} \text{ if } \begin{array}{l} l \in \overline{L}_X \cup (L_X \cap V_X) \\ l \in L_X \setminus V_X \end{array}$$

$$\delta_r := \begin{cases} -1 \\ 1 \end{cases} \text{ if } \begin{array}{l} r \in R_X \\ r \in R \setminus R_X \end{array}$$

$$\overline{c}_{lr} := \overline{c}_{lr} - (\varepsilon \cdot \gamma_l + \varepsilon \cdot \delta_r).$$

Goto Step (2).

Beispiel 8.2.4. *Wir bestimmen ein MK-Matching bzgl. der Kostenmatrix*

Example 8.2.4. *We determine an MC-matching with respect to the cost matrix*

$$C = \begin{pmatrix} 1 & 2 & 3 & 7 & 1 \\ 2 & 3 & 1 & 4 & 2 \\ 7 & 6 & 8 & 9 & 5 \\ 3 & 2 & 3 & 2 & 2 \\ 4 & 6 & 7 & 9 & 3 \end{pmatrix}$$

Nach Zeilenreduktion mit $c_1 = 1, c_2 = 1, c_3 = 5, c_4 = 2, c_5 = 3$ *erhalten wir:*

After the row reduction with $c_1 = 1, c_2 = 1, c_3 = 5, c_4 = 2, c_5 = 3$ *we obtain:*

$$C = \begin{pmatrix} 0 & 1 & 2 & 6 & 0 \\ 1 & 2 & 0 & 3 & 1 \\ 2 & 1 & 3 & 4 & 0 \\ 1 & 0 & 1 & 0 & 0 \\ 1 & 3 & 4 & 6 & 0 \end{pmatrix}$$

Da $c^r = 0$, $\forall\, r = 1, \ldots, 5$, ist $\overline{C} = C$. Wir lösen jetzt ein MMP im bipartiten Graphen aus Abb. 8.2.5 und erhalten das maximale Matching X.

Since $c^r = 0$, $\forall\, r = 1, \ldots, 5$ it follows that $\overline{C} = C$. We now solve an MMP in the bipartite graph given in Figure 8.2.5 and obtain the maximum matching X.

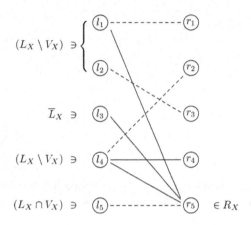

Abbildung 8.2.5. *Graph $G_{\alpha,\beta}$ mit maximalem Matching (gestrichelte Kanten) und Knotenüberdeckung $(L_X \setminus V_X) \cup R_X = \{l_1, l_2, l_4, r_5\}$.*

Figure 8.2.5. *Graph $G_{\alpha,\beta}$ with maximum matching (dashed edges) and node cover $(L_X \setminus V_X) \cup R_X = \{l_1, l_2, l_4, r_5\}$.*

$$\overline{L}_X = \{l_3\}, \ R_X = \{r_5\}, \ L_X \setminus V_X = \{l_1, l_2, l_4\}, \ L_X \cap V_X = \{l_5\}$$

und wir erhalten $\varepsilon = \frac{1}{2}$. Wir schreiben die Variablen $\varepsilon \cdot \gamma_l$ und $\varepsilon \cdot \delta_r$ neben bzw. unter die Matrix $\overline{C}$, um die neue Matrix $\overline{C}$ mit $\overline{c}_{lr} := \overline{c}_{lr} - (\varepsilon \cdot \gamma_l + \varepsilon \cdot \delta_r)$ zu berechnen.

and we obtain $\varepsilon = \frac{1}{2}$. We write the variables $\varepsilon \cdot \gamma_l$ and $\varepsilon \cdot \delta_r$ next to or underneath the matrix $\overline{C}$ to determine the new matrix $\overline{C}$ with $\overline{c}_{lr} := \overline{c}_{lr} - (\varepsilon \cdot \gamma_l + \varepsilon \cdot \delta_r)$.

$$
\begin{array}{c}
 \varepsilon \cdot \gamma_l \\[2pt]
\begin{pmatrix}
0 & 1 & 2 & 6 & 0 \\
1 & 2 & 0 & 3 & 1 \\
2 & 1 & 3 & 4 & 0 \\
1 & 0 & 1 & 0 & 0 \\
1 & 3 & 4 & 6 & 0
\end{pmatrix}
\begin{matrix}
-\frac{1}{2} \\ -\frac{1}{2} \\ \frac{1}{2} \\ -\frac{1}{2} \\ \frac{1}{2}
\end{matrix}
\end{array}
\ \longrightarrow \
\begin{pmatrix}
0 & 1 & 2 & 6 & 1 \\
1 & 2 & 0 & 3 & 2 \\
1 & 0 & 2 & 3 & 0 \\
1 & 0 & 1 & 0 & 1 \\
0 & 2 & 3 & 5 & 0
\end{pmatrix}
$$

$$\varepsilon \cdot \delta_r \quad \tfrac{1}{2} \quad \tfrac{1}{2} \quad \tfrac{1}{2} \quad \tfrac{1}{2} \quad -\tfrac{1}{2}$$

Der neue Graph $G_{\alpha,\beta}$ mit zulässigen Kanten ist in Abb. 8.2.6 dargestellt.

The new graph $G_{\alpha,\beta}$ with feasible edges is shown in Figure 8.2.6.

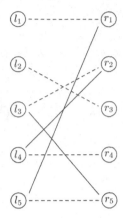

Abbildung 8.2.6. *Neuer Zulässigkeitsgraph $G_{\alpha,\beta}$ mit maximalem Matching X.*

Figure 8.2.6. *New feasibility graph $G_{\alpha,\beta}$ with the maximum matching X.*

Da in $G_{\alpha,\beta}$ ein perfektes Matching existiert, stoppt die Ungarische Methode. Ein beliebiges perfektes Matching in $G_{\alpha,\beta}$ ist die Optimallösung von MKMP.

Since a perfect matching exists in $G_{\alpha,\beta}$ the Hungarian Method terminates. An arbitrary perfect matching in $G_{\alpha,\beta}$ is the optimal solution of MCMP.

Außer der Ungarischen Methode gibt es andere Verfahren, um MKMP in bipartiten Graphen zu lösen. Ein Verfahren, dass analog zum Negativen Dikreis Algorithmus für Netzwerkflussprobleme arbeitet, basiert auf folgendem Ergebnis:

Besides the Hungarian Method there exist other methods to solve the MCMP in bipartite graphs. One method that works analogous to the Negative Dicycle Algorithm for network flow problems is based on the following result:

Satz 8.2.3. *Ein Matching X ist optimal für MKMP im bipartiten Graphen $G = (L \,\dot\cup\, R, E)$ genau dann, wenn es keinen negativen alternierenden Kreis C gibt, d.h. einen alternierenden Kreis mit*

Theorem 8.2.3. *A matching X is optimal for the MCMP in the bipartite graph $G = (L \,\dot\cup\, R, E)$ if and only if there does not exist a negative alternating cycle C, i.e., an alternating cycle with*

$$c(C) := \sum_{e\in C\setminus X} c_e - \sum_{e\in C\cap X} c_e < 0.$$

Beweis. Übung. *(Direkt und durch Ausnutzung der Äquivalenz zu einem Netzwerkflussproblem.)*

Proof. Exercise. *(Directly and by using the equivalence to a network flow problem.)*

8.3   Matching Problems in Arbitrary Graphs

Ein wohlbekanntes Kriterium für bipartite Graphen ist das folgende:

$G = (V, E)$ ist bipartit genau dann, wenn G keinen ungeraden Kreis C als Untergraph enthält, d.h. keinen Kreis C, der eine ungerade Anzahl von Kanten enthält.

Dieses Kriterium ist der Grund, warum das MMP in bipartiten Graphen so einfach zu lösen ist: Sukzessive bestimmt man sich mv-Wege, die in einem exponierten Knoten in L beginnen und in einem exponierten Knoten in R enden. Die ungeraden Knoten solcher Wege sind also stets in L, und die geraden Knoten sind stets in R.

Das Hauptproblem bei beliebigen Graphen ist, dass durch das Auftreten ungerader Kreise Knoten sowohl ungerade als auch gerade Knoten sein können, wenn man in einem bestimmten exponierten Knoten die Suche nach einem alternierenden Weg beginnt.

Beispiel 8.3.1. *Im Graphen G aus Abbildung 8.3.1 kann man bzgl. des gegebenen Matchings X Markierungen "o" und "e" für Knoten definieren, die von v_0 aus auf alternierenden Wegen erreicht werden können und auf diesen Wegen ungerade (odd) bzw. gerade (even) Knoten sind.*

A well-known criterion for bipartite graphs is the following:

$G = (V, E)$ is bipartite if and only if G does not contain an odd cycle C as a subgraph, i.e., no cycle C that has an odd number of edges.

This criterion is the reason for the easy solvability of the MMP in bipartite graphs: We successively determine ma-paths starting in an exposed vertex in L and ending in an exposed vertex in R. The odd nodes on such paths are therefore always in L, and the even nodes are always in R.

The main problem arising in general graphs is that the occurrence of odd cycles implies that vertices may be both odd and even if we start the search for an alternating path in some exposed vertex.

Example 8.3.1. *In the graph G given in Figure 8.3.1 we can define labels "o" and "e" with respect to the given matching X for those vertices that can be reached on an alternating path starting at v_0 and that are odd or even vertices on these paths, respectively.*

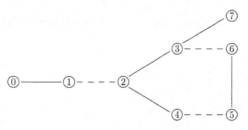

Abbildung 8.3.1. *Graph G mit Matching X (gestrichelte Kanten).*

Figure 8.3.1. *Graph G with the matching X (dashed edges).*

Abb. 8.3.2 zeigt den Stand der Markierungen, nachdem Knoten $v_0, v_1, v_2, v_3, v_4,$ v_5, v_6 markiert sind.

Figure 8.3.2 shows the status of the labeling after the vertices $v_0, v_1, v_2, v_3, v_4, v_5, v_6$ have been labeled.

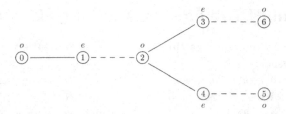

Abbildung 8.3.2. *Markierung der Knoten $v_0, \ldots, v_6$ mit "o" (odd, ungerade) und "e" (even, gerade).*

Figure 8.3.2. *Labeling of the vertices $v_0, \ldots, v_6$ with "o" (odd) and "e" (even).*

Ausgehend von dieser Markierung scheint es, als wenn kein mv-Weg, also ein alternierender Weg von einem exponierten "o" - markierten Knoten zu einem "e" - markierten Knoten existiert. Tatsächlich existiert jedoch solch ein Weg, nämlich $P = (0, 1, 2, 4, 5, 6, 3, 7)$, der aus einer o, e - Markierung wie in Abb. 8.3.3 gezeigt hervorgeht, so dass das neue - und maximale - Matching $X' = X \triangle P$ aus Abb. 8.3.4 bestimmt werden kann.

Starting with this labeling we get the impression that no ma-path, i.e., no alternating path from an exposed, "o" - labeled vertex to an "e" - labeled vertex, exists. However such a path exists, namely $P = (0, 1, 2, 4, 5, 6, 3, 7)$, that results from an o, e - labeling as shown in Figure 8.3.3, so that the new - and maximum - matching $X' = X \triangle P$ given in Figure 8.3.4 can be determined.

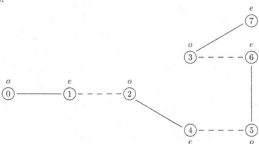

Abbildung 8.3.3. *Alternative o, e - Markierung.*

Figure 8.3.3. *Alternative o, e-labeling.*

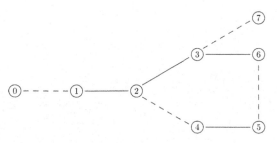

Abbildung 8.3.4. *G mit maximalem Matching.*

Figure 8.3.4. *G with a maximum matching.*

Man sieht an diesem Beispiel die Rolle der ungeraden Kreise: Zwei mit "o" markierte Knoten sind durch eine Kante $e \in E \setminus X$ verbunden (was im bipartiten Fall unmöglich ist). In anderen Beispielen können zwei mit "e" markierte Knoten durch eine Kante $e \in X$ verbunden sein. Dadurch wird ein ungerader Kreis geschlossen, und in diesem Kreis können alle Knoten bis auf einen doppelt markiert werden - sowohl mit "e" als auch mit "o". Da wir in größeren Beispielen nicht wissen, welche Markierungen uns zur Entdeckung eines mv-Weges führen, werden wir den gefundenen ungeraden Kreis zu einem **Pseudoknoten** schrumpfen und die Suche nach einem mv-Weg in dem modifizierten Graphen fortsetzen. Dieses Vorgehen wird im Detail in Abschnitt 8.3.1 besprochen.

This example illustrates the implications of odd cycles: Two vertices labeled "o" are connected by an edge $e \in E \setminus X$ (which is impossible in the bipartite case). In other examples, two vertices labeled "e" may be connected by an edge $e \in X$. Because of this, an odd cycle has been found in which all but one vertices of the cycle can be labeled twice - with "e" as well as with "o". Since in large examples we don't know in advance which labels may lead us to the discovery of an ma-path, we will shrink the detected odd cycle into a **pseudo vertex** and continue the search for an ma-path in the modified graph. This procedure will be discussed in detail in Section 8.3.1.

Vorher wollen wir jedoch noch auf einen anderen Grund eingehen, warum das nicht bipartite Matchingproblem schwieriger ist als das bipartite. MMP (und analog MKMP) lässt sich als **LP mit 0 − 1 Variablen**

Beforehand we will yet discuss another reason for the difficulty of the non-bipartite matching problem compared to the bipartite case. MMP (and analogously MCMP) can be formulated as an **LP with 0 − 1 variables**

$$\max \sum_{[i,j] \in E} x_{ij} \tag{8.32}$$

$$\text{s.t.} \sum_{[i,j] \in E} x_{ij} \leq 1, \qquad \forall\, i \in V \tag{8.33}$$

$$x_{ij} \in \{0, 1\}, \qquad \forall\, [i,j] \in E \tag{8.34}$$

schreiben, wobei (wie in (8.10)) Matchings durch $X := \{[i,j] \in E : x_{ij} = 1\}$ bestimmt sind.

where (as in (8.10)) matchings are defined by $X := \{[i,j] \in E : x_{ij} = 1\}$.

Während wir beim bipartiten MMP die Bedingung (8.34) durch $x_{ij} \geq 0$ ersetzen können, ist das bei nicht bipartiten MMP nicht mehr der Fall, wie Beispiel 8.3.2 zeigt.

Whereas we can replace the constraint (8.34) by $x_{ij} \geq 0$ in case of the bipartite MMP, this is not possible for the non-bipartite MMP as can be seen from Example 8.3.2.

Beispiel 8.3.2. *Sei* $G = K_3$ *der vollständige Graph mit 3 Knoten, also*

Example 8.3.2. *Let* $G = K_3$ *be the complete graph with 3 vertices, i.e.,*

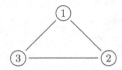

Das LP (8.32), (8.33) *mit* $x_{ij} \geq 0$ *hat die Optimallösung* $x_{12} = x_{23} = x_{31} = \frac{1}{2}$ *mit Zielfunktionswert* $\sum x_{ij} = \frac{3}{2}$, *während das* $0 - 1$ *LP* (8.32) - (8.34) - *und damit das MMP - die Optimallösungen* $x_{ij} = 1$, $x_{pq} = 0$ ($\forall [p,q] \neq [i,j]$) *mit Zielfunktionswert* $\sum x_{ij} = 1$ *hat.*

The LP (8.32), (8.33) *with* $x_{ij} \geq 0$ *has the optimal solution* $x_{12} = x_{23} = x_{31} = \frac{1}{2}$ *with objective value* $\sum x_{ij} = \frac{3}{2}$, *whereas the* $0 - 1$ *LP* (8.32) - (8.34) - *and therefore the MMP - has the optimal solution* $x_{ij} = 1$, $x_{pq} = 0$ ($\forall [p,q] \neq [i,j]$) *with objective value* $\sum x_{ij} = 1$.

Der Grund für dieses Phänomen ist wieder die Existenz eines ungeraden Kreises in G.

The reason for this phenomenon is again the existence of an odd cycle in G.

8.3.1   MMP in Arbitrary Graphs

Sei X ein Matching in G. Ein **alternierender Baum** $T = (V(T), E(T))$ bzgl. X ist ein Baum mit folgenden Eigenschaften:

Let X be a matching in G. An **alternating tree** $T = (V(T), E(T))$ with respect to X is a tree with the following properties:

- Ein Knoten r ist exponiert (r heißt **Wurzel** von T).

- Alle Wege in T, die von r ausgehen, sind alternierende Wege.

- A vertex r is exposed (r is called the **root** of T).

- All paths in T that start in r are alternating paths.

Gerade bzw. **ungerade Knoten bzgl. T** sind Knoten $v \in V(T)$, bei denen in dem eindeutig bestimmten Weg $P_v = (r = i_1, \ldots, i_p = v)$ von r nach v, p gerade bzw. ungerade ist. Da $|P_v|$, die Anzahl der Kanten von P_v, um 1 kleiner ist, ist $|P_v|$ gerade, falls v ein ungerader Knoten ist, und $|P_v|$ ungerade, falls v ein gerader Knoten ist. Gerade Knoten, die keine Blätter von T sind, inzidieren mit genau zwei Kanten aus $E(T)$. Genau eine dieser Kanten ist in X, so dass insbesondere alle diese geraden Knoten gesättigt bzgl. X sind.

Even and **odd vertices with respect to T**, respectively, are vertices $v \in V(T)$ for which the uniquely defined path $P_v = (r = i_1, \ldots, i_p = v)$ from r to v, p is even or odd, respectively. Since $|P_v|$, the number of edges in P_v, equals $p - 1$, $|P_v|$ is even if v is an odd vertex and $|P_v|$ is odd if v is an even vertex. Even vertices that are not leaves of T are incident to exactly two edges in $E(T)$. Exactly one of these edges is in X, so that particularly all of these even vertices are matched with respect to X.

Beispiel 8.3.3.   **Example 8.3.3.**

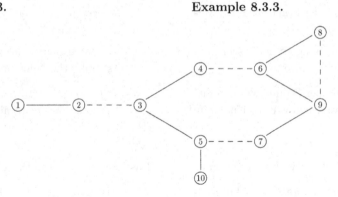

Abbildung 8.3.5. *Graph G mit Matching X.*

Figure 8.3.5. *Graph G with the matching X.*

Für den Graphen aus Abb. 8.3.5 zeigt Abb. 8.3.6 einen alternierenden Baum.

Figure 8.3.6 shows an alternating tree for the graph given in Figure 8.3.5.

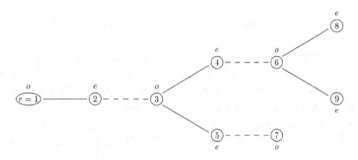

Abbildung 8.3.6. *Alternierender Baum mit "e" (gerade) und "o" (ungerade) Markierungen.*

Figure 8.3.6. *Alternating tree with "e" (even) and "o" (odd) labels.*

Ein alternierender Baum heißt **matching vergrößernder Baum (mv-Baum)**, falls es eine Kante $e = [i, j] \in E$ gibt, die einen ungeraden Knoten $i \in V(T)$ mit einem Knoten $j \notin V(T)$, der exponiert ist, verbindet.

An alternating tree is called a **matching augmenting tree (ma-tree)** if there does exist an edge $e = [i, j] \in E$ that connects an odd vertex $i \in V(T)$ with a vertex $j \notin V(T)$ which is exposed.

Die Idee des MMP Algorithmus ist nun die folgende:

The idea of the MMP Algorithm is the following:

Wir wählen einen exponierten Knoten r und lassen in r einen alternierenden Baum T wachsen, bis

We choose an exposed vertex r and grow an alternating tree T in r until

- T mv-Baum wird (in diesem Fall vergrößern wir X)

- T "blüht" (in diesem Fall "schrumpfen" wir die "Blüte")

- T "Ungarischer Baum" wird (in diesem Fall streichen wir alle Knoten in T aus G).

- T becomes an ma-tree (in this case we augment X)

- T "blossoms" (in this case we "shrink" the "blossom")

- T becomes a "Hungarian tree" (in this case we delete all vertices in T from G).

Zunächst betrachten wir den letzten Fall:

First we consider the last case:

Ein alternierender Baum T heißt **Ungarischer Baum**, falls

An alternating tree T is called a **Hungarian tree**, if

$$\text{all leaves of } T \text{ are odd} \tag{8.35}$$
$$\text{and} \quad [i,j] \in E \text{ and } i \text{ odd with respect to } T \;\Rightarrow\; j \text{ even with respect to } T \tag{8.36}$$

(d.h. nur gerade Knoten i können mit Knoten $j \notin V(T)$ verbunden sein).

(i.e., only even vertices i can be connected to a vertex $j \notin V(T)$).

Der folgende Satz zeigt, dass man alle Knoten aus T in G streichen kann, falls T ein Ungarischer Baum ist. Bezeichnen wir dazu mit $G \setminus V(T)$ den Graphen, der aus G durch Streichen aller Knoten aus T und aller Kanten in E, die mit solchen Knoten inzidieren, entsteht.

The next theorem shows that all vertices in T can be removed from G if T is an Hungarian tree. We denote by $G \setminus V(T)$ the graph that results from G by removing all vertices in T from G and all those edges from E that are incident to a vertex in T.

Satz 8.3.1. *Sei X ein Matching in G und $T = (V(T), E(T))$ ein Ungarischer Baum bzgl. X.*

Theorem 8.3.1. *Let X be a matching in G and let $T = (V(T), E(T))$ be Hungarian tree with respect to X.*

Ist $X_T := X \cap E(T)$ und $X_{G \setminus V(T)}$ ein maximales Matching in $G \setminus V(T)$, so ist $X_T \cup X_{G \setminus V(T)}$ ein maximales Matching in G.

If $X_T := X \cap E(T)$ and if $X_{G \setminus V(T)}$ is a maximum matching in $G \setminus V(T)$, then $X_T \cup X_{G \setminus V(T)}$ is a maximum matching in G.

Beweis. Wir zerlegen E in $E = E_1 \dot\cup E_2 \dot\cup E_3$, wobei

Proof. We partition E in $E = E_1 \dot\cup E_2 \dot\cup E_3$, where

$$E_1 := \{e = [i,j] \in E : i,j \in V(T)\} \tag{8.37}$$
$$E_2 := \{e = [i,j] \in E : i \in V(T), j \in V \setminus V(T)\} \tag{8.38}$$
$$E_3 := \{e = [i,j] \in E : i,j \in V \setminus V(T)\}. \tag{8.39}$$

Für ein beliebiges Matching Y zerlegen wir $Y = Y_1 \,\dot\cup\, Y_2 \,\dot\cup\, Y_3$, wobei

For an arbitrary matching Y we partition $Y = Y_1 \,\dot\cup\, Y_2 \,\dot\cup\, Y_3$, where

$$Y_i := Y \cap E_i \,, \quad i = 1, 2, 3.$$

Da $X_{G \setminus V(T)}$ ein maximales Matching in $G \setminus V(T)$ ist, gilt

Since $X_{G \setminus V(T)}$ is a maximum matching in $G \setminus V(T)$, we have

$$|X_{G \setminus V(T)}| \geq |Y_3|. \tag{8.40}$$

Wir betrachten nun den Graphen $G_{1,2}$, der die Kantenmenge $E_1 \cup E_2$ und die inzidierenden Knoten enthält.

Next, consider the graph $G_{1,2}$ consisting of the edge set $E_1 \cup E_2$ and the corresponding incident vertices.

Behauptung: X_T ist ein maximales Matching in $G_{1,2}$.

Claim: X_T is a maximum matching in $G_{1,2}$.

Beweis: $G_{1,2}$ besteht aus dem Graphen $G_1 = (V(T), E_1)$ und Kanten $[i, j] \in E_2$ mit (vgl. (8.36)) i gerade bzgl. T und $j \notin V(T)$ (siehe Abb. 8.3.7).

Proof: $G_{1,2}$ consists of the graph $G_1 = (V(T), E_1)$ and the edges $[i, j] \in E_2$ with (cf. (8.36)) i even with respect to T and $j \notin V(T)$ (see Figure 8.3.7).

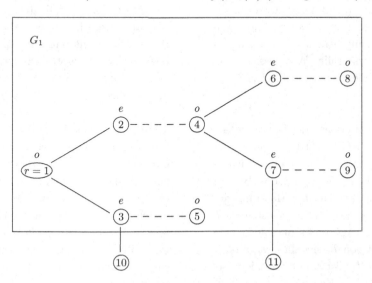

Abbildung 8.3.7. *Beispiel für Graphen $G_{1,2}$. Dabei ist $G_1 = (V(T), E_1)$.*

Figure 8.3.7. *Example for a graph $G_{1,2}$. Here, $G_1 = (V(T), E_1)$.*

Wäre $P = (i_1, i_2, \ldots, i_{l-1}, i_l)$ ein mv-Weg

If $P = (i_1, i_2, \ldots, i_{l-1}, i_l)$ were an ma-path

in $G_{1,2}$, so wären i_2 und i_{l-1} gerade Knoten aus $V(T)$, da die in $G_{1,2}$ exponierten Knoten in $\{r\} \cup \{j : j \notin V(T)\}$ enthalten sind (vgl. (8.35)). Alternierende Wege zwischen geraden Knoten haben jedoch eine gerade Anzahl von Kanten, also gilt dasselbe für P. Da ein mv-Weg immer eine ungerade Anzahl von Kanten hat, ist dies ein Widerspruch.

Da $Y_1 \cup Y_2$ auch ein Matching in $G_{1,2}$ ist, gilt wegen der Behauptung

$$|X_T| \geq |Y_1| + |Y_2|$$

und zusammen mit (8.40) folgt:

$$|X_T| + |X_{G \setminus V(T)}| \geq |Y_1| + |Y_2| + |Y_3| = |Y|,$$

d.h. $X_T \cup X_{G \setminus V(T)}$ ist ein maximales Matching. ∎

Die Bedingung (8.36) zeigt an, wann die zu Beginn des Abschnittes erwähnte zweifache Markierung bei der Suche nach mv-Wegen nicht weiterhilft. Was passiert nun, wenn (8.35) oder (8.36) nicht gelten?

Sei T also ein alternierender Baum, dessen Knotenmenge $V(T)$ nicht mehr vergrößert werden kann und der weder mv noch Ungarisch ist. Falls T ein gerades Blatt i hat, muss i Endknoten einer Matchingkante $[i, j]$ sein mit $j \in V(T)$. (Sonst wäre T ein mv-Baum.) Außerdem muss auch j ein gerades Blatt von T sein, da ja alle ungeraden Knoten (außer r, der exponiert ist) bzgl. X durch eine Kante $e \in (E(T) \cap X)$ gesättigt sind – und im letzteren Fall wäre i kein Blatt von T. Wir haben also die Situation wie in Abb. 8.3.8:

in $G_{1,2}$, the vertices i_2 and i_{l-1} would be even vertices in $V(T)$ since the vertices that are exposed in $G_{1,2}$ are in the set $\{r\} \cup \{j : j \notin V(T)\}$ (cf. (8.35)). However, alternating paths between even nodes have an even number of edges and therefore the same holds for P. Since an ma-path always has an odd number of edges this leads to a contradiction.

Since $Y_1 \cup Y_2$ is also a matching in $G_{1,2}$, the claim implies

$$|X_T| \geq |Y_1| + |Y_2|$$

and together with (8.40) it follows that:

$$|X_T| + |X_{G \setminus V(T)}| \geq |Y_1| + |Y_2| + |Y_3| = |Y|,$$

i.e., $X_T \cup X_{G \setminus V(T)}$ is a maximum matching. ∎

Condition (8.36) indicates under which circumstances the double labeling during the search for ma-paths mentioned at the beginning of this section is not successful. What happens now, if (8.35) or (8.36) are not satisfied?

To analyze this situation, let T be an alternating tree whose vertex set $V(T)$ cannot be extended any further and which is neither ma nor Hungarian. If T has an even leaf i, i has to be the endnode of a matching edge $[i, j]$ with $j \in V(T)$. (Otherwise, T would be an ma-tree.) Furthermore, also j has to be an even leaf of T since all odd vertices with respect to X (except for r which is exposed) have to be matched by an edge $e \in (E(T) \cap X)$ – in which case i would not be a leaf of T. We thus have a situation as shown in Figure 8.3.8:

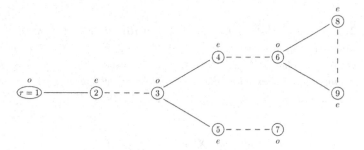

Abbildung 8.3.8. *Alternierender Baum mit Matchingkante zwischen zwei geraden Blättern $i = v_8$ und $j = v_9$.*

Figure 8.3.8. *Alternating tree with a matching edge between two even leaves $i = v_8$ and $j = v_9$.*

Falls diese Situation auftritt oder zwei ungerade Knoten i, j aus $V(T)$ durch eine Kante $[i, j] \in E \setminus E(T)$ verbunden sind, sagen wir, dass **T blüht**.

If this situation occurs or if two odd vertices i, j in $V(T)$ are connected by an edge $[i, j] \in E \setminus E(T)$, we say that **$T$ is blossoming**.

Formal definieren wir eine Blüte bzgl. T wie folgt:

Formally we define a blossom with respect to T as follows:

Seien $i, j \in V(T)$, so dass

Let $i, j \in V(T)$ such that

$$i, j \text{ even and } [i, j] \in X \qquad (8.41)$$
$$\text{or} \qquad i, j \text{ odd and } [i, j] \subset E \setminus X. \qquad (8.42)$$

Seien W_i und W_j die Knotenmengen der eindeutig bestimmten Wege P_i und P_j von r nach i bzw. von r nach j in T. P_i und P_j bestimmen eindeutig den Knoten $b_{ij} \in W_i \cap W_j$, der der letzte gemeinsame Knoten von P_i und P_j ist (d.h. $[b_{ij}, v] \in P_i$, $[b_{ij}, w] \in P_j$, wobei $v \in W_i \setminus W_j$, $w \in W_j \setminus W_i$). Sei dann $W_{ij} := (W_i \bigtriangleup W_j) \cup \{b_{ij}\}$. Dann ist $G(W_{ij}) := (W_{ij}, E(W_{ij}))$ mit $E(W_{ij}) := \{e = [v, w] \in E : v, w \in W_{ij}\}$ eine **Blüte bzgl. T**. Der Knoten b_{ij} ist der **Basisknoten** von $G(W_{ij})$.

Let W_i and W_j be the vertex sets of the uniquely defined paths P_i and P_j from r to i and from r to j in T, respectively. P_i and P_j uniquely determine the vertex $b_{ij} \in W_i \cap W_j$ which is the last common vertex of P_i and P_j (i.e., $[b_{ij}, v] \in P_i$, $[b_{ij}, w] \in P_j$, where $v \in W_i \setminus W_j$, $w \in W_j \setminus W_i$). Moreover, let $W_{ij} := (W_i \bigtriangleup W_j) \cup \{b_{ij}\}$. Then $G(W_{ij}) := (W_{ij}, E(W_{ij}))$ with $E(W_{ij}) := \{e = [v, w] \in E : v, w \in W_{ij}\}$ is a **blossom with respect to T**. The vertex b_{ij} is called the **base** of $G(W_{ij})$.

Nach Definition einer Blüte $G(W_{ij})$ gilt das folgende Ergebnis:

The definition of a blossom $G(W_{ij})$ implies the following result:

Lemma 8.3.2. *Sei X ein Matching von $G = (V, E)$ sowie T ein alternierender Baum bezüglich X und sei $G(W_{ij})$ eine Blüte mit Basisknoten b_{ij}. Dann gelten die folgenden Eigenschaften:*

Lemma 8.3.2. *Let X be a matching in $G = (V, E)$, let T be an alternating tree with respect to X, and let $G(W_{ij})$ be a blossom with base b_{ij}. Then the following properties hold:*

$$|E(W_{ij}) \cap X| = \tfrac{1}{2} \cdot (|W_{ij}| - 1) \tag{8.43}$$

$$b_{ij} \text{ is odd in } T \text{ and it is the uniquely defined vertex in } G(W_{ij})$$
$$\text{that is not saturated by } E(W_{ij} \cap X) \tag{8.44}$$

$$\exists \text{ even alternating path } P_b \text{ from } r \text{ to } b_{ij} \text{ in } T, \text{ i.e.,}$$
$$P_b \text{ has an even number of edges.} \tag{8.45}$$

$$\forall\, v \in W_{ij} \setminus \{b_{ij}\} \quad \exists \text{ even alternating path } P_{b,v}$$
$$\text{from } b_{ij} \text{ to } v \text{ in } G(W_{ij}). \tag{8.46}$$

Beweis.
Die Gleichungen (8.43) und (8.44) folgen unmittelbar aus der Definition einer Blüte. (8.45) ist offensichtlich erfüllt, weil b_{ij} ungerade ist. Da alle Knoten in $W_{ij} \setminus \{b_{ij}\}$ mit "o" und "e" doppelt markiert werden können, ist auch (8.46) erfüllt. ∎

Proof.
(8.43) and (8.44) follow immediately by the definition of a blossom. (8.45) obviously holds since b_{ij} is odd. Since all nodes in $W_{ij} \setminus \{b_{ij}\}$ can be labeled twice by "o" as well as by "e" (8.46) is correct. ∎

Beispiel 8.3.4. *In Abb. 8.3.8 ist für $i = v_8$ und $j = v_9$ $W_8 = \{v_1, v_2, v_3, v_4, v_6, v_8\}$, $W_9 = \{v_1, v_2, v_3, v_4, v_6, v_9\}$, $W_{89} = \{v_6, v_8, v_9\}$ und $b_{ij} = v_6$. Um $G(W_{ij})$ zu bestimmen, muss man i.A. den Graphen G kennen, aus dem T bestimmt worden ist. Da $|W_{89}| = 3$, ist in diesem Beispiel*

Example 8.3.4. *For $i = v_8$ and $j = v_9$ in Figure 8.3.8 we obtain $W_8 = \{v_1, v_2, v_3, v_4, v_6, v_8\}$, $W_9 = \{v_1, v_2, v_3, v_4, v_6, v_9\}$, $W_{89} = \{v_6, v_8, v_9\}$ and $b_{ij} = v_6$. To determine $G(W_{ij})$ we usually have to know the graph G from which T was determined. Since $|W_{89}| = 3$, in this example we have that*

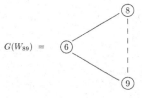

Sobald man in einem alternierenden Baum eine Blüte gefunden hat, schrumpft man W_{ij}.

As soon as a blossom is detected in an alternating tree we shrink W_{ij}.

Für $W \subset V$ bezeichnen wir mit G ctr $W =$ (V ctr W, E ctr W) den Graphen mit

For $W \subset V$, we denote by G ctr $W =$ (V ctr W, E ctr W) the graph with

$$V \text{ ctr } W := (V \setminus W) \cup \{w\} \text{ for a new (artificial) vertex } w \notin V \qquad (8.47)$$
$$\text{and} \quad E \text{ ctr } W := \{[i,j] \in E : i, j \in V \setminus W\} \cup \{[w,i] : \exists\, j \in W \text{ with } [j,i] \in E\}. \quad (8.48)$$

G ctr W ist der durch **Schrumpfen** von W aus G zu einem Pseudoknoten bestimmte Graph.

G ctr W is the graph resulting from G by **shrinking** (or **contraction**) of W to a pseudo vertex.

Beispiel 8.3.5. *Schrumpfen wir $W_{89} = \{v_6, v_8, v_9\}$ im Graphen G von Abb. 8.3.5, so erhalten wir G ctr W_{89} aus Abb. 8.3.9:*

Example 8.3.5. *If we shrink $W_{89} = \{v_6, v_8, v_9\}$ in the graph G of Figure 8.3.5 we obtain G ctr W_{89} as shown in Figure 8.3.9:*

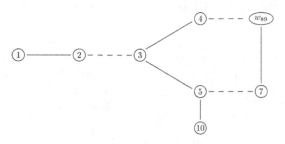

Abbildung 8.3.9. G ctr $\{v_6, v_8, v_9\}$ *mit G aus Abb. 8.3.5.*

Figure 8.3.9. G ctr $\{v_6, v_8, v_9\}$ *with G from Figure 8.3.5.*

Entdecken wir eine Blüte $G(W_{ij})$ in einem alternierenden Baum, so schrumpfen wir sie, markieren sie mit "o" und setzen unsere Markierung fort.

If we detect a blossom $G(W_{ij})$ in an alternating tree, we shrink this blossom, label it with "o" and continue our labeling procedure.

Beispiel 8.3.6. *Schrumpfen wir W_{89} im alternierenden Baum von Abb. 8.3.6, so erhalten wir den alternierenden Baum von Abb. 8.3.10:*

Example 8.3.6. *If we shrink W_{89} in the alternating tree from Figure 8.3.6 we obtain the alternating tree given in Figure 8.3.10:*

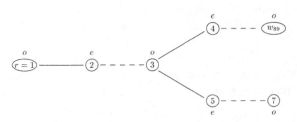

Abbildung 8.3.10. *Alternierender Baum mit geschrumpftem* W_{89}.

Figure 8.3.10. *Alternating tree with contracted* W_{89}.

Die Knoten w_{89} *und* v_7 *erfüllen in G ctr* W_{89} *die Bedingung (8.42), so dass wir wieder eine Blüte mit* $W = \{v_3, v_4, v_5, v_7, w_{89}\}$ *entdecken, die den Basisknoten* $b = v_3$ *hat.*

The vertices w_{89} *and* v_7 *satisfy the condition (8.42) in G ctr* W_{89} *so that we detect again a blossom with* $W = \{v_3, v_4, v_5, v_7, w_{89}\}$ *which has the base* $b = v_3$.

Wir schrumpfen W in G ctr W_{89} *aus Abb. 8.3.9 und bekommen den Graph* $(G$ *ctr* $W_{89})$ *ctr W aus Abb. 8.3.11:*

We shrink W in G ctr W_{89} *from Figure 8.3.9 and obtain the graph* $(G$ *ctr* $W_{89})$ *ctr W given in Figure 8.3.11:*

Abbildung 8.3.11. $(G$ ctr $W_{89})$ ctr W.

Figure 8.3.11. $(G$ ctr $W_{89})$ ctr W.

Schrumpfen von W im alternierenden Baum aus Abb. 8.3.10 gibt uns den mv-Baum von Abb. 8.3.12 da ja $(w, v_{10}) \in E((G$ *ctr* $W_{89})$ *ctr* $W)$ *und* v_{10} *exponiert ist.*

If we shrink W in the alternating tree from Figure 8.3.10 we obtain the ma-tree of Figure 8.3.12 since $(w, v_{10}) \in E((G$ *ctr* $W_{89})$ *ctr* $W)$ *and since* v_{10} *is exposed.*

Abbildung 8.3.12. *Mv-Baum.*

Figure 8.3.12. *Ma-tree.*

Wie wir am vorhergehenden Beispiel gesehen haben, führen wir iterativ Schrumpfungen aus, die zu ineinandergeschachtelten Blüten und zu weiteren Markierungen führen können. Enden wir schließlich mit einem mv-Baum, so können wir $|X|$ vergrößern.

As we have seen in the previous example we iteratively apply contractions which may lead to nested blossoms and to additional labelings. If we finally terminate with an ma-tree we can augment $|X|$.

Satz 8.3.3. *Sei X ein Matching, T ein alternierender Baum bzgl. X, und sei* $G(W) = (W, E(W))$ *eine Blüte bzgl. T. Dann gilt:*

Theorem 8.3.3. *Let X be a matching, let T be an alternating tree with respect to X and let* $G(W) = (W, E(W))$ *be a blossom with respect to T. Then:*

Ist $(T$ *ctr* $W)$ *mv-Baum bzgl.* $X \setminus E(W)$, *so existiert ein mv-Weg in G bzgl. X.*

If $(T$ *ctr* $W)$ *is an ma-tree with respect to* $X \setminus E(W)$, *then there exists an ma-path in G with respect to X.*

Beweis. Sei b der Basisknoten von $G(W)$ und sei P ein mv-Weg bzgl. $X \setminus E(W)$ in $(G \text{ ctr } W)$.

Proof. Let b be the base of $G(W)$ and let P be an ma-path with respect to $X \setminus E(W)$ in $(G \text{ ctr } W)$.

<u>1. Fall</u>: P enthält den Pseudoknoten w nicht.

<u>Case 1</u>: P does not contain the pseudo vertex w.

Dann ist P ein mv-Weg in G bzgl. X.

Then P is an ma-path in G with respect to X.

<u>2. Fall</u>: P enthält den Pseudoknoten w.

<u>Case 2</u>: P contains the pseudo vertex w.

Dann ist $P = (P_1, [i, w], [w, j], P_2)$. Dabei entspricht $[i, w]$ der Kante $[i, b] \in X$ in G (nach (8.44)) und $[w, j]$ einer Kante $[l, j] \in E \setminus X$ in G. Nach Eigenschaft (8.46) existiert ein gerader alternierender Weg $P_{b,l}$ von b nach l. Dann ist

Thus $P = (P_1, [i, w], [w, j], P_2)$. Here, $[i, w]$ corresponds to the edge $[i, b] \in X$ in G (according to (8.44)) and $[w, j]$ corresponds to an edge $[l, j] \in E \setminus X$ in G. Property (8.46) implies that there exists an even alternating path $P_{b,l}$ from b to l. Thus

$$P' = (P_1, [i, b], P_{b,l}, [l, j], P_2) \tag{8.49}$$

ein mv-Weg in G bzgl. X. ■

is an ma-path in G with respect to X. ■

(8.49) nennt man die **Auflösung der Blüte** $G(W)$. Besteht $G(W)$ aus mehreren ineinandergeschachtelten Blüten, so wird (8.49) iterativ angewendet.

(8.49) is called the **expansion of the blossom** $G(W)$. If $G(W)$ consists of several nested blossoms, (8.49) has to be applied iteratively.

Beispiel 8.3.7. *In Abb. 8.3.11 ist* $P = (1, 2, w, 10)$ *ein mv-Weg bzgl.* $(G \text{ ctr } W_{89})$ *ctr* W, $[i, w]$ *entspricht der Kante* $[2, b] = [2, 3] \in X$ *und* $[w, j]$ *der Kante* $[5, 10]$ *aus* $E \setminus X$. $P_{b,l}$ *kann man in Abb. 8.3.9 ablesen:*

Example 8.3.7. $P = (1, 2, w, 10)$ *is an ma-path with respect to* $(G \text{ ctr } W_{89})$ *ctr* W *in Figure 8.3.11.* $[i, w]$ *corresponds to the edge* $[2, b] = [2, 3] \in X$ *and* $[w, j]$ *corresponds to the edge* $[5, 10]$ *from* $E \setminus X$. $P_{b,l}$ *can be seen from Figure 8.3.9:*

$P_{b,l} = (3, 4, w_{89}, 7, 5)$ *und* $P = (1, 2, 3, 4, w_{89}, 7, 5, 10)$ *ist ein mv-Weg in* G *ctr* W. *Die Auflösung von* $G(W_{89})$ *gemäß* (8.49) *ersetzt* $(4, w_{89}, 7)$ *durch* $(4, 6, 8, 9, 7)$, *so dass* $P = (1, 2, 3, 4, 6, 8, 9, 7, 5, 10)$ *ein mv-Weg ist. In Abb. 8.3.5 sieht man, dass dies tatsächlich der Fall ist.*

$P_{b,l} = (3, 4, w_{89}, 7, 5)$ *and* $P = (1, 2, 3, 4, w_{89}, 7, 5, 10)$ *is an ma-path in* G *ctr* W. *The expansion of* $G(W_{89})$ *according to* (8.49) *replaces* $(4, w_{89}, 7)$ *by* $(4, 6, 8, 9, 7)$, *so that* $P = (1, 2, 3, 4, 6, 8, 9, 7, 5, 10)$ *is an ma-path. Using Figure 8.3.5 it is easy to verify that this is in fact the case.*

Wird ein alternierender Baum T, der einen oder mehrere Pseudoknoten enthält, kein mv-Baum und können auch keine weiteren Knoten zu T hinzugefügt werden, so ist T ein Ungarischer Baum. Gemäß Satz 8.3.1 betrachten wir dann den Graphen $G(V \setminus V(T))$ und lassen alternierende Bäume in anderen exponierten Knoten wachsen.

If an alternating tree T that contains several pseudo vertices does not evolve to an ma-tree and if moreover no additional nodes can be added to T, then T is a Hungarian tree. According to Theorem 8.3.1 we then consider the graph $G(V \setminus V(T))$ and let alternating trees grow in other exposed vertices.

Es bleibt die Situation zu untersuchen, dass alle alternierenden Bäume, die in exponierten Knoten wachsen, Ungarische Bäume werden. Wir werden zeigen, dass in diesem Fall X ein maximales Matching ist und erhalten auf diese Weise ein Abbruchkriterium für einen MMP Algorithmus.

It remains to consider the situation that all alternating trees that grow in the exposed vertices become Hungarian trees. We will show in this case that X is a maximum matching and therefore we obtain a stopping criterion for an MMP Algorithm.

Dazu verallgemeinern wir den Satz von König, der für nicht bipartite Graphen nicht mehr gültig ist (Beispiel: $G = K_3$, $\nu(G) = 1$, $\tau(G) = 2$):

For this purpose we generalize König's theorem which is not valid for non-bipartite graphs (example: $G = K_3$, $\nu(G) = 1$, $\tau(G) = 2$):

Sei $N := \{N_1, \ldots, N_Q\}$ eine Familie von ungeraden Teilmengen $N_q \subset V$, d.h. $|N_q|$ ist ungerade, $\forall q = 1, \ldots, Q$. Eine Kante $e \in E$ **wird von N_q überdeckt**, falls

Let $N := \{N_1, \ldots, N_Q\}$ be a family of odd subsets $N_q \subset V$, i.e., $|N_q|$ is odd $\forall q = 1, \ldots, Q$. For an edge $e \in E$ we say that N_q **covers e** if

$$|N_q| = 1 \quad \text{i.e., } N_q = \{v\} \text{ and } v \text{ is incident to } e \qquad (8.50)$$

$$\text{or} \qquad |N_q| > 1 \quad \text{and both endnodes of } e \text{ lie in } N_q. \qquad (8.51)$$

N heißt **(Knoten-) Überdeckung durch ungerade Mengen**, falls N eine Familie von ungeraden Teilmengen $N_1, \ldots, N_Q$ ist, so dass

N is called an **odd-set-(vertex)-cover** if N is a family of odd subsets $N_1, \ldots, N_Q$ such that

$$\forall\, e \in E \quad \exists\, q \in \{1, \ldots, Q\} : e \text{ is covered by } N_q. \qquad (8.52)$$

Für jede Menge N_q definieren wir die **Kapazität von N_q**

For every set N_q we define the **capacity of N_q** as

$$k(N_q) := \begin{cases} 1 & \text{if } |N_q| = 1 \\ \frac{1}{2} \cdot (|N_q| - 1) & |N_q| > 1 \end{cases} \qquad (8.53)$$

und die **Kapazität von** N

and the **capacity of** N as

$$k(N) := \sum_{q=1}^{Q} k(N_q).$$ (8.54)

Lemma 8.3.4. *Falls X ein Matching ist und $N := \{N_1, \ldots, N_Q\}$ eine Knotenüberdeckung von $G = (V, E)$ durch ungerade Mengen, dann ist $|X| \leq k(N)$.*

Lemma 8.3.4. *If X is a matching and $N := \{N_1, \ldots, N_Q\}$ an odd-set-cover in $G = (V, E)$, then $|X| \leq k(N)$.*

Beweis.
Wir definieren die Kantenmengen E_q als $E_q := \{e \in E : e \text{ ist überdeckt von } N_q\}$ und bezeichnen mit G_q die durch E_q definierten Untergraphen von G. Da $X \cap E_q$ ein Matching in G_q ist und jedes E_q maximal $k(N_q)$ Matchingkanten enthält, folgt aus $E_1 \cup \ldots \cup E_Q = E$

Proof.
We define the edge sets E_q as $E_q := \{e \in E : e \text{ is covered by } N_q\}$ and denote by G_q the subgraphs of G defined by E_q. Since $X \cap E_q$ is a matching in G_q and every set E_q contains at most $k(N_q)$ matching edges, it follows from $E_1 \cup \ldots \cup E_Q = E$

$$|X| \leq \sum_{q=1}^{Q} |X \cap E_q| \leq \sum_{q=1}^{Q} k(N_q) = k(N).$$ (8.55)

∎

Lemma 8.3.5. *Ist X ein Matching, so dass alle in exponierten Knoten v gewachsenen alternierende Bäume T_v Ungarische Bäume sind, so existiert eine Überdeckung durch ungerade Mengen N mit*

Lemma 8.3.5. *If X is a matching so that all alternating trees T_v grown from exposed vertices v are Hungarian trees, then there exists an odd-set-cover N with*

$$|X| = k(N).$$ (8.56)

Beweis. Sei V_{HUNG} die Menge aller Knoten und Pseudoknoten in der Vereinigung aller Ungarischen Bäume T_v, und seien $G(V_{\text{HUNG}})$ bzw. $G(V \setminus V_{\text{HUNG}})$ die durch V_{HUNG} bzw. $V \setminus V_{\text{HUNG}}$ erzeugten Untergraphen von G.

Proof. Let V_{HUNG} be the set of all vertices and pseudo vertices in the union of all Hungarian trees T_v, and let $G(V_{\text{HUNG}})$ and $G(V \setminus V_{\text{HUNG}})$, respectively, be the subgraphs of G generated by V_{HUNG} and $V \setminus V_{\text{HUNG}}$, respectively.

Nach Definition von Ungarischen Bäumen gilt für alle $e = [i, j] \in E$ eine der folgenden Alternativen (vgl. Abb. 8.3.13):

The definition of Hungarian trees implies that for all $e = [i, j] \in E$ one of the following alternatives holds (cf. Figure 8.3.13):

$$- \quad i \text{ or } j \text{ is an even vertex in } G, \tag{8.57}$$
$$- \quad e \text{ is contained in a blossom } G(W), \tag{8.58}$$
$$- \quad i \text{ and } j \text{ are vertices in } V \setminus V_{\text{HUNG}}. \tag{8.59}$$

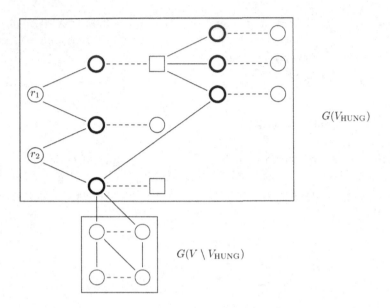

$G(V_{\text{HUNG}})$

$G(V \setminus V_{\text{HUNG}})$

Abbildung 8.3.13. *Graphen $G(V_{HUNG})$ und $G(V \setminus V_{HUNG})$ mit ungeraden Knoten ($\bigcirc$ oder $\square$), geraden Knoten (dickere Kreise) und Pseudoknoten ($\square$) in $G(V_{HUNG})$.*

Figure 8.3.13. *Graphs $G(V_{HUNG})$ and $G(V \setminus V_{HUNG})$ with odd vertices ($\bigcirc$ or $\square$), even vertices (thick circles) and pseudo vertices ($\square$) in $G(V_{HUNG})$.*

Ist $\{v_1, \ldots, v_a\}$ die Menge der geraden Knoten in $G(V_{\text{HUNG}})$, so setzen wir $N_i := \{v_i\}, i = 1, \ldots, a$. Die Anzahl der Matchingkanten in $G(V_{\text{HUNG}})$ ist

If $\{v_1, \ldots, v_a\}$ is the set of even vertices in $G(V_{\text{HUNG}})$, we set $N_i := \{v_i\}, i = 1, \ldots, a$. The number of matching edges in $G(V_{\text{HUNG}})$ is

$$\sum_{i=1}^{a} k(N_i) = a.$$

Sei $\{w_1, \ldots, w_b\}$ die Menge der Pseudoknoten in $G(V_{\text{HUNG}})$, die Blüten $G(W_i)$ entsprechen, wobei W_i die Menge aller Knoten in $G(W_i)$ ist (d.h. alle in $G(W_i)$ enthaltenen ineinandergeschachtelten Blüten sind aufgelöst). Dann setzen wir $N_{a+i} := W_i$, $i = 1, \ldots, b$. Da jede Blüte $G(W_i)$ $\frac{1}{2} \cdot (|W_i| - 1)$ viele Mat-

Let $\{w_1, \ldots, w_b\}$ be the set of pseudo vertices in $G(V_{\text{HUNG}})$ that correspond to blossoms $G(W_i)$, where W_i is the set of all vertices in $G(W_i)$ (i.e., all the nested blossoms contained in $G(W_i)$ are expanded). Furthermore we set $N_{a+i} := W_i$, $i = 1, \ldots, b$. Since every blossom $G(W_i)$ contains $\frac{1}{2} \cdot (|W_i| - 1)$ matching edges (cf. (8.43)), we

chingkanten enthält (vgl. (8.43)), gilt:

obtain that:

Die Anzahl der Matchingkanten in Blüten ist $\sum_{i=a+1}^{a+b} k(N_i)$.

The number of matching edges in blossoms is $\sum_{i=a+1}^{a+b} k(N_i)$.

Da kein Knoten in $V \setminus V_{\text{HUNG}}$ exponiert ist, ist $|V \setminus V_{\text{HUNG}}| =: 2p$ eine gerade Zahl. Für $p = 0$ ist $N = \{N_1, \ldots, N_a, N_{a+1}, \ldots, N_{a+b}\}$ eine Überdeckung durch ungerade Mengen. Für $p \geq 1$ setzen wir $N_{a+b+1} := \{v\}$, wobei $v \in V \setminus V_{\text{HUNG}}$. Für $p \geq 2$ setzen wir außerdem $N_{a+b+2} := (V \setminus V_{\text{HUNG}}) \setminus \{v\}$. Da

Since none of the vertices in $V \setminus V_{\text{HUNG}}$ is exposed, $|V \setminus V_{\text{HUNG}}| =: 2p$ is an even number. $N = \{N_1, \ldots, N_a, N_{a+1}, \ldots, N_{a+b}\}$ is an odd-set-cover for $p = 0$. For $p \geq 1$ we set $N_{a+b+1} := \{v\}$, where $v \in V \setminus V_{\text{HUNG}}$. For $p \geq 2$ we additionally set $N_{a+b+2} := (V \setminus V_{\text{HUNG}}) \setminus \{v\}$. Since

$$k(N_{a+b+1}) + k(N_{a+b+2}) = 1 + \frac{1}{2} \cdot ((2p - 1) - 1) = 1 + (p - 1) = p$$

und da $G(V \setminus V_{\text{HUNG}})$ p Matchingkanten enthält, folgt insgesamt (8.56). ∎

and since $G(V \setminus V_{\text{HUNG}})$ contains p matching edges, (8.56) follows. ∎

Aus Lemma 8.3.4 und 8.3.5 folgt unmittelbar die folgende Verallgemeinerung des Satzes von König:

Lemma 8.3.4 and 8.3.5 immediately imply the following generalization of König's theorem:

Satz 8.3.6.(Max-Min Satz für Matchings)
Die maximale Kardinalität eines Matchings ist gleich der minimalen Kapazität einer Überdeckung durch ungerade Mengen.

Theorem 8.3.6.   (Max-min theorem for matchings)
The maximum cardinality of a matching is equal to the minimum capacity of an odd-set-cover.

Beweis. Nach Lemma 8.3.5 ist (8.55) mit Gleichheit erfüllt, sobald alle alternierenden Bäume Ungarische Bäume geworden sind. Also folgt die Behauptung. ∎

Proof. According to Lemma 8.3.5, (8.55) is satisfied with equality as soon as all alternating trees have become Hungarian trees. This completes the proof. ∎

Mit den vorhergehenden Ergebnissen haben wir die Gültigkeit des folgenden Algorithmus bewiesen.

The preceding results prove the correctness of the following algorithm.

ALGORITHM

Algorithm for MMP in Arbitrary Graphs

(Input) $G = (V, E)$ *graph,*

        X *matching in G (e.g. $X = \emptyset$).*

(1) *If no exposed vertices exist in G, (STOP), X is maximum.*

     An odd-set-cover can be found according to the proof of Lemma 8.3.5.
     Otherwise we choose an exposed vertex v and label v with "o".

(2) *If all labeled vertices have been examined, then the alternating tree is a Hungarian*
     tree: Remove all the labeled vertices and all the incident edges in G and goto
     Step (1).

     Otherwise examine a labeled vertex v, i.e.,

        goto Step (3) if v is labeled with "o",
        goto Step (4) if v is labeled with "e".

(3) *For all $[v, w] \in E \setminus X$ do*

        a) If w is labeled with "o", goto Step (6) (the tree is blossoming).

        b) If w is exposed, goto Step (5) (the tree is ma).

        c) If w is saturated, label w with "e", goto Step (2)

(4) *Determine $[v, w] \in X$:*

        a) If w is labeled with "e", goto Step (6) (the tree is blossoming).

        b) If w is unlabeled, label w with "o", goto Step (2)

(5) *Determine an ma-path P and set $X := X \bigtriangleup P$.*
     Remove all labels and goto Step (1).

(6) *Determine blossom $G(W)$ and set $G := G \operatorname{ctr} W$, $X := X \setminus E(W)$.*
     Label the pseudo vertex w with "o" and goto Step (2).

Um Blüten und mv-Wege zu finden und Blüten zu speichern, benutzt man ausführlichere Markierungen, die insbesondere die Information über den Vorgänger eines markierten Knotens auf einem alternierenden Weg enthalten. Die Komplexität des entsprechenden Algorithmus ist $O(n^{\frac{5}{2}})$. Insbesondere nutzt man bei diesem Verfahren aus, dass man alternierende Bäume in allen exponierten Knoten gleichzeitig wachsen lässt. In den Schritten (3a) und (4a) führt dann ein Zurückverfolgen der Markierungen von v und w entweder auf Blüten oder auf zwei verschiedene exponierte Startknoten, so dass ein mv-Weg gefunden worden ist.

In order to find blossoms and ma-paths and to store blossoms, more detailed labelings are used containing in particular the information about the predecessor of a labeled vertex on an alternating path. The complexity of the resulting algorithm is $O(n^{\frac{5}{2}})$. In particular, this method uses the fact that alternating trees may grow in all exposed vertices at the same time. In Steps (3a) and (4a) the backtracing of the labels from v and w then either yields blossoms or two different exposed starting vertices so that an ma-path is found.

8.3.2   MCMP in Arbitrary Graphs

Analog zu (8.32) - (8.34) kann man MKMP als LP mit 0-1-Variablen schreiben:

Analogous to (8.32) - (8.34) the MCMP can be written as an LP with 0-1-variables:

$$\min \sum_{[i,j]\in E} c_{ij} x_{ij} \tag{8.60}$$

$$\text{s.t.} \sum_{[i,j]\in E} x_{ij} = 1, \qquad \forall\, i \in V \tag{8.61}$$

$$x_{ij} \in \{0,1\}, \qquad \forall\, [i,j] \in E. \tag{8.62}$$

Dabei nützen wir - wie schon in Abschnitt 8.3.1 - aus, dass die $[i,j] \in E$ mit $x_{ij} = 1$ eindeutig ein Matching X in G bestimmen. Die Bedingung (8.62) kann jedoch nicht wie im bipartiten Fall durch $x_{ij} \geq 0$ ersetzt werden. Dies zeigt das folgende Beispiel:

For this representation we use - as in Section 8.3.1 - the fact that the edges $[i,j] \in E$ with $x_{ij} = 1$ determine a unique matching X in G. Yet the constraint (8.62) cannot be replaced by $x_{ij} \geq 0$ as in the bipartite case. This can be seen from the following example:

Beispiel 8.3.8. *Im Graphen aus Abb. 8.3.14 enthält jedes perfekte Matching die Kante* $[2,4]$ *oder* $[3,5]$. *Also ist der optimale Zielfunktionswert von MKMP = 12.*

Example 8.3.8. *In the graph given in Figure 8.3.14 every perfect matching contains the edge* $[2,4]$ *or* $[3,5]$. *Thus the optimal objective value of MCMP is 12.*

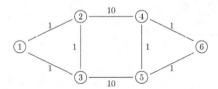

Abbildung 8.3.14. *Graph G mit Kosten* $c(e)$.

Figure 8.3.14. *Graph G with costs* $c(e)$.

Die Lösung $\underline{x} = (x_{ij})$ *mit* $x_{12} = x_{23} = x_{31} = x_{45} = x_{56} = x_{64} = \frac{1}{2}$, $x_{24} = x_{35} = 0$ *ist jedoch eine Optimallösung des LP* (8.60), (8.61) *mit Vorzeichenbedingung* $x_{ij} \geq 0$ *(der Relaxierung von MCMP), die den Zielfunktionswert 3 hat.*

However, the solution $\underline{x} = (x_{ij})$ *with* $x_{12} = x_{23} = x_{31} = x_{45} = x_{56} = x_{64} = \frac{1}{2}$, $x_{24} = x_{35} = 0$ *is an optimal solution of the LP* (8.60), (8.61) *with the nonnegativity constraint* $x_{ij} \geq 0$ *(the relaxation of MCMP) that has an objective value of 3.*

Wieder sehen wir, dass die ungeraden Kreise die "Störenfriede" sind. Wir schließen Lösungen $\underline{x}$ wie in Beispiel 8.3.8 aus, indem wir die **Ungleichungen für un-**

We observe again that the odd cycles are the "troublemakers". We will exclude solutions $\underline{x}$ as in Example 8.3.8 by demanding the **odd-set-inequalities**

gerade Mengen

$$\sum_{[i,j]\in E_q} x_{ij} \leq k_q := \frac{1}{2}\cdot(|W_q|-1) \tag{8.63}$$

für alle **ungeraden Mengen** $W_q \subset V$ (d.h. $|W_q|$ ungerade) fordern. Dabei ist

for all **odd sets** $W_q \subset V$ (i.e., $|W_q|$ is odd). Here,

$$E_q := \{[i,j]\in E : i\in W_q \text{ and } j\in W_q\}.$$

Durch Einführung von Schlupfvariablen wird (8.63) zu

By introducing slack variables, (8.63) transforms into

$$\sum_{[i,j]\in E_q} x_{ij} + y_q = k_q. \tag{8.64}$$

Indizieren wir mit $q \in Q := \{1,\ldots,|Q|\}$ die Familie der ungeraden Mengen in G, so ist das LP

If we use the indices $q \in Q := \{1,\ldots,|Q|\}$ for the family of the odd sets in G, then the LP

$$\min \sum_{[i,j]\in E} c_{ij}x_{ij} \tag{8.60}$$

$$\text{s.t. } \sum_{[i,j]\in E} x_{ij} = 1, \qquad \forall\, i\in V \tag{8.61}$$

$$\sum_{[i,j]\in E_q} x_{ij} + y_q = k_q, \qquad \forall\, q\in Q \tag{8.64}$$

$$x_{ij},\, y_q \geq 0, \qquad \forall\, [i,j]\in E,\, q\in Q \tag{8.65}$$

das **Matching-LP**.

is the **matching LP**.

Satz 8.3.7. (Satz von Edmonds)
MKMP ist äquivalent zur Lösung des Matching-LP.

Theorem 8.3.7. (Edmonds' Theorem)
MCMP is equivalent to the solution of the matching-LP.

Satz 8.3.7 besagt, dass die Einführung der Ungleichungen für ungerade Mengen schon genügt, um sicherzustellen, dass das Matching-LP eine Optimallösung $\underline{x} = (x_{ij}) \in \{0,1\}^{|E|}$ hat, obwohl wir (8.62) nicht explizit fordern. Zwar ist i.A. die

Theorem 8.3.7 implies that the introduction of the odd-set-inequalities is sufficient to guarantee that the matching-LP has an optimal solution $\underline{x} = (x_{ij}) \in \{0,1\}^{|E|}$, even though we do not demand (8.62) explicitly. Despite the fact that the number

Anzahl $|Q|$ der Nebenbedingungen (8.64) exponentiell, wir werden jedoch im folgenden den Satz 8.3.7 konstruktiv durch Anwendung einer polynomialen Version des primal-dualen Simplexverfahrens auf das Matching-LP beweisen.

$|Q|$ of constraints (8.64) is in general exponential, we will prove Theorem 8.3.7 constructively in the following by applying a polynomial version of the primal-dual Simplex Method to the matching-LP.

Für (8.61) bzw. (8.64) führen wir die Dualvariablen α_i, $i \in V$, und β_q, $q \in Q$, ein. Das **duale Matching-LP** ist dann

We introduce the dual variables α_i, $i \in V$, und β_q, $q \in Q$, for (8.61) and (8.64), respectively. The **dual matching-LP** is then given by

$$\max \quad \sum_{i \in V} \alpha_i + \sum_{q \in Q} k_q \cdot \beta_q \tag{8.66}$$

$$\text{s.t.} \quad \alpha_i + \alpha_j + \sum_{q \in Q_{ij}} \beta_q \leq c_{ij} , \qquad \forall \, [i,j] \in E \tag{8.67}$$

$$\beta_q \leq 0 , \qquad \forall \, q \in Q \tag{8.68}$$

wobei $Q_{ij} := \{q \in Q : [i,j] \in E_q\}$.

where $Q_{ij} := \{q \in Q : [i,j] \in E_q\}$.

Eine duale Startlösung ist

A dual starting solution is

$$\begin{aligned} \alpha_i &:= \tfrac{1}{2} \min\{c_{ij}\} , & \forall \, i \in V \\ \beta_q &:= 0, & \forall \, q \subset Q. \end{aligned} \tag{8.69}$$

Für eine gegebene dual zulässige Lösung $\underline{\alpha}, \underline{\beta}$ betrachten wir die Menge $J = J_E \cup J_Q$, wobei

For a given dual feasible solution $\underline{\alpha}, \underline{\beta}$ we consider the set $J = J_E \cup J_Q$, where

$$J_E := \{[i,j] \in E : \alpha_i + \alpha_j + \sum_{q \in Q_{ij}} \beta_q = c_{ij}\} \tag{8.70}$$

$$J_Q := \{q \in Q : \beta_q = 0\}. \tag{8.71}$$

Dann ist das **eingeschränkte Matching-LP** das folgende LP:

Then the following LP is the **reduced matching-LP**:

$$\min \quad \sum_{i \in V} \hat{x}_i + 2 \cdot \sum_{q \in Q} \hat{x}_{n+q} \tag{8.72}$$

$$\text{s.t.} \quad \sum_{[i,j] \in J_E} x_{ij} \qquad\qquad + \quad \hat{x}_i \qquad\quad = 1, \qquad \forall \, i \in V \tag{8.73}$$

$$\sum_{[i,j] \in E_q \cap J_E} x_{ij} \quad + \quad y_q \quad + \quad \hat{x}_{n+q} = k_q, \qquad \forall \, q \in J_Q \tag{8.74}$$

$$\sum_{[i,j] \in E_q \cap J_E} x_{ij} \quad + \qquad\qquad \hat{x}_{n+q} = k_q, \qquad \forall \, q \in \overline{J}_Q := Q \setminus J_Q \tag{8.75}$$

$$x_{ij}, \, y_q, \, \hat{x}_i, \, \hat{x}_{n+q} \, \geq 0, \qquad \forall \, i \in V, \, q \in Q \tag{8.76}$$

Dabei haben wir 2 als Koeffizienten von $\hat{x}_{n+q}$ in der Zielfunktion (8.72) gewählt, um die Aktualisierung der dualen Variablen im Verlauf des primal-dualen Verfahrens zu erleichtern. Offensichtlich ändert sich nichts an der Bedeutung des optimalen Zielfunktionswerts z^*, nämlich, dass $z^* = 0$ gleichbedeutend damit ist, dass $\underline{x}$ optimal für das Matching-LP ist (vgl. Theorie des primal-dualen Simplexverfahrens).

We have chosen 2 as the coefficient of $\hat{x}_{n+q}$ in the objective function (8.72) in order to facilitate the updating of the dual variables during the course of the primal-dual Simplex Method. Obviously the interpretation of the optimal objective value z^* is not effected by this, namely $z^* = 0$ is still indicating the fact that $\underline{x}$ is optimal for the matching-LP (cf. the theory of the primal-dual Simplex Method).

Das zu (8.72) - (8.76) duale LP, das **eingeschränkte duale Matching-LP**, ist dann

The dual LP of (8.72) - (8.76), the **reduced dual matching-LP**, is then given by

$$\max \sum_{i \in V} \gamma_i + \sum_{q \in Q} k_q \cdot \delta_q \tag{8.77}$$

$$\text{s.t.} \quad \gamma_i + \gamma_j + \sum_{q:[i,j] \in E_q \cap J_E} \delta_q \;\leq\; 0, \qquad \forall \, [i,j] \in J_E \tag{8.78}$$

$$\delta_q \;\leq\; 0, \qquad \forall \, q \in J_Q \tag{8.79}$$

$$\gamma_i \;\leq\; 1, \qquad \forall \, i \in V \tag{8.80}$$

$$\delta_q \;\leq\; 2, \qquad \forall \, q \in \overline{J}_Q. \tag{8.81}$$

Im Verlauf des primal-dualen Algorithmus werden wir stets primale Lösungen $\underline{x} = (x_{ij})$ und duale Lösungen $\underline{\alpha}, \underline{\beta}$ erzeugen, so dass gilt

During the application of the primal-dual algorithm we will repeatedly generate primal solutions $\underline{x} = (x_{ij})$ and dual solutions $\underline{\alpha}, \underline{\beta}$, so that

$$x_{ij} \in \{0, 1\}, \; \forall \, [i,j] \in E, \text{ and } X := \{[i,j] \in E : x_{ij} = 1\} \text{ is a matching} \tag{8.82}$$

$$q \in \overline{J}_Q \implies G(W_q) \text{ contains } k_q \text{ matching edges} \tag{8.83}$$

(in diesem Fall nennen wir W_q **voll**), und

(in this case we call W_q **full**), and

$$p, q \in \overline{J}_Q \text{ and } W_p \cap W_q \neq \emptyset \implies W_p \subset W_q \text{ or } W_q \subset W_p. \tag{8.84}$$

Wegen (8.83) gilt (8.75) mit $\hat{x}_{n+q} =$

(8.83) implies (8.75) with $\hat{x}_{n+q} = 0, \; \forall \, q \in$

0, $\forall\ q \in \overline{J}_Q$, und wir nennen den Graph G_J, der aus G_{J_E} durch Schrumpfen aller ungeraden Mengen W_q mit $q \in \overline{J}_Q$ entsteht, den **Zulässigkeitsgraph bzgl.** $\underline{\alpha}$ **und** $\underline{\beta}$. (Man beachte, dass der Zulässigkeitsgraph durch J_E und J_Q bestimmt ist, wobei J_E, J_Q durch $\underline{\alpha}, \underline{\beta}$ gemäß (8.70), (8.71) definiert sind.) Wir benötigen (8.84) um das Schrumpfen wohldefiniert zu haben, indem wir die ungeraden Mengen entsprechend ihrer Ineinanderschachtelung nacheinander schrumpfen.

Ein Matching X heißt **eigentliches Matching** bzgl. J_Q, wenn für alle $q \in \overline{J}_Q$ W_q voll ist.

Lemma 8.3.8. *In G_J existiert ein Matching, das d Knoten exponiert lässt, genau dann, wenn in G_{J_E} ein eigentliches Matching existiert, das d Knoten exponiert lässt.*

Beweis.
"$\Leftarrow$": Schrumpfen von ungeraden Mengen W_q, $q \in \overline{J}_Q$, ändert die Anzahl der exponierten Knoten nicht, da alle W_q, $q \in \overline{J}_Q$, voll sind.

"$\Rightarrow$": Jedes Matching in G_J kann in ein eigentliches Matching in G_{J_E} umgewandelt werden, indem man sukzessive Pseudoknoten w_q durch die zugehörigen ungeraden Mengen W_q, $q \in \overline{J}_Q$, ersetzt und in $G(W_q)$ geeignete Matchingkanten wählt. Dann gilt:

W_q enthält einen exponierten Knoten in G_{J_E} genau dann, wenn w_q in G_J exponiert ist. ∎

Satz 8.3.9. *Die Optimallösung $\underline{x} = (x_{ij})$ des eingeschränkten Matchingproblems*

$\overline{J}_Q$, and we call the graph G_J that results from G_{J_E} by contraction of all odd sets W_q with $q \in \overline{J}_Q$ the **feasibility graph with respect to** $\underline{\alpha}$ **and** $\underline{\beta}$. (Note that the feasibility graph is characterized by J_E and J_Q, where J_E, J_Q are defined by $\underline{\alpha}, \underline{\beta}$ according to (8.70), (8.71).) (8.84) is needed to ensure that the contraction during which we successively shrink odd sets according to their respective nesting is well defined.

A matching is called a **proper matching** with respect to J_Q if W_q is full for all $q \in \overline{J}_Q$.

Lemma 8.3.8. *There exists a matching in G_J that leaves d vertices exposed if and only if there exists a proper matching in G_{J_E} that leaves d vertices exposed.*

Proof.
"$\Leftarrow$": The contraction of odd sets W_q, $q \in \overline{J}_Q$ does not change the number of exposed vertices since all W_q, $q \in \overline{J}_Q$ are full.

"$\Rightarrow$": Every matching in G_J can be transformed into a proper matching in G_{J_E} by successively replacing pseudo vertices w_q by the corresponding odd sets W_q, $q \in \overline{J}_Q$ and by choosing suitable matching edges in $G(W_q)$. Then:

W_q contains an exposed vertex in G_{J_E} if and only if w_q is exposed in G_J. ∎

Theorem 8.3.9. *The optimal solution $\underline{x} = (x_{ij})$ of the reduced matching prob-*

(8.72) - (8.76) *ist durch ein maximales*
eigentliches Matching in G_{J_E} *- und damit*
nach Lemma 8.3.8 durch ein maximales
Matching in G_J *- gegeben.*

Beweis. Da $\hat{x}_{n+q} = 0$, $\forall\ q \in Q$ (setze
$y_q := y_q + \hat{x}_{n+q}$, $\forall\ q \in J_Q$, und vgl. Bemer-
kung nach (8.84)), schreiben wir die Ziel-
funktion (8.72) durch Einsetzen von (8.73)
als

lem (8.72) - (8.76) is given by a maximum
proper matching in G_{J_E} *- and therefore,*
according to Lemma 8.3.8 - by a maxi-
mum matching in G_J.

Proof. Since $\hat{x}_{n+q} = 0$, $\forall\ q \in Q$ (set $y_q :=$
$y_q + \hat{x}_{n+q}$, $\forall\ q \in J_Q$, and recall the remark
after (8.84)), we can rewrite the objective
function (8.72) by inserting (8.73) as

$$\sum_{i \in V} \hat{x}_i = n - \sum_{[i,j] \in J_E} x_{ij} = d = \text{ number of exposed vertices in } G_{J_E}.$$

Die Behauptung ist gezeigt, wenn wir
beweisen, dass das duale eingeschränkte
Matching-LP eine zulässige Lösung $\underline{\gamma}, \underline{\delta}$,
mit demselben Zielfunktionswert besitzt.
Wir bestimmen $\underline{\gamma}, \underline{\delta}$, indem wir den MMP-
Algorithmus aus Abschnitt 8.3.1 auf G_J
anwenden. Sei $G'_J := (V'_J, E'_J)$ der Graph,
der beim Abbruch des MMP-Algorithmus
aus G_J durch Schrumpfen von Blüten entstanden ist, und in dem alle in exponierten
Knoten gewachsenen Bäume Ungarische
Bäume sind (vgl. Abb. 8.3.13). Im Unterschied zu Abb. 8.3.13 kann es jedoch in
G'_J auch Pseudoknoten geben, die mit "e"
markiert sind, nämlich solche, die schon
bei der Bildung von G_J entstanden sind,
also ungeraden Mengen W_q, $q \in \overline{J}_Q$, entsprechen (vgl. Abb. 8.3.15). G'_J und die
Markierungen von V'_J definieren eine Zerlegung

The theorem is proven if we show that the
reduced dual matching-LP has a feasible
solution $\underline{\gamma}, \underline{\delta}$ with the same objective value.
We determine $\underline{\gamma}, \underline{\delta}$ by applying to G_J the
MMP Algorithm given in Section 8.3.1.
Let $G'_J := (V'_J, E'_J)$ be the graph resulting from G_J by contraction of blossoms after the termination of the MMP Algorithm
and in which all the spanning trees grown
from exposed vertices are Hungarian trees
(cf. Figure 8.3.13). However, different
from Figure 8.3.13 there may exist pseudo
vertices in G'_J which are labeled by "e",
namely vertices that already emerged during the construction of G_J and thus correspond to odd sets W_q, $q \in \overline{J}_Q$ (cf. Figure
8.3.15). G'_J and the labels of V'_J define a
partition

$$V'_J = V'_o \,\dot{\cup}\, V'_e \,\dot{\cup}\, V'_{\text{RESIDUAL}} \qquad\qquad (8.85)$$
$$\text{with} \quad V'_o := \{v \in V'_J : v \text{ has label "o" }\}$$
$$V'_e := \{v \in V'_J : v \text{ has label "e" }\}$$
$$V'_{\text{RESIDUAL}} := V'_J \setminus (V'_o \cup V'_e).$$

Die Zerlegung (8.85) induziert eine Zerlegung der ursprünglichen Knotenmenge V
in $V = V_o \cup V_e \cup V_{\text{RESIDUAL}}$, wobei für

The partition (8.85) induces a partition
of the original vertex set V into $V =$
$V_o \cup V_e \cup V_{\text{RESIDUAL}}$, where we have for

$i \in \{o, e, \text{RESIDUAL}\}$ gilt:

$i \in \{o, e, \text{RESIDUAL}\}$ that:

$$v \in V_i \ :\Leftrightarrow\ v \in V_i' \ \text{or} \ \exists \ \text{pseudo vertex} \ w \in V_i' : v \in W. \qquad (8.86)$$

(Als Beispiel betrachte man den Graphen G_J' aus Abb. 8.3.15:

(As an example consider the graph G_J' given in Figure 8.3.15:

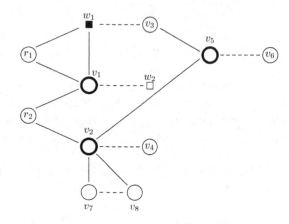

Abbildung 8.3.15. *Beispiel eines Graphen G_J' mit "o" bzw. "e" markierten Knoten (dünn bzw. dick gezeichnet) und ursprünglichen bzw. Pseudoknoten (rund bzw. quadratisch gezeichnet). v_7 und v_8 sind unmarkierte Knoten.*

Figure 8.3.15. *Example of a graph G_J' with vertices labeled "o" and "e", respectively (graphed thin and thick, respectively) and original and pseudo vertices (graphed round and quadratic, respectively). v_7 and v_8 are unlabeled vertices.*

Dabei ist

Here,

$$V_o' = \{r_1, r_2, v_3, w_2, v_4, v_6\}$$
$$V_e' = \{w_1, v_1, v_2, v_5\}$$
$$V_{\text{RESIDUAL}} = \{v_7, v_8\}.$$

In der Definition von V_o, V_e und V_{RESIDUAL} wird w_i jeweils durch die Knoten ersetzt, die in W_i enthalten sind.)

In the definition of V_o, V_e, and V_{RESIDUAL} the vertex w_i is always replaced by those vertices that are contained in W_i.)

Jetzt definieren wir:

Now we define:

$$\gamma_i := \begin{cases} 1 & i \in V_o \\ -1 & \text{if} \quad i \in V_e \\ 0 & i \in V_{\text{RESIDUAL}} \end{cases} \qquad (8.87)$$

and

$$\delta_q := \begin{cases} -2 & \text{if } w_q \in V'_o \\ 2 & \text{if } w_q \in V'_e \\ 0 & \text{otherwise.} \end{cases} \tag{8.88}$$

Behauptung: $\underline{\gamma}, \underline{\delta}$ erfüllt (8.78) - (8.81).

Beweis: Offensichtlich gilt (8.80) und (8.81). Da ($\delta_q = 2 \Leftrightarrow w_q$ ist in G'_J "e"-markiert), und da letzteres nur möglich ist, wenn $q \in \overline{J}_Q$, gilt (8.79).

Eine Verletzung von (8.78) ist nur möglich, wenn $[i,j] \in J_E$ und $i,j \in V_o$. Wären $i,j \in V'_o$ oder in verschiedenen Pseudo-knoten von V'_o enthalten, so wäre durch $[i,j]$ eine Blüte definiert (im Widerspruch zur Definition von G'_J). Also sind i,j in demselben Pseudoknoten w_q in G'_J darge-stellt, d.h., $i,j \in W_q$ und $w_q \in V'_o$. Dann gilt aber (8.78), da $\delta_q = -2$.

Der Zielfunktionswert von $\underline{\gamma}, \underline{\delta}$ ist nach (8.87), (8.88):

Claim: $\underline{\gamma}, \underline{\delta}$ satisfies (8.78) - (8.81).

Proof: (8.80) and (8.81) are obviously satisfied. Since ($\delta_q = 2 \Leftrightarrow w_q$ is labeled "e" in G'_J) and since the latter is only possible if $q \in \overline{J}_Q$, (8.79) is satisfied.

A violation of (8.78) is only possible if $[i,j] \in J_E$ and $i,j \in V_o$. If $i,j \in V'_o$ or if they were contained in different pseudo vertices of V'_o, then $[i,j]$ would define a blossom (contradicting the definition of G'_J). Thus i,j are represented in the same pseudo vertex w_q in G'_J, i.e., $i,j \in W_q$ and $w_q \in V'_o$. But then (8.78) is satisfied since $\delta_q = -2$.

According to (8.87) and (8.88), the objective value of $\underline{\gamma}, \underline{\delta}$ is:

$$\begin{aligned} \sum_{i \in V} \gamma_i + \sum_{q \in Q} k_q \cdot \delta_q &= |V_o| - |V_e| + 2 \cdot \sum_{w_q \in V'_e} k_q - 2 \cdot \sum_{w_q \in V'_o} k_q \\ &= \left(|V_o| - 2 \cdot \sum_{w_q \in V'_o} k_q \right) - \left(|V_e| - 2 \cdot \sum_{w_q \in V'_e} k_q \right) \\ &= |V'_o| - |V'_e| \quad \text{(according to the definition of } k_q) \\ &= \text{number of exposed vertices in } G'_J \\ &\quad \text{\small with respect to a maximum matching} \\ &= \text{number of exposed vertices in } G_{J_E} \\ &\quad \text{\small with respect to a maximum proper matching} \\ &\quad \text{\small (according to Lemma 8.3.8).} \end{aligned}$$

Nachdem wir das MMP in G_J gelöst haben, gibt es zwei Möglichkeiten:

After the MMP in G_J has been solved, two cases may occur:

1. Falls in G_J kein exponierter Knoten existiert, so hat der Zielfunktionswert (8.72) den Wert 0 (vgl. Beweis zu Satz 8.3.9, Umrechnung der Zielfunktion). Also ist $\underline{x} = (x_{ij})$ optimal für das Matching-LP und entspricht damit wegen (8.82) einem MK-Matching in G.

2. Falls in G_J exponierte Knoten existieren, muss die Duallösung $\underline{\alpha}, \underline{\beta}$ - wie im primal-dualen Verfahren üblich - gemäß

1. If there does not exist an exposed vertex in G_J, the objective value (8.72) has the value 0 (cf. the proof of Theorem 8.3.9, conversion of the objective function). Thus $\underline{x} = (x_{ij})$ is optimal for the matching-LP and, according to (8.82), it corresponds to an MC-matching in G.

2. If there exist exposed vertices in G_J, the dual solution $\underline{\alpha}, \underline{\beta}$ has to be updated - as usual in the primal-dual method - according to

$$
\begin{aligned}
\underline{\alpha} &:= \underline{\alpha} + \varepsilon \cdot \underline{\gamma} \\
\underline{\beta} &:= \underline{\beta} + \varepsilon \cdot \underline{\delta}
\end{aligned}
\tag{8.89}
$$

aktualisiert werden. Dabei ist

Here,

$$
\varepsilon := \min \left\{ \min_{[i,j] \subset E} \left\{ \frac{c_{ij} - \alpha_i - \alpha_j - \sum\limits_{q \in Q_{ij}} \beta_q}{\gamma_i + \gamma_j + \sum\limits_{q:[i,j] \in E_q \cap J_E} \delta_q} : \text{denominator is positive} \right\}, \min_{q \in Q} \left\{ \frac{-\beta_q}{\delta_q} : \delta_q > 0 \right\} \right\}.
$$

Um $\gamma_i + \gamma_j + \sum\limits_{q:[i,j] \in E_q \cap J_E} \delta_q > 0$ zu erfüllen, gibt es zwei Möglichkeiten:

There are two possibilities to satisfy $\gamma_i + \gamma_j + \sum\limits_{q:[i,j] \in E_q \cap J_E} \delta_q > 0$:

1. Fall: $i, j \in V_o$, aber i und j liegen nicht in demselben Pseudoknoten (also insbesondere $[i,j] \notin J_E$). Dann gilt

Case 1: $i, j \in V_o$, but i and j do not lie in the same pseudo vertex (and in particular $[i,j] \notin J_E$). Then

$$
\gamma_i + \gamma_j + \sum_{q:[i,j] \in E_q \cap J_E} \delta_q = 2
$$

Setze

Set

$$
\varepsilon_1 := \frac{1}{2} \cdot \min \left\{ c_{ij} - \alpha_i - \alpha_j : i, j \in V_o, \begin{array}{c} i \text{ and } j \text{ do not lie in the} \\ \text{same pseudo vertex} \end{array} \right\} > 0.
\tag{8.90}
$$

2. Fall: $i \in V_o$, $j \in V_{\text{RESIDUAL}}$ (also wieder insbesondere $[i,j] \notin J_E$). Dann gilt:

Case 2: $i \in V_o$, $j \in V_{\text{RESIDUAL}}$ (and, again, in particular $[i,j] \notin J_E$). Then:

$$\gamma_i + \gamma_j + \sum_{q:[i,j]\in E_q \cap J_E} \delta_q = 1$$

Setze   Set

$$\varepsilon_2 := \min\left\{c_{ij} - \alpha_i - \alpha_j \ : \ i \in V_o, \ j \in V_{\text{RESIDUAL}}\right\} > 0. \qquad (8.91)$$

Man beachte, dass in der Berechnung von ε_1 und ε_2 der Ausdruck $\sum_{q\in Q_{ij}} \beta_q = 0$ ist.

Note that $\sum_{q\in Q_{ij}} \beta_q = 0$ in the evaluation of ε_1 and ε_2.

δ_q ist größer als 0 genau dann, wenn $w_q \in V_e'$. In diesem Fall ist $\delta_q = 2$ und $q \in \overline{J}_Q$. Setze

δ_q is greater than 0 if and only if $w_q \in V_e'$. In this case we have $\delta_q = 2$ and $q \in \overline{J}_Q$. Set

$$\varepsilon_3 := \frac{1}{2} \cdot \min\left\{-\beta_q : w_q \in V_e'\right\} > 0. \qquad (8.92)$$

In (8.89) wählen wir schließlich   Finally, in (8.89) we choose

$$\varepsilon := \min\left\{\varepsilon_1, \varepsilon_2, \varepsilon_3\right\} > 0. \qquad (8.93)$$

Um mit einer großen Anzahl von Kanten im Zulässigkeitsgraphen zu beginnen, gehen wir erst sukzessive durch die Knoten v_i, $i = 1, \ldots, n$, und subtrahieren jeweils von den Kosten c_{ij}, $\forall\,[i,j] \in E$, den Wert

To start with a large number of edges in the feasibility graph we first successively go through the vertices v_i, $i = 1, \ldots, n$, and subtract the value

$$c^i := \min\left\{c_{ik} : k = 1, \ldots, n\right\} \qquad (8.94)$$

Der Zielfunktionswert ändert sich dabei um $\sum_{i=1}^{n} c^i$. Da jeder Knoten i nach dieser Reduktion mit mindestens einer Kante $[i,j]$ mit $c_{ij} = 0$ inzidiert, ist gemäß (8.69) $\alpha_i = 0$, $\forall\,i \in V$, $\beta_q = 0$, $\forall\,q \in Q$, eine zulässige Startlösung. ∎

from the costs c_{ij}, $\forall\,[i,j] \in E$. This changes the objective value by $\sum_{i=1}^{n} c^i$. Since after this reduction every vertex i is incident to at least one edge $[i,j]$ with $c_{ij} = 0$, we obtain, according to (8.69), that $\alpha_i = 0$, $\forall\,i \in V$, $\beta_q = 0$, $\forall\,q \in Q$, is a feasible starting solution. ∎

ALGORITHM

Algorithm for MCMP in Arbitrary Graphs

(Input) $G = (V, E)$ graph,

$$X = \emptyset, \ \underline{\alpha} = \underline{\beta} = \underline{0}, \ (\overline{c}_{ij}) = (c_{ij}).$$

(1) Cost reduction:

For $i = 1, \ldots, n$ do

Set $\overline{c}_{ij} := \overline{c}_{ij} - c^i, \quad \forall \, [i, j] \in E,$ where

$c^i := \min \{ \overline{c}_{ik} : k = 1, \ldots, n \}.$

(2) Determine G_J and find a maximum matching X in G_J by applying the MMP Algorithm from Section 8.3.1.

(The maximum matching X from the previous iteration can be used as starting matching.)

(3) If X is perfect, (STOP).

An MC-matching can be found by expanding all the contracted odd sets.

(4) Otherwise determine the vertex sets $V_o', V_e' \subset V_J'$ and $V_o, V_e, V_{\text{RESIDUAL}}$ in V as in the proof of Theorem 8.3.9, ε according to (8.90) - (8.93) and $\underline{\gamma}, \underline{\delta}$ as in (8.87) and (8.88).

(5) Set $\overline{c}_{ij} := \overline{c}_{ij} - \varepsilon \cdot \left(\gamma_i + \gamma_j + \sum_{q \in Q_{ij}} \delta_q \right), \quad \forall \, [i, j] \in E,$

$J_E := \{ [i, j] \in E : \overline{c}_{ij} = 0 \}.$

(6) Set $\beta_q := \beta_q + \varepsilon \cdot \delta_q, \quad \forall \, q \in Q, \quad \alpha_i := \alpha_i + \varepsilon \cdot \gamma_i, \quad \forall \, i \in V,$

$\overline{J}_Q := \{ q : \beta_q < 0 \}$ *and goto Step (2).*

Satz 8.3.10. *Der MKMP Algorithmus bestimmt in polynomialer Zeit ein maximales Matching.*

Beweis. Zunächst zeigen wir, dass die Voraussetzungen (8.82) - (8.84) in jedem Schritt des Algorithmus erfüllt sind.

Sicherlich gelten sie zu Beginn des Algorithmus, da $X = \overline{J}_Q = \emptyset$. Da in Schritt (2) jeweils der MMP Algorithmus angewendet wird, gilt in jeder Iteration (8.82). In jeder Iteration werden nach Definition von δ_q in (8.88) nur Pseudoknoten q mit zugehöriger Blüte $G(W_q)$ aus G_J' zu $\overline{J}_Q$ hinzugefügt, die nach Definition der Blüte

Theorem 8.3.10. *The MCMP Algorithm determines a maximum matching in polynomial time.*

Proof. In a first step we show that the assumptions (8.82) - (8.84) are satisfied in every step of the algorithm.

Obviously they are satisfied at the beginning of the algorithm since $X = \overline{J}_Q = \emptyset$. Since the MMP Algorithm is applied iteratively in Step (2), (8.82) is satisfied in each iteration. According to the definition of δ_q in (8.88) only pseudovertices q corresponding to blossoms $G(W_q)$ such that W_q is full with respect to X are added to

voll bzgl. X sind. Da geschrumpfte Knoten w_q mit $q \in \overline{J}_Q$ in Schritt (2) niemals aufgelöst werden, gilt (8.83). (8.84) folgt schließlich, da die neu zu J_Q hinzugefügten q zu Blüten W_q gehören, die nach Definition der Blüte (8.84) erfüllen.

Es bleibt zu zeigen, dass der Algorithmus zwischen jeder Matchingvergrößerung polynomial viele Iterationen benötigt.

Falls $\varepsilon = \varepsilon_1$ (vgl. (8.90)), wird in der nächsten Iteration eine Blüte oder ein mv-Weg gefunden. Da jede Blüte die Anzahl der Knoten um mindestens 2 verkleinert, kann es maximal $O(n)$ Iterationen geben, in denen $\varepsilon = \varepsilon_1$ ist.

Falls $\varepsilon = \varepsilon_2$ (vgl. (8.91)), kann ein neuer gerader Knoten markiert werden. Dies kann ebenfalls höchstens $O(n)$ - mal geschehen, bis ein mv-Weg gefunden worden ist.

Falls $\varepsilon = \varepsilon_3 = -\beta_q$ für $w_q \in V_e'$ (vgl. (8.92)), wird q aus $\overline{J}_Q$ in Schritt (6) entfernt. Neue q werden zu $\overline{J}_Q$ nur dann hinzugefügt, wenn w_q ein ungerader Knoten in G_J ist. Um w_q von einem ungeraden zu einem geraden Knoten zu transformieren, muss zwischenzeitlich ein mv-Weg gefunden worden sein. Da es nach Voraussetzung (8.84) jedoch nur $O(n)$ viele $q \in \overline{J}_Q$ geben kann, kann auch $\varepsilon = \varepsilon_3$ zwischen zwei Matchingvergrößerungen nur $O(n)$ - mal auftreten.

Da Schritt (2) durch einen polynomialen Algorithmus durchgeführt wird, folgt die Behauptung. ∎

Beispiel 8.3.9. *Gegeben sei der Graph G mit Kosten c_{ij} aus Abb. 8.3.16.*

$\overline{J}_Q$. (8.83) is satisfied since contracted vertices w_q with $q \in \overline{J}_Q$ are never expanded in Step (2). Finally, (8.84) follows since those q which are added to J_Q correspond to blossoms W_q. The latter satisfy (8.84) due to the definition of blossoms.

It remains to show that the algorithm needs only a polynomial number of iterations between every increment of the matching.

If $\varepsilon = \varepsilon_1$ (cf. (8.90)), a blossom or an ma-path is found in the next iteration. Since every blossom decreases the number of vertices by at least 2, there can maximally exist $O(n)$ iterations in which $\varepsilon = \varepsilon_1$.

If $\varepsilon = \varepsilon_2$ (cf. (8.91)), a new even vertex can be labeled. This can also happen maximally $O(n)$ times until an ma-path is found.

If $\varepsilon = \varepsilon_3 = -\beta_q$ für $w_q \in V_e'$ (cf. (8.92)), q is removed from $\overline{J}_Q$ in Step (6). New q are only added to $\overline{J}_Q$ if w_q is an odd vertex in G_J. To transform w_q from an odd vertex to an even vertex, an ma-path has been found intermediately. Since assumption (8.84) implies that maximally $O(n)$ many $q \in \overline{J}_Q$ exist, also $\varepsilon = \varepsilon_3$ can occur maximally $O(n)$ times between two increments of the matching.

The result follows since Step (2) is realized by a polynomial algorithm. ∎

Example 8.3.9. *Let the graph G with costs c_{ij} from Figure 8.3.16 be given.*

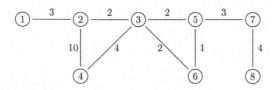

Abbildung 8.3.16. *Graph G mit Kosten* c_{ij}.

Figure 8.3.16. *Graph G with costs* c_{ij}.

Nach der Kostenreduktion erhalten wir den Graph aus Abb. 8.3.17.

After the cost reduction we obtain the graph shown in Figure 8.3.17.

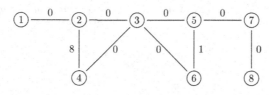

Abbildung 8.3.17. *Reduzierter Graph mit Kosten* $\bar{c}_{ij}$.

Figure 8.3.17. *Reduced graph with costs* $\bar{c}_{ij}$.

Der zulässige Graph mit einem maximalen Matching X und der Graph G'_J sind in Abb. 8.3.18 (a) bzw. (b) dargestellt.

The feasible graph with a maximum matching X and the graph G'_J are shown in Figure 8.3.18 (a) and (b), respectively.

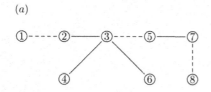 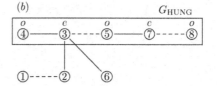

Abbildung 8.3.18.

(a) *Zulässiger Graph.*

(b) *Graph G'_J am Ende des MMP Algorithmus.*

Figure 8.3.18.

(a) *Feasible graph.*

(b) *Graph G'_J after the termination of the MMP Algorithm.*

Wir berechnen $\varepsilon_1 = \varepsilon_3 = \infty$, $\varepsilon_2 = \min\{8, 1\} = 1$, also $\varepsilon = 1$, so dass

We determine $\varepsilon_1 = \varepsilon_3 = \infty$, $\varepsilon_2 = \min\{8, 1\} = 1$, i.e., $\varepsilon = 1$, so that

$$\alpha_i = \gamma_i = 1 \quad \text{for } i = 4, 5, 8$$
$$\alpha_i = \gamma_i = -1 \quad \text{for } i = 3, 7.$$

Abb. 8.3.19 zeigt den reduzierten Graphen aus Abb. 8.3.17 mit modifizierten Kosten $\bar{c}_{ij}$:

Figure 8.3.19 shows the reduced graph from Figure 8.3.17 with modified costs $\bar{c}_{ij}$:

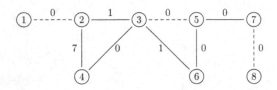

Abbildung 8.3.19. *Reduzierter Graph mit modifizierten Kosten.*

Figure 8.3.19. *Reduced graph with modified costs.*

Im entsprechenden zulässigen Graphen ist $P = (4, 3, 5, 6)$ ein mv-Weg, so dass wir das optimale Matching $X = \{[1, 2], [3, 4], [5, 6], [7, 8]\}$ erhalten.

$P = (4, 3, 5, 6)$ is an ma-path in the corresponding feasible graph so that we obtain the optimal matching $X = \{[1, 2], [3, 4], [5, 6], [7, 8]\}$.

References

In den Bereichen Lineare und Netzwerk-optimierung gibt es eine große Vielzahl von Lehrbüchern und Veröffentlichungen in wissenschaftlichen Zeitschriften. Wir verzichten darauf einen Versuch zu unternehmen, einen repräsentativen Überblick über diese Literatur zu geben, sondern beschränken uns darauf, einige wenige Lehrbücher zu zitieren, die besonders geeignet sind, zur Vertiefung und Ergänzung des von uns ausgewählten Stoffs beizutragen.

In the areas linear and network optimization there is a great variety of textbooks and publications in professional journals. No attempt is made to give a representative overview of this literature, but we restrict ourselves to quote few textbooks which are particularly well-suited to add on and deepen the subjects which we have chosen in our book.

- Ahuja, R.K.; Magnanti, T.L.; Orlin, J.B.: "Network Flows: Theory, Algorithms and Applications", Prentice Hall, Englewood Cliffs, 1993.

- Alevras, D., Padberg, M.: "Linear Optimization and Extensions", Springer-Verlag, Berlin, 2001.

- Bazaraa, M.S.; Jarvis, J.J.; Sherali, H.D.: "Linear Programming and Network Flows", 2nd edition, Wiley, New York, 1990.

- Borgwart, K.-H.: "Optimierung, Operations Reserach, Spieltheorie: Mathematische Grundlagen", Birkhäuser, 2001.

- Cook, W.J.; Cunningham, W.H.; Pulleyblank, W.R.; Shrijver, A.: "Combinatorial Optimization", Wiley, New York, 1998.

- Jungnickel, D.: "Graphen, Netzwerke und Algorithmen", 3. Auflage, BI Wissenschaftsverlag, Mannheim, 1994.

- Jungnickel, D.: "Graphs, Networks and Algorithms", Springer Verlag, Berlin, 1998.

- Krumke, S., Noltemeier, H.: "Graphentheoretische Konzepte und Algorithmen", Teubner, Wiesbaden, 2005.

- Papadimitriou, C.H.; Steiglitz, K.: "Combinatorial Optimization: Algorithms and Complexity", Dover, 1998.

- Schrijver, A. "Combinatorial Optimization - Three Volumes". Springer, Berlin, 2003.

Stichwortverzeichnis

Index

Der neue Beutelspacher: Lehrbuch Kryptografie

Albrecht Beutelspacher, Heike B Neumann, Thomas Schwarzpaul
Kryptografie in Theorie und Praxis
Mathematische Grundlagen für elektronisches Geld, Internetsicherheit und Mobilfunk

2005. XIII, 319 S. Br. € 24,90 ISBN 3-528-03168-9

Inhalt: Aufgaben und Grundzüge der Kryptografie - Historisches - Formalisierung und Modelle - Perfekte Sicherheit - Effiziente Sicherheit - Computational Security - Stromchiffren - Blockchiffren - Kaskadenverschlüsselungen und Betriebsmodi - Einführung in die Public-Key-Kryptografie - Der RSA-Algorithmus - Der diskrete Logarithmus, Diffie-Hellman-Schlüsselvereinbarung, ElGamal-Systeme - Weitere Public-Key-Systeme - Sicherheit von Public-Key-Verschlüsselungsverfahren - Digitale Signaturen - Hashfunktionen und Nachrichtenauthentizität - Zero-Knowledge-Protokolle - Schlüsselverwaltung - Teilnehmerauthentifikation - Schlüsseletablierungsprotokolle - Multiparty-Computations - Anonymität - Internetsicherheit - Quantenkryptografie und Quanten Computing

Das Buch hat den Umfang einer zweisemestrigen Vorlesung, insbesondere werden dabei die mathematischen Aspekte der Kryptologie behandelt. Um ein Selbststudium zu ermöglichen, enthält jedes Kapitel ein Anwendungsbeispiel sowie zahlreiche Lernhilfen wie Übungsaufgaben von unterschiedlichem Schwierigkeitsgrad und Tests.

Abraham-Lincoln-Straße 46
65189 Wiesbaden
Fax 0611.7878-400
www.vieweg.de

Stand 1.1.2006. Änderungen vorbehalten.
Erhältlich im Buchhandel oder im Verlag.

Das Buch bringt alles von Abzählung bis zu Codes, Graphen und Algorithmen

Martin Aigner
Diskrete Mathematik
Homologie und Mannigfaltigkeiten
5., überarb. u. erw. Aufl. 2004. XI, 356 S. mit 600 Übungsaufg.

Br. € 25,90 ISBN 3-528-47268-5

Inhalt: *Abzählung:* Grundlagen - Summation - Erzeugende Funktionen - Muster - Asymptotische Analyse. *Graphen und Algorithmen:* Graphen - Bäume - Matchings und Netzwerke - Suchen und Sortieren - Allgemeine Optimierungsmethoden. *Algebraische Systeme:* Boolesche Algebren - Modulare Arithmetik - Codierung - Kryptographie - Lineare Optimierung. *Lösungen zu ausgewählten Übungen*

Das Standardwerk über Diskrete Mathematik in deutscher Sprache. Großer Wert wird auf die Übungen gelegt, die etwa ein Viertel des Textes ausmachen. Die Übungen sind nach Schwierigkeitsgrad gegliedert, im Anhang findet man Lösungen für etwa die Hälfte der Übungen. Das Buch eignet sich für Lehrveranstaltungen im Bereich Diskrete Mathematik, Kombinatorik, Graphen und Algorithmen. Die vorliegende Auflage wurde grundlegend überarbeitet, zwei neue Kapitel wurden ergänzt: eines über Abzählung von Mustern mit Symmetrien, und ferner wurde das Kapitel über Codes erweitert und geteilt in Codierung und Kryptographie. Schließlich sollen 100 neue Übungen den Leser zum Nachdenken und weiterem Studium einladen.

vieweg

Abraham-Lincoln-Straße 46
65189 Wiesbaden
Fax 0611.7878-400
www.vieweg.de

Stand 1.1.2006. Änderungen vorbehalten.
Erhältlich im Buchhandel oder im Verlag.